로켓 과학

I 로켓 추진체와 관성유도

로켓 과학 I

_로켓 추진체와 관성유도

초판 4쇄 발행일 2023년 1월 26일
초판 1쇄 발행일 2015년 4월 10일

지은이 정규수
펴낸이 이원중
펴낸곳 지성사 출판등록일 1993년 12월 9일 등록번호 제10-916호
주소 (03458) 서울시 은평구 진흥로 68, 2층
전화 (02) 335-5494 팩스 (02) 335-5496
홈페이지 www.jisungsa.co.kr 이메일 jisungsa@hanmail.net

ISBN 978-89-7889-301-5 (94500)
978-89-7889-300-8 (세트)

로켓 추진체와
관성유도

로켓 과학

I

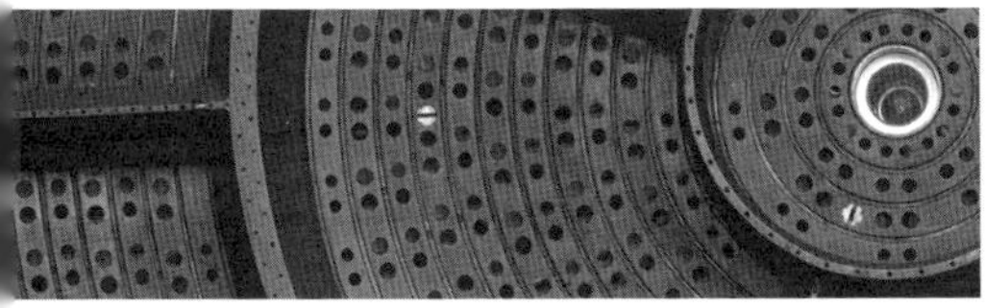

정규수 지음

지성사

내 인생의 벗, 정광화 박사에게

들어가는 글

제2차 세계대전이 한창이던 1942년 10월 3일 늦은 오후, 독일 육군이 개발한 액체로켓 A4가 피네뮌데Peenemünde를 떠나 200여 킬로미터 떨어진 표적위치까지 성공적으로 비행했다. 6만 5천 번의 크고 작은 설계 변경을 거친 후 A4는 사거리가 320킬로미터인 V2로켓으로 발전하여 1944년부터 런던을 무차별 공격함으로써 사람들을 공포로 몰아넣었다. A4의 성공은 대륙간탄도탄(ICBM) 개발이 멀지 않았다는 강한 암시였고, 또 다른 의미에서는 달나라 여행이 꿈이 아닌 현실 문제라는 것을 일깨워주는 사건이었다. 이러한 로켓이 제2차 세계대전의 또 다른 산물인 핵폭탄의 운반체로 사용된다면 방어가 불가능한 궁극의 무기가 될 것이 확실해졌다.

독일과의 전쟁이 끝난 뒤 미소 양국의 냉전이 바로 시작되었다. 미국과 소련은 서로의 국운을 걸고 탄도탄을 개발할 수밖에 없었고, 그에 따라 로켓기술은 상식을 벗어난 속도로 빠르게 발전했다. 1960년을 전후해 미국과 소련은 핵무장한 대륙간탄도탄 개발에 처음으로 성공했고, 그 후 ICBM의 개수를 대폭 늘리고 상대방보다 더 크고 더 정확한 미사일을 개발하기 위해 미소 양국뿐 아니라 인류의 생존까지 볼모로 한 '치킨게임Chicken Game'에 돌입했다. 1957년 소련은 ICBM 추진로켓 R-7을 이용해 스푸트니크Sputnik 인공위성을 발사했다. 스푸트니크는 통신, 기상, 정찰 등 인공위성의 무한한 군사적 가능성을 제시했고 여기에 양국의 자존심까지 합쳐져 미국과 소련의 치킨게임 영역은 탄도탄뿐만 아니라 우주 개발로까지 확장되는 동기를 마련했다.

비록 군사적 용도로 개발되었지만 로켓 및 인공위성 기술들은 여러 가지 계기로 자연스럽게 민수용民需用으로 파급되기 시작했다. 1961년 NASA(National Aeronautics and Space Administration)가 발사한 통신위성 '신컴Syncom'을 시작으로 민수용 상용 서비스를 위한 기상, 통신, TV, GPS 위성과 지구 관측위성 외에 각종 과학위성들이 지구 궤도를 돌면서 임무를 수행하고 있다. 1969년 7월 달에 사람이 발을 내디딘 것을 시작으로 1972년 12월까지 여섯 번에 걸쳐 우주인들이 달 표면을 탐사하고 귀환했다. 이외에도 금성에 탐사선을 보냈고, 화성 표면에 무인로버Robotic Rover들을 보내 추측만 난무하던 화성의 진실을 규명하는 한편, 목성과 토성을 포함한 모든 외행성에도 탐사선을 보냈다. 인공위성으로 인해 인류의 생활은 상상을 뛰어넘어 편리해지고, 전 세계가 실시간으로 연결되어 다양한 문화, 뉴스, 오락과 스포츠를 동시에 즐길 수 있게 되었고, 민수분야의 인공위성에 대한 의존도도 갈수록 높아지고 있다. 위성 없는 세상은 더 이상 생각하기 힘들다.

우주를 오가는 운송방법은 로켓이 유일하지만, 로켓의 이용방법은 계속해서 새로 발견되고 있다. 1961년까지 모든 우주발사는 태양, 행성, 우주선의 상호작용을 고전적인 2체-문제로 다루어 우주로의 이동을 위해 강력한 로켓의 힘으로 중력을 이기려고만 했는데, 이러한 방법으로 달성이 가능한 현실적인 우주미션은 지구 안쪽으로는 금성, 밖으로는 목성까지로 제한될 수밖에 없었다. 1962년 미노비치Michael Minovitch가 제안한 '중력 부스트(Gravity Boost/Gravity Assist/Gravity Sling Shot)' 방법을 사용함으로써 비로소 인류는 외행성 탐사나 깊은 우주 탐사도 가능하게 되었다.

우주선이 한 행성으로 접근하게 되면 우주선에 미치는 행성의 중력이 태양 중력보다 큰 영역이 존재한다. 이러한 영역을 행성의 '중력 지배권(Sphere of Influence: SOI)'이라 하고, 태양계의 각 행성은 각각의 SOI를 가지며 모든 행성과 달의 SOI를 제외한 나머지 공간은 태양의 SOI 영역이다. 우주선이 어느 행성의 중력 지배권 안으로 진입하면 우주선은 행성의 중심을 초점으로 하는 쌍곡선을 따라 이동하면서 행성의 중력 지배권을 탈출하여 다시 태양의 중력 지배권 안으로 들어오게 된다. 행성에 대한 우주선의 탈출 속도의 크기(속력)는 진입할 때와 같고 방향만 바뀌어 행성에 대한 우주선의 에너지는 보존된다. 그러나 태양에 대한 우주선이 진입할 때와 탈출 후의 속도는 방향뿐만 아니라 속력도 달라진다. 행성의 중력 지배권 안에 있는 동안 우주선은 행성에 이끌려 행성과 같은 속도로 태양 주위를 공전하므로 우주선의 태양에 대한 속도는 행성에 대한 우주선의 속도에 행성의 공전속도가 더해져야 하기 때문이다. 진입속도 방향이 행성의 궤도속도 방향이냐, 아니면 반대 방향이냐에 따라 태양에 대한 우주선의 상대속력은 더 느려질 수도 있고 더 빨라질 수도 있다. 이것이 미노비치가 발견한 중력 부스트의 요체이며, 태양과 행성 그리고 우주선이 만드는 3체문제의 근사해를 제공하며, 근사해는 컴퓨터를 사용한 정밀 계산의 초기 값으로 사용할 수 있다. 우주선의 운동에너지 변화는 행성의 궤도에너지 변화에서 비롯된다. 중력 부스트는 태양에 대한 우주선의 속도를 크게 가속 또는 감속하는 방법이며, 이 방법을 사용하면 금성처럼 가까운 행성의 중력을 활용하여 더 멀리 있는 외행성까지 우주선을 빠른 속력으로 보낼 수 있고 태양계를 탈출하게 할 수도 있다.

상호 회전하는 두 개의 무거운 천체 시스템과 질량을 무시할 만한 제3의 질점으로 이루어진 3체문제를 CR3BP(Circular Restricted

Three-Body Problem)라고 한다. 두 천체와 같이 회전하는 좌표계 안에는 두 천체의 중력과 원심력이 균형을 이뤄 제3의 천체에 아무런 힘도 미치지 않는 '라그랑주 포인트Lagrange Points'로 알려진 불안정한 평형점이 모두 다섯 개(L_1, L_2, L_3, L_4, L_5)가 존재한다. 라그랑주 포인트 주변 영역은 빈 공간이지만 두 천체의 중력과 원심력 그리고 '코리올리 힘Corioris Force'으로 적절한 조건만 맞춰주면 제3의 질점은 3차원 주기궤도를 따라 운동하는 것이 밝혀졌다. 이러한 3차원 주기궤도를 '달무리궤도Halo Orbit'라고 부른다. 우주선이나 작은 천체는 제3의 질점으로 다룰 수 있다.

지구궤도를 도는 위성은 지상관측, 방송, 통신, 위성항법과 기상관측 등에 적합하다. 그러나 지구위성은 지구를 중심으로 빠른 속도로 회전하므로 하루의 상당시간 동안 지구가 관측 대상을 가릴 수 있다. 따라서 지구위성은 천체를 관측할 수 있는 시간이 크게 제한되므로 관심 있는 하늘 영역을 장시간 동안 계속 관측할 수 있는 우주궤도가 필요하다.

이러한 필요를 충족하는 위성궤도 후보로 태양과 지구가 만드는 라그랑주 포인트 L_1 또는 L_2의 달무리궤도에 깊은 관심을 갖게 되었고, 실제로 이러한 궤도에 NASA나 ESA(European Space Agency)는 천문관측 탐지기를 배치하여 효율적인 관측을 해왔다. L_1에는 태양풍 입자를 포획한 후 스스로 지구로 귀환한 '제네시스Genesis'를 포함해 5기의 태양관측 탐사선이 발사되었고, 3기 이상의 발사가 계획되고 있다. L_2에는 우주배경복사를 측정하는 WMAP 및 플랑크Plank를 포함해 5기의 천문관측위성이 발사되었고, JWST(James Webb Space Telescope)와 허블 망원경을 대체할 ATLAST와 제2의 지구를 발견하려는 4~9기의 망원경 클러스터인 '다윈Darwin'을 발사할 예정에 있다. 현재 L_1과 L_2 포인트는 천문관측에서 매우 중요한 위치를 차지하고 있다.

달무리궤도는 에너지 소모가 거의 없이 태양계 행성들의 라그랑주 포인트 사이를 오가는 '행성 간 운송 네트워크(Interplanetary Transport Network: ITN)'라고 부르는 위상공간 안의 초-튜브Hyper Tube의 발착지가 되는 것으로 알려졌다. 1978년 8월 12일 NASA는 처음으로 ISEE-3라는 태양관측위성을 태양과 지구의 첫 번째 라그랑주 포인트 L_1의 달무리궤도로 발사했고, 그 후 제너시스 미션을 포함해 여러 번의 미션에 ITN과 달무리궤도를 성공적으로 사용했다. ITN은 천체들의 중력과 원심력 그리고 코리올리 힘이 만들어놓은 우주의 '중력 자유로'라고 할 수 있다. 우주선은 중력과 싸우거나 중력을 극복하는 대신 중력이 이끄는 대로 따라가다가 행로의 중간 통과역에 해당하는 라그랑주 포인트를 지나갈 때 우주선의 속도를 조금 바꿔주면 목적 행성의 라그랑주 포인트의 달무리궤도로 향할 수 있다는 개념이다. ITN을 이용할 경우 에너지 절약은 크지만, 비행시간이 크게 늘어나는 문제점이 있다. 그러나 이 문제도 중력 부스트 방법과 같이 사용함으로써 피해갈 수 있다. 금성 같은 내행성Inner Planets에서 중력 부스트를 받으면 빠른 속도로 목표 외행성(과 태양)의 L_1 또는 L_2의 달무리궤도에 진입할 수 있고, 주변 영역 탐사는 외행성과 외행성 달이 만드는 라그랑주 포인트의 ITN을 이용할 수 있으므로 비교적 추력이 작은 로켓으로도 외행성 시스템을 장기간 관측할 수 있고, 비행시간도 대형 로켓으로 직접 발사한 경우보다 크게 단축할 수 있다. 언젠가는 우리 인류가 태양과 지구가 만드는 라그랑주 포인트 L_4 및 L_5에 대규모 거주지를 건설하고, 이를 외행성으로 나가는 우주공항으로 이용할 날이 올 것으로 믿는다. 이 모든 것은 우주 운송수단인 로켓과 다체문제Many Body Problem를 이해하고 이용하는 미션 궤도설계 능력에 달렸다.

초기 인공위성과 초기 ICBM이 성공한 지 반세기가 훨씬 지난 오늘날 미국은 우주발사체로 델타Delta-II, 델타Delta-IV, 아틀라스

Atlas-V 그리고 팰컨Falcon-9을 보유하고 있으며, ICBM급 탄도탄으로는 미니트맨Minuteman-III와 트라이던트Trident-II를 보유하고 있다. 러시아 역시 토폴Topol-M과 야르Yars를 포함해 모두 다섯 종류의 ICBM과 세 종류의 SLBM을 보유하고, 우주발사체로는 소유즈Soyuz, 프로톤Proton 그리고 제니트Zenit를 운용하고 있으며 차세대 우주발사체로 앙가라Angara 패밀리를 개발 중에 있다.

2013년 성공적인 나로호 발사 이후 우리나라도 자체적인 로켓 개발과 달 탐사계획 등을 세워 우주강국의 꿈을 키워나가고 있으며 중국, 일본, 인도를 비롯하여 많은 국가들이 우주발사체 개발에 뛰어들고 있다. 대부분의 우주 개발 국가들은 은밀하게 또는 공개적으로 ICBM 능력을 동시에 키우고 있으며, 특히 한반도를 둘러싸고 일어나는 최근의 상황은 우리를 몹시 불안하게 만들고 있다. 우리나라를 위협하는 탄도탄에 가장 효과적으로 대처하고 우주 개발 목표를 달성하기 위해서는 로켓, 우주발사체, 우주 개발, 탄도탄 및 탄도탄 방어기술에 대한 과학기술은 물론, 군사·외교적인 측면까지 면밀히 분석하고 연구하는 한편, 분야별로 장기적으로 지속가능하고 상호보완적인 계획을 수립하고 추진할 수 있는 인력 배양이 무엇보다 시급하다. 필자는 젊은 과학기술자들이 앞서 언급한 모든 분야를 가로지르는 기본적인 과학기술을 모두 접해보는 것이 중요하다고 판단하여 로켓 과학 시리즈 책 집필을 결심했다.

필자는 앞서 출간한 『로켓, 꿈을 쏘다』, 『ICBM, 그리고 한반도』, 『ICBM, 악마의 유혹』 세 권에서 로켓과 ICBM의 발전 역사를 기술한 바 있다. 이번에 집필하는 '로켓 과학' 시리즈에서는 로켓과 우주개발에 관심이 있는 엔지니어들을 대상으로 로켓 과학과 로켓의 두 가지 중요한 응용분야인 우주발사체와 탄도탄의 과학기술을 세 권의 책으로 소개하고자 한다. 로켓 연구를 시작하는 연구원이나 로켓 공학을 공부하는 이공계 학생에게 로켓이 작동하는 이면에 어떠한 과학기술이 작용하는지 소개하고, 로켓을 유도하는 데 필요한 지식과 우주발사체와 동력 비행궤도 및 중요한 미션궤도에 대해 더 깊은 공부를 하는 데 필요한 예비지식을 키워주며, 탄도탄의 기본 원리와 방어기술에 대한 기본적인 과학기술을 소개하기 위함이다.

제1권 『로켓 과학 I』에서는 로켓 추진체Thrust Chamber와 관성유도에 관한 물리학을 설명하려 한다. 제2권 『로켓 과학 II』는 우주발사체와 궤도역학에 대한 내용이다. 이 책에서는 우주발사체의 현황과 전망에 대한 소개를 하고, 우주미션에서 주로 사용하는 지구궤도를 2체-문제로 설명한다. 그러나 지구 중력을 벗어난 행성 간의 궤도 문제는 서로 연결된 3체문제Patched 3-Body Problem로 다루어야 정확한 해답을 얻을 수 있고, 같은 미션이라도 '연결된 2체-문제Patched Conics'로 다룰 때보다 아주 효율적인 새로운 미션궤도 옵션이 존재하는 것을 볼 수 있다. 태양계 행성 간의 우주선 궤도 문제를 태양과 우주선에 지배적인 중력을 행사하는 행성 및 우주선의 3체문제로 다룰 때 나타나는 새로운 현상들인 중력 부스트, 라그랑주 포인트, 달무리궤도 등을 비중 있게 다룬다. 제3권 『로켓과학 III』은 탄도탄의 사거리 계산, 표적 지정, 재돌입, 원형공산오차(CEP), 피해 산출과 탄도탄 방어 시스템에 대한 물리학을 다룬다.

로켓과 관성유도에 관한 제1권의 구성은 다음과 같다. 제1부에서는 로켓엔진의 구조와 불안정 연소, 노즐의 물리학, 고도에 둔감한 노즐, 추력과 비추력을 설명하고, 제2부에서는 액체로켓에 관한 내용으로 액체추진제의 종류와 특성, 액체엔진 사이클, 추진체 및 냉각 시스템에 대한 설명을 담고 있다. 제3부는 고체로켓의 역사와, 모터 구조 및 고체추진제 종류와 특성을 다룬다. 제4부에서는 다단로켓의 필요성과 다단로켓의 구성에 대해 설명하고, 다단로켓을 연소종료속도 또는 페이로드에 대해 최적화하는 방법을 소개한다. 제5부는 우주발사체와 탄도탄 유도에 사용되는 관성유도의 기본 원리를 소개하고, 관성유도 계산에서 기준으로 삼는 기준좌표계를 도입하여 위치에 따른 지구 중력가속도 값을 구하는 방법을 설명한다. 가속도계로는 지구 중력가속도를 잴 수 없으므로 정확한 중력모델을 유도컴퓨터Guidance Computer에 미리 입력하는 것이 관성유도의 핵심이다. 중력에 대한 사전 지식 없이 자이로와 가속도계만으로 관성계Inertial Coordinate System에 대한 로켓의 운동을 기술하는 것은 불가능하다. 그러나 지표면, 지구 주변 및 지구에서 멀리 떨어진 곳의 중력은 위치의 함수로 미리 유도컴퓨터에 입력하는 것이 가능하기 때문에 관성유도 또는 관성항법이 가능하다. 로켓의 운동에 상관없이 먼 별들에 대해 변하지 않는 방위Orientation를 유지하는 관성플랫폼Inertial Platform의 수학적 원리도 제5부에서 소개한다. 관성플랫폼의 자이로는 로켓의 회전을 측정하고, 각 좌표축을 입력축으로 가지도록 설치된 세 개의 가속도계는 중력 외의 요인에 따라 나타나는 관성계에 대한 로켓의 가속도를 측정한다. 가속도계의 출력과 입력된 중력가속도에서 로켓의 속도와 위치를 계산하는 것이 관성항법의 요체다.

원고를 준비하는 동안 여러 차례 흥미로운 대화를 나누면서 많은 깨달음을 주고, 원고에 대해 여러 가지 조언을 해준 충남대학교 항공우주공학과의 허환일 교수님과 서울대학교 기계항공공학부의 윤영빈 교수님에게 감사드린다. 이 책의 원고를 꼼꼼하게 읽고 필자의 오류를 지적해주고 조언을 아끼지 않은 국방과학연구소의 김세훈 박사에게도 깊은 감사를 표하며, 이 책이 빛을 보도록 도와주신 지성사의 이원종 대표님에게 고마운 마음을 전하고 싶고, 복잡한 원고를 편집해준 지성사 편집부에게도 감사의 말을 전한다.

차례

1부 로켓엔진

4부 다단로켓

5부 관성유도

1부

로켓엔진

제 1 장

로켓의 등장과 변천

1. 로켓엔진의 변천사

19세기 말까지 로켓은 불꽃놀이 수단이었고, 이따금 전장에서 사용되기는 했지만 무기로서의 효과는 미미한 편이었다. 그 어떤 국가나 개인도 로켓이 절실하게 필요하지 않았고, 더 좋은 로켓을 만들기 위해 연구해야 할 필요성이나 동기도 없었다. 이러한 시기에 프랑스의 소설가 쥘 베른Jules Verne은 『지구에서 달까지*From the Earth to the Moon*』라는 과학 공상소설을 발표하여 상상력이 풍부한 어린이들로 하여금 로켓에 대한 연구가 필요하다는 동기를 제공했다.[1]

쥘 베른은 대포를 이용해 달로 간다고 설정했지만 이 소설에서 쥘 베른이 제시한 숫자들은 거의 다 계산에 근거한 값들이었고 대부분의 설명은 과학적으로 타당했다. 이러한 숫자들을 하나하나 계산해 확인했던 몇몇 어린이 과학자들은 쥘 베른의 이야기를 모두 과학적 사실로 믿게 되었다. 어린 과학자들은 쥘 베른 이야기 가운

1) Jules Verne, *From the Earth to the Moon* (Aegypan Press).

데 단 한 가지, 대포를 이용해서는 결코 사람이 살아서 달로 갈 수 없다는 것도 깨닫게 되었다. 이들은 실망하는 대신 사람이 달에 갔다가 살아서 돌아오는 방법을 스스로 찾아냈다.

이들이 발견한 수단은 로켓이었다. 강력한 로켓만 있다면 달뿐만 아니라 화성도 갈 수 있다고 믿었고, 쥘 베른의 소설을 계기로 로켓 연구와 우주여행을 평생 목표로 택한 어린이들 가운데 구소련의 콘스탄틴 치올코프스키Konstantin Tsiolkovsky, 미국의 로버트 고다드Robert H. Goddard와 루마니아의 헤르만 오베르트Hermann Oberth 등이 있었다.[2] 이들 '제1세대 쥘 베른 키즈'는 로켓을 과학적 연구 대상으로 접근했으며, 이들의 연구 결과와 쥘 베른의 우주여행에 매료된 '차세대 쥘 베른 키즈'인 독일의 베르너 폰 브라운Wernher von Braun, 구소련의 세르게이 코로레프Sergei Korolev, 발렌틴 글루시코Valentin Glushko 등이 뒤를 이었다. 이들은 불꽃놀이 수단에 지나지 않던 로켓을 과학기술의 총집합체인 현대식 로켓으로 발전시켜 그때까지는 달나라 공주들만 가능했던 달 여행을 날개옷 없는 인간도 할 수 있다는 것을 보여주었다.

로켓엔진은 사용하는 추진제가 고체냐 액체냐에 따라 고체로켓과 액체로켓으로 구분한다. 1200년대 이후 1920년까지 사용된 모든 로켓은 고체로켓이었지만 정작 과학기술자들이 연구 대상으로 선택한 로켓은 액체로켓이었다. 당시에 유일한 고체연료였던 흑색 화약에 비해 액체추진제의 단위질량당 연소에너지가 훨씬 클 뿐만 아니라 액체추진제를 사용할 때 연소를 제어하기가 훨씬 수월하리라 판단했기 때문이다. 1921~1925년에 걸쳐 고다드는 18~45kg・중(이하 kg)의 추력을 가진 액체로켓엔진을 제작했으며,[3] 1926년 3월 16일

2) 정규수, 『로켓 꿈을 쏘다』(웅진씽크빅, 2010) pp. 33-55.

3) kg은 질량의 단위지만, 무게나 힘을 표시할 때는 질량에 중력가속도를 곱한 kg・중의 의미로 사용하기로 한다. 1kg・중의 힘은 1kg의 질량을 $9.8066m/s^2$로 가속할 수 있는 힘을 의미한다.

그의 로켓이 고도 12.5m, 거리 56m를 2.5초에 비행함으로써 고다드는 세계 최초의 액체로켓 비행시험에 성공했다.[4] 얼핏 보잘것없어 보이는 이 작은 로켓의 성공은 우주여행을 꿈꾸는 사람들에게는 우주 로켓의 가능성을 확신하게 하는 계기가 되었고, 제1차 세계대전에서 패배한 뒤 베르사유 조약에 따라 장거리포를 보유할 수 없었던 독일 육군에게 액체로켓은 새로운 장거리 타격 수단으로 떠올랐다. 이로써 우주여행을 꿈꾸며 로켓을 연구하던 제2세대 쥘 베른 키즈들과 인적·물적 지원을 해주는 국가 조직의 목표가 일치하게 되었고, 둘의 만남은 폭발적인 시너지 효과를 불러일으켰다.

1920년대까지의 로켓 연구는 몇몇 우주여행 '비저나리Visionary'들의 개인적인 연구나 아마추어 동호인 모임의 취미활동이 주류를 이루었지만, 1930년대 이후의 로켓 연구는 국가 조직이 뒷받침하고 대규모 인적·물적 자원이 투입되는 개발사업으로 진행된 것이 특징이라 할 수 있다. 1932년에 발족한 폰 브라운이 이끄는 독일 육군의 액체로켓 개발팀은 1942년 10월 3일 25톤 추력을 가진 A4 로켓으로 189km를 비행하는 데 성공했다.[5] 그 후 2년 동안 수많은 시행착오를 거친 끝에 1944년 A4는 1톤 무게의 탄두를 싣고 300km 떨어진 표적을 타격하는 실전용 탄도탄 V2로 바뀌었으며 이로써 초장거리 대형 로켓은 이론적인 가능성이 아니라 국가 조직의 개발 목표로 자리 잡게 되었다.[6][7][8]

1945년 미국은 세계 최초로 원자폭탄을 개발했고, 장거리 탄도탄

---

4) David A. Clary, *Rocket Man* (Hyperion, 2003) pp. 107-122.

5) Gregory P. Kennedy, *German's V-2 Rocke* (Shiffer Publishing Ltd., Atglen, PA, U.S.A., 2006) p. 19.

6) V2는 A4의 실전용 모델을 가리킨다.

7) Chuck Walker with Joel Powell, *Atlas: The Ultimate Weapon* (An Apogee Book Publication, 2005)

8) Boris E. Chertok, Edit. Asif A. Siddiqi, *Rockets and people*, Volume I (NASA History Series: NASA SP-2005-4110); Boris E. Chertok, Edit. Asif A. Siddiqi, *Rockets and people* Volume II (NASA History Series: NASA SP-2005-4110)

과 핵탄두의 시너지 효과가 크게 부각되기 시작했다. 750kg의 아마톨Amatol이라는 고폭탄두High Explosive Warhead를 탑재한 V2가 다분히 심리적인 공포 무기였다면[9] 20kt(TNT 2만 톤)급 핵탄두를 탑재한 로켓은 V2의 2만 배에 해당하는 폭발력을 가져 그야말로 공포의 무기가 될 수밖에 없었다. 제2차 세계대전이 끝난 뒤 폰 브라운 팀의 최상급 기술자 120여 명은 그들이 개발한 V2 100기분의 부품 및 기술 자료와 함께 미국으로 옮겼고, 나머지 기술자들과 V2 관련 부품을 비롯한 시설은 소련으로 넘어갔다.[10][11][12]

전후 독일의 로켓 인력과 V2 기술을 장악한 미국과 소련 간의 냉전은 미사일 개발과 우주 경쟁에 불을 지폈고, 미사일 경쟁으로 다시 냉전이 깊어지면서 로켓 개발은 아무도 예측 못한 빠른 속도로 진행되었다. 그리고 12년 뒤 1957년에 구소련의 코로레프는 스푸트니크Sputnik 인공위성을 지구궤도에 올려놓은 R-7 로켓을 개발했고, 1960년을 전후해서 미국과 소련은 메가톤(TNT 100만 톤)급 핵탄두를 1만 킬로미터 이상 운반하는 대륙간탄도탄 ICBM(Intercontinental Ballistic Missile)을 보유하게 되었다. ICBM은 전쟁의 개념을 완전히 바꿔놓는 '게임 체인저game changer'가 되었다. 로켓의 개발은 여기서 멈추지 않았고, 다시 12년이 흐른 뒤에는 달궤도에 45톤을 보낼 수 있는 초

9) 아마톨은 TNT 60%와 암모니움 나이트레이트Ammonium nitrate 40%를 섞은 화약으로 비교적 충격과 열에 강하고 폭발력도 TNT와 비슷하다. 사실 V2는 엄청난 공포를 주었지만, 무기로서는 아주 비효율적이었다. 500명이 차량 152대로 움직이며 하루에 V2 9발을 발사하여 아마톨 7.5톤을 운반했다. 원형공산오차(CEP)는 4.5km로 추정되며, 독일은 미사일의 신뢰도를 80~90%라고 주장했다. 이러한 폭약량은 B-17 1기분도 채 안 되는 양이고, V2의 정확도는 B-17 폭격에 훨씬 못 미쳤다. 어쩌면 V2 그 자체는 아까운 인적·물적 자원을 V2에 낭비하여 폭격기와 잠수함처럼 효율적인 무기를 더 많이 생산하지 못한 독일보다 연합군에게 훨씬 유리한 무기였다고 할 수도 있다. 사실 V2 기술과 기술 인력으로 직접 득을 본 측은 그 누구도 아닌 미국과 소련이었다.

10) 정규수, 『ICBM, 악마의 유혹』(지성사, 2012) pp. 77-107.

11) Bob Ward, *Dr. Space* (Naval Institute Press, 2005, Annapolis, Maryland, U.S.A.) pp. 54-62.

12) Boris E. Chertok, Edit. Asif A. Siddiqi, *Rockets and people*, Volume I (NASA History Series: NASA SP-2005-4110) pp. 239-343.; Boris E. Chertok, Edit. Asif A. Siddiqi, *Rockets and people* Volume II (NASA History Series: NASA SP-2005-4110) pp. 1-154.

강력 로켓 '새턴Saturn-V'로 성장하여 쥘 베른의 소설에도 나오지 않았던 인간에 의한 '달 착륙 왕복여행'을 완수했다.[13]

이후 로켓엔진의 추력은 군사적인 필요성 또는 우주 경쟁의 승리를 위해 아래위로 확장되었다. 1944년에서 1950년까지는 과산화수소를 이용한 저출력 자세제어용 엔진이 주로 개발되었지만, 로켓이 대형화되면서 자세제어용 엔진에도 1000kg급의 고출력 엔진이 필요해졌다.

자세제어용 로켓이라 해도 이러한 고출력을 내기 위해 2300℃ 이상의 고온가스Hot Gas를 생산하는 2원-추진제Bi-propellant를 사용했으며 중간급 출력이 필요한 경우에는 500℃에서 1600℃ 미만의 중온가스Warm Gas를 생산하는 히드라진Hydrazine 같은 1원 - 추진제Mono-propellant를 촉매로 분해해서 사용했다. 매우 작은 추력이 필요한 경우에는 탱크에 저장한 비활성가스나 질소가스처럼 온도가 -73℃에서 50℃ 사이의 낮은 저온가스Cold Gas를 이용했다. 그 결과 자세제어용 엔진의 추력도 0.0045kg에서 1000kg까지 다양해졌다.

〈사진 1-1〉 에서 보는 것과 같은 제어용 추진기를 보통 '스러스터Thruster'라고 하며, 연속적으로 동작하는 대신 '껐다 켰다'를 반복하는 펄스Pulse 형태로 작동하는 것이 보통이다. 펄스 사이클은 0.01초에서 0.1초 사이에 있다. 이러한 펄스 로켓을 개발하기 위해서는 0.002~0.025초 안에 연료 파이프를 여닫을 수 있는 밀폐된 초고속 밸브가 필요했고, 연소실과 노즐을 냉각시키는 방법도 새로 개발해야 했다. 다시 말해, 추력이 작은 로켓이 큰 것에 비해 무조건 쉽게 개발할 수 있는 것은 아니었다.

---

13) Richard W. Orloff and David M. Harland, *Apollo: The Definitive Sourcebook* (Praxis Publishing Ltd., 2006)

사진 1-1 추력 2.27kg의 DACS(Divert Attitude Control System)〔NASA〕

2. 초강력 로켓엔진

한편, 1940년대 말에서 1980년대 말에 이르는 미국과 소련 간의 냉전은 초강력 로켓엔진 개발을 촉진하는 원동력이 되었다. 초강력 엔진의 대표로 꼽을 수 있는 F-1 엔진은 1965년 미국이 개발하여 달로켓 새턴-V에 사용했다. F-1의 해면고도 추력은 682톤(6.7MN, 1MN=102톤)으로 1985년 소련이 RD-170을 선보일 때까지 가장 강력한 액체로켓엔진이었고, 단일 연소실을 가진 액체로켓 가운데 역대 최강이었다. 5기의 F-1 '클러스터Cluster'로 추진되는 새턴-V는 달궤도까지 45톤을 보낼 수 있으며 지구 저궤도(LEO)에는 118톤의 화물을 올릴 수 있다. 연료는 순수하게 정제한 경유 RP-1(Refined Petroleum-1)을 사용했으며, 산화제는 액체산소 LOX(Liquid Oxygen)를 사용했다. F-1 엔진 1기의 추진제 펌프를 돌려주는 터빈의 파워만 해도 5만 5000마력(41Mw)이나 되었다. 미국의 핵잠수함인 '오하이오 급Ohio Class' SSBN은 수중 배수량이 18750톤이나 되지만, 잠수한 상태에서 46km/h의 속력을 낼 수 있다. 이러한 거대 잠수함을 추진하는 파워는 45Mw(6만shp)로 강력하지만 겨우 F-1 엔진 1기의 터보펌프를 작동하기에 충분할 뿐이다. 새턴-V에는 5기의 터빈이 있으므로 새턴-V의 총 터빈 파워는 27만 5000hp(205Mw)나 된다.

1969년 7월 F-1 엔진 5기를 탑재한 새턴-V SA-506으로 두 명의 우주인이 달 표면에 연착륙한 뒤 무사히 다시 지구로 귀환함으로써 '날개옷을 입은 선녀들이나 가능했던 달 여행'을 인간들도 이루었다. 새턴-V는 무게가 2800톤이고, 추력이 3410톤인 초대형 액체로켓이다. 이러한 날을 꿈꾸며 어린 시절부터 로켓 개발에 모든 것을 걸었던 폰 브라운이나 이를 지켜본 폰 브라운의 멘토르였던 오베르트도 달 여행이 실제로 자신들의 생전에 이루어지리라고는 믿지 않았을 것이다. 달 로켓 아폴로Apollo 11호가 이륙하기 2주 전 새턴-V 로켓의 책임을 맡은 폰 브라운이나 아폴로 프로젝트를 주관한 미국 항공우주국(NASA)의 모든 인원이 얼마나 정신없이 바빴을지는 쉽게 상상이 된다. '아폴로 우주선 발사'라는 큰일을 2주 앞두고 폰 브라운과 그의 아내 마리아 폰 브라운Maria von Braun이 그리스의 델로스Delos 섬에 있는 아폴로 신전으로 달려간 것은 아폴로 신에게 잘 보여서라도 반드시 성공하고 싶은 심정이었을 것이다.[14] 소년시절에 꾸었던 꿈의 실현을 눈앞에 두었지만 아폴로 로켓의 책임자로서의 책임감과 간절한 기대, 그리고 극도의 두려움이 뒤섞인 고독한 심정으로 그는 아폴로 신을 찾았을 것이다.

새턴-V 로켓엔진은 무게가 3200톤인 한국형 구축함 KDX-I을 64cm/s^{2}의 가속도로 수직으로 쏘아올리는 힘을 가지고 있다. 그러나 F-1 엔진은 1960년대의 기술로 설계되었기 때문에 엔진의 '비추력(I_{sp}: Specific Impulse)'은 해면고도에서 265초, 진공 중에서 303초로 엔진의 효율은 소련의 RD-170 같은 현대식 로켓에 비해 상당히 떨어지는 편이었다. 비추력이란 추진제 1kg이 연소함으로써 생기는

---

14) Bob Ward, *Dr. Space* (Naval Institute Press, 2005, Annapolis, Maryland, U.S.A.) p. 160.

충격량으로, 1kg 질량을 1g(=9.8066m/s²)으로 가속을 지속할 수 있는 시간을 나타내는 양이며 단위는 초(Second)이다.

1985년, 구소련의 '엔피오 에네르고마쉬NPO Energomash'는 F-1 엔진보다도 12.9%나 더 강력한 액체엔진 RD-170을 선보였다. 우주발사체 에네르기아Energia의 부스터 엔진으로 개발한 RD-170은 T-1/LOX를 추진제로 사용한다. T-1(또는 RG-1이라고도 한다)은 미국의 RP-1과 같은 순수한 경유이지만 T-1의 밀도는 RP-1의 밀도 0.81gm/ml에 비해 좀 더 높은 밀도 0.82~0.85gm/ml를 가진다.[15] 해면고도에서 추력은 770톤이고 비추력은 309초, 진공 중에서는 338초로 거의 같은 추진제를 사용하는 F-1의 비추력에 비해 엄청나게 높다. F-1과 RD-170 사이에는 20년에 걸친 기술 격차가 있음을 비추력의 차이로 확실하게 보여준다.

RD-170은 연소실이 4개인 엔진이지만 강력한 터보펌프 1기로 연료와 산화제를 공급한다. RD-170의 터빈은 1만 5000rpm으로 회전하여 25만 hp(186Mw)의 출력을 낸다. 추력이 비슷한 F-1의 터빈 출력보다 RD-170의 터빈 출력이 4.55배나 높은 이유는, F-1은 가스-제너레이터 사이클Gas Generator Cycle 방식이고 RD-170은 다단연소 사이클Staged Combustion Cycle 방식으로 연소실 압력이 F-1의 7MPa에 비해 RD-170은 26.1MPa로 3.73배나 높기 때문이다.[16]

RD-170의 터보펌프 출력은 미국이 보유한 가장 크고 강력한 '니미츠Nimitz'급 원자력 항공모함의 원자로 2기가 구동하는 증기터빈의 최고 출력 200Mw에 견줄 만한 파워다. 다시 말해, 니미츠급 항공

---

15) RP-1은 'Rocket Propellant-1' 또는 'Refined Propellant-1'의 약자로 거의 순수한 경유라고 할 수 있다. 유황은 고온에서 금속을 부식시키고, 극소량이라도 경유분자들이 중합Polymerization되게 하며, 방향족 화합물 역시 경유를 중합시킨다. 이러한 물질들을 거의 완전히 제거한 경유에 소량의 산화억제제Antioxidant Inhibitor 등을 소량(<9g/100gal) 첨가한다. 이 로켓 연료는 미국에서는 RP-1이라고 부르고 소련에서는 T-1이라고 부른다(MIL-DTL-25576D, p. 4.).

16) 액체로켓엔진의 연소 사이클에 관해서는 2부 제2장에서 자세히 설명하기로 한다.

모함의 증기터빈으로 RD-170 엔진 1기의 터보펌프를 돌리거나 또는 새턴-V의 제1단 엔진에 추진제를 공급하면 안성맞춤이라는 이야기다. RP-1의 연소열은 ~46MJ/kg이고 밀도는 0.81gm/cm³이다. 새턴-V의 제1단은 5기의 F-1 클러스터 엔진으로 구성되었고, 새턴의 제1단이 매초 연소하는 3.95톤(4880리터)의 RP-1을 파워로 환산하면 약 1억 8천만KW(18만MW)로, 100만 KW급 원자력 발전소 180개에서 나오는 전력과 맞먹는다.17)

RD-170의 성공에 이어 러시아는 RD-170을 반으로 쪼개 설계한 RD-180 엔진을 개발하여 미국 '유나이티드 얼라이언스United Alliance'의 아틀라스Atlas-V의 코어 엔진으로 사용하고 있다. RD-180은 연소실 2개와 터보펌프 하나로 구성된 아주 효율적인 엔진으로 해면고도에서 391톤의 추력을 내며, 부품 가운데 대략 80%는 RD-170과 같은 것을 사용하고, 나머지 20%는 RD-170 부품을 축소하거나 개조하여 쓰는 것으로 알려졌다. 원래 RD-180은 미국 프라트 휘트니Pratt Whitney 사에서 라이선스 생산을 하기로 계약했으나 생산에 실패했다. '엔피오 에네르고마쉬'의 엔지니어도 라이선스 생산에 직접 참여했지만 문제를 해결 못하고 지금은 러시아에서 생산한 RD-180을 수입하여 판매하고 있다. 아직까지도 로켓엔진 연구는 과학이 아니라 '예술'의 영역에 있다는 생각이 들게 하는 대목이다.

RD-170의 변천은 여기서 멈추지 않는다. 에네르고마쉬는 2008년 5월 러시아가 야심차게 계획하고 출발한 차세대 우주발사체 '앙가라Angara' 패밀리의 추진기관으로 RD-191의 생산 준비를 마쳤다고 발표했다. RD-191은 RD-180을 다시 반으로 쪼개 설계한 단일 연소실을 가진 엔진으로 해면고도 추력이 195.7톤이다. 에네르고마쉬는 RD-191의 추력을 170톤으로 줄여 RD-151이라고 이름 붙인 엔진을 우리나라의 '나로호NARO' 호 추진기관으로 공급한 바 있다.18)

---

17) RP-1 1kg이 연소할 때 나오는 열량은 ~46.2 MJ이다.

1944년을 전후해 장거리 포격용 로켓의 역할을 액체로켓에 내주었던 고체로켓은 단거리 전술용이나 공대공 미사일의 추진기관으로 사용되었다. 고체로켓이 액체로켓에 밀리게 된 배경에는 다음과 같은 이유가 있었다.

- 당시 사용하던 고체추진제의 비추력은 액체로켓의 비추력에 비해 훨씬 낮고,
- 로켓을 파괴하지 않고 한번 점화된 고체연료의 연소를 중단하는 마땅한 방법이 없으며,
- 임의로 추력 조절을 할 수가 없었다.

이와 같은 고체로켓의 취약점은 액체로켓을 사용함으로써 피할 수 있었다. 액체추진제의 단위무게당 반응에너지는 고체추진제에 비해 훨씬 높았고, 추진제를 공급하는 터빈의 연료를 끊음으로써 파괴하지 않고 엔진을 연소 종료할 수도 있고, 필요할 경우 재점화도 가능하며 어느 정도 임의로 추력을 조절하는 것도 가능했다. 액체엔진은 대형 우주발사체나 자세제어용 엔진으로는 최적의 운용조건을 갖췄다. 초기 대륙간탄도탄은 미국과 소련 모두 액체로켓엔진을 사용했는데, 특별히 액체로켓 ICBM을 선호해서 그런 것은 아니었다. V2 성공이 로켓엔진 개발자들에게 강력한 액체엔진을 만들 수 있다는 확신을 심어주었고, ICBM에 사용할 만큼 강력한 비추력을 가진 고체연료가 존재하지 않았기 때문에 액체로켓 ICBM을 개발할 수밖에 없었다.

초기 ICBM에는 경유kerosene인 RP-1(소련에서는 RG-1)을 연료로, LOX를 산화제로 사용했다. RP-1이나 RG-1은 거의 순수한 경유로 상온에서도 액상으로 존재한다. 반면, 액체산소는 대기압에서는

---

18) http://en.wikipedia.org/wiki/RD-170_(rocket_engine)

−182.96°C에서 끓는다. ICBM은 적의 공격을 인지하는 즉시 반격할 수 있는 상태를 무기한 유지할 수 있어 전쟁 억제력으로써 제 역할을 할 수 있는 데 반해, LOX의 낮은 비등점과 비교적 높은 증기압 때문에 LOX를 주입한 채로 장기간 대기 상태를 유지하기가 곤란하다. 일단 LOX를 로켓의 산소 탱크에 주입하면 탱크 압력을 안전한 수준으로 유지하기 위해서는 지나치게 증발한 산소기체를 주기적으로 빼주어야 한다. 이렇게 잃어버린 LOX는 다시 보충해주어야 하기 때문에 번거롭고 위험한 일이라 발사가 임박하거나 비상시가 아니면 LOX 주유를 하지 않는다. RP-1/LOX 또는 RG-1/LOX는 ICBM 추진제로는 적합하지 않으며, 인공위성 또는 달이나 화성 탐사처럼 장기간에 걸쳐 이따금씩 작동이 필요한 추진로켓이나 자세제어 엔진의 추진제로도 적합하지 않다. 이에 따라 등장한 것이 오랫동안 저장이 가능하고 연료와 산화제의 접촉만으로도 점화가 되는 '자동점화 추진제Hypergolic Propellant'다. '비대칭 디메칠 히드라진(Unsymmetrical Dimethyl Hydrazine: UDMH)'은 대표적인 자동점화 추진제이며, 4산화2질소(N_2O_4: NTO)는 UDMH 같은 히드라진 계통의 연료와 함께 사용하는 대표적인 산화제다.

미국과 소련은 초기 ICBM에는 RP-1/LOX를 추진제로 사용했으나 곧 두 나라 모두 저장 가능한 액체추진제로 바꿔 사용했다. 하지만 자동점화 추진제는 독성과 부식성이 아주 강해 크고 작은 여러 가지 문제를 일으켰다.[19] UDMH는 발암물질이며 산화제와 접촉하면 폭발을 일으킨다. 피부를 통해서 체내로 흡수되기 때문에 UDMH를 취급할 때는 반드시 보호복과 가스 마스크를 착용해야 한다. N_2O_4

19) 수많은 사건 사고 가운데 대표적인 두 가지 예만 들기로 한다. 1960년 10월 24일 UDMH/NTO를 사용하는 R-16의 폭발로 소련의 로켓군 사령관 네델린Mitrofan Nedelin 원수를 포함한 100여 명의 군인과 민간인 기술자들이 희생되었다. 1980년 9월 19일 미국 아칸소 주Arkansas 다마스쿠스의 지하 사일로 374-7에서 발생한 폭발로 740톤 무게의 사일로 덮개가 230여 미터나 날아갔고, 9Mt 폭발력을 가진 W-53 탄두 역시 사일로에서 튀어나갔지만 안전장치 덕분에 폭발은 일어나지 않았다.

또한 독성이 강하고 부식성이 아주 강한 물질이다. 그러나 시간이 흐르면서 소련은 문제점들을 하나하나 해결해 나갔고, 나중에는 자동점화 추진제를 사용하는 액체로켓을 주유 후 10년 이상 저장이 가능한 탄도탄으로 바꾸어 갔다. 반면 운용의 편리성, 전략적인 유연성, 경제성 등을 고려해 미국은 1960년대 초부터 액체로켓 ICBM을 고체로켓 ICBM으로 대체하기 시작했다.

로켓을 탄도탄으로 사용할 때는 엔진 작동을 중단했다가 재점화할 필요도 없고, 임의로 추력을 반드시 조절해야 하는 것도 아니었다. 비추력이 어느 정도로 만족할 만한 고체추진제를 개발할 수만 있다면 고체로켓이야말로 가장 이상적인 탄도탄이 될 수 있다. 미국은 강력하고 효율적인 고체추진제를 개발하려는 노력을 계속하여 1960년대 초, 마침내 ICBM급 로켓에도 사용할 수 있는 고체추진제 개발에 성공했다.

잠수함에서 발사할 수 있는 해군 미사일인 폴라리스Polaris와 공군이 개발한 미니트맨Minuteman은 미국의 고체로켓 전략탄도탄 시대의 시작을 알렸고, 1987년 5월 미국의 마지막 액체로켓 ICBM인 타이탄Titan-II가 퇴역함에 따라 미국의 전략탄도탄은 모두 고체로켓으로 대체되었다. 물론 현재 소련의 액체로켓 ICBM도 연료를 공장에서 주입하고 밀봉하기 때문에 운용 면에서는 고체로켓과 대등해졌으며 액체로켓이라 해서 추진제 때문에 특별히 불리한 것은 없다. 첫 번째 미니트맨(미니트맨-I)의 1단 모터는 치오콜Thiokol에서 개발했고, '그레인Grain'[20]의 조성은 '과염소산암모늄' AP(NH4ClO4: Ammonium Perchlorate) 70%, 알루미늄 분말 16% 및 결합제와 첨가제 14%로 되어 있으며 비추력은 254초로 간신히 ICBM의 조건을 만족시켰다.[21]

---

20) 그레인Grain은 알갱이가 아니라 용융주조나 프레스로 압축성형한 후에 가공하여 로켓 연소실에 장착한 고체연료를 지칭하는 단어다.

21) George P. Sutton and Oscar Biblarz, *Rocket Propulsion Elements* (John Wiley & Sons, Inc., New York, New York, 2001) p. 424의 Table 11-3 참조

미국은 장기 저장이 가능하며 생산비가 저렴하고 운용이 간편한 고체로켓 시스템이 군사적인 목적에 가장 이상적이라고 판단해 1988년을 전후하여 모든 ICBM과 잠수함 발사 미사일 SLBM(Submarine Launched Ballistic Missile)을 고체로켓으로 통일했다. '트라이던트-IID5(Trident-IID5: 이하 D5)'와 '피스키퍼(Peacekeeper: LGM-118)'가 바로 그 바람직한 ICBM급 미사일이었다. D5는 475kt 탄두 8기를 탑재하고 7360km 이상을 비행할 수 있었으나 지금은 4기의 MIRV를 탑재하고 1만 3000km를 비행할 수 있고, 원형공산오차 CEP는 90~120m로 알려졌다.[22] 한편 300kt급 탄두[23] 10기를 탑재한 피스키퍼의 사거리는 1만km이며 정확도를 가늠하는 CEP는 90m로 순수한 관성유도에 의해 유도되는 탄도탄 중 가장 정밀한 탄도탄이었다. 제2차 전략무기감축협정(STRAT-II)의 규정대로 피스키퍼는 퇴역이 결정되었고, 러시아가 START-II를 파기했음에도 미국은 애초 계획대로 모든 피스키퍼를 퇴역시켰고, 지금은 미니트맨 III가 유일하게 보유한 ICBM이다.[24]

고체로켓 ICBM 개발을 위해 개발된 대형 고체로켓 설계기술과 생산시설은 액체로켓 우주발사체에 부착하여 이륙할 때에 필요한 추력을 보태주고 가끔은 주 추진로켓 역할을 하는 SRB(Solid Rocket Booster)를 생산하는 데 사용되고 있다. 고체추진제의 단위질량당 연소열은 액체추진제보다 작지만, 추진제의 밀도는 액체에 비해 훨씬 크다. 고체추진제는 밀도가 높고 연소속도도 빨라 작은 고체로켓으로도 짧은 시간 동안 아주 강력한 추력을 내는 데 적합하다. 지금

---

22) 원의 중심을 향해 발사한 로켓이나 포탄의 50%가 안에 떨어지는 원의 반경을 CEP라고 하며 로켓이나 포탄의 정확도를 가늠하는 척도로 사용한다.

23) 탄두는 필요시 475kt로 업그레이드할 수 있게 설계되었다.

24) 1993년 1월 3일 미국의 조지 부시George H. W. Bush 대통령과 러시아의 보리스 옐친 Boris Yeltsin 대통령이 사인한 미국과 러시아 사이의 군축협정으로 모든 다탄두(Multiple Independently-targetable Reentry Vehicles: MIRV) 미사일을 폐기하는 내용으로 되어 있다. 대탄도탄 방어망 구축을 위해 미국이 탄도탄 요격 미사일 조약(ABM: Anti Ballistic Missile Treaty)을 일방적으로 탈퇴하자 다음날인 2002년 6월 14일 이에 대한 반발로 러시아는 START-II 조약을 파기했다.

사용하는 대부분의 우주발사체에는 크고 작은 고체로켓 부스터를 외부에 장착하여 페이로드(탑재물)를 늘리거나 아니면 '메인 부스터 Main Booster'로 사용하고 있다. 사실 일본의 H-IIA 발사체, 미국의 '우주왕복선Space Shuttle'과 '아리안Ariane 5'는 SRB가 없으면 땅에서 뜰 수조차 없다. 세 경우 모두 SRB가 메인 부스터다.

H-IIA의 기본형은 이륙중량이 285톤이고 2단 액체로켓에 2기의 SRB-A가 부착되어 있다. SRB-A 1기의 무게는 76.4톤이고, 지름은 2.5m, 길이는 15.2m로 진공에서 최대 추력은 230톤이다. 2기의 SRB-A의 무게를 뺀 H-IIA의 무게는 132.2톤이다. 제1단의 주 엔진인 액체로켓은 액체수소(LH$_2$)와 액체산소를 사용하는 로켓으로 효율은 좋지만 추력은 112톤밖에 되지 않으므로 SRB-A 2기를 생략하면 자체 추력으로는 이륙이 불가능하다. 스페이스 셔틀에는 SRB 2기가 장착되는데 각 SRB의 무게는 590톤이고, 해면고도 추력은 1224톤이다. 즉, 스페이스 셔틀의 SRB 1기의 추력은 새턴-V 엔진 F-1 추력의 1.8배에 이른다. 고체모터의 연소시간은 액체엔진 연소시간에 비해 짧지만 강한 힘을 낼 수 있기 때문에 대형 페이로드를 발사하는 로켓에는 아주 유용하게 사용되고 있다. 스페이스 셔틀의 SRB의 추력 대 무게 비가 H-IIA의 SRB-A에 비해 69%밖에 안 되는 것은 스페이스 셔틀의 SRB 케이스를 사용한 후 회수하여 재사용할 수 있도록 0.5인치 두께의 스테인리스로 튼튼하게 제작했기 때문인 것으로 짐작한다.

대형 고체로켓 기술을 개발하는 대신 액체로켓에 치중해온 러시아는 부스터 로켓으로 고체로켓 대신 액체로켓을 사용하고 있다. 미국도 '델타Delta-IV'의 중량급 모델Heavy Duty Version인 '델타-IVH'는 343.6톤 추력의 액체로켓엔진 RS-68로 추진되는 코어 로켓과 동일한 로켓 2기를 코어 로켓에 부스터 로켓으로 추가하여 대형 페이로드를 발사하고 있다.

제 2 장
로켓의 구조

1. 로켓엔진의 구조

로켓 시스템을 이해하기 위한 첫 단계로 로켓엔진의 구조에 대해 살펴보도록 하자. 프로펠러 비행기나 제트항공기 엔진을 작동시키려면 공기 중의 산소가 필요하며, 양력을 이용해 위로 뜨기 때문에 공기가 없는 곳에서는 비행할 수가 없다. 고체로켓이든 액체로켓이든 모든 로켓은 연료와 산화제를 싣고 다니기 때문에 공기가 없는 우주공간에서도 작동이 가능하고 '추력 방향Thrust Vectoring' 조정이나 '버니어 로켓Vernier Rocket'을 이용해 진공 중에서도 비행 방향과 자세를 제어할 수 있다. 이러한 이유로 높은 궤도의 고진공을 비행해야 하는 장거리 탄도탄이나 우주발사체의 추진기관으로 로켓엔진을 선택할 수밖에 없다.

로켓의 목적은 수km/s 이상의 초고속을 얻는 데 있지만, 로켓으로 가속된 페이로드의 속력이 단순히 빠르기만 해서는 쓸모가 별로 없다. 우리가 원하는 시간에 지정된 위치에서 원하는 속도(속력과 방향)를 갖도록 로켓을 정밀하게 통제하는 것이 필수적이다. 로켓이 우리가 원하는 위치에서 원하는 속도로 움직일 수 있도록 로켓을 유도하고 조종하는 장치는 로켓에서 엔진과 함께 가장 중요한 부품 중의 하나다. 마지막으로 짙은 대기를 뚫고 초고속으로 가속하는 과정에서 오는 상당한 기계적 충격과 열에 의한 스트레스를 견딜 수 있도록 몸체 및 구조물을 설계하고 제작해야 한다. 로켓 과학기술은 추진제, 연소실, 노즐, 유도조종장치 및 기체에 관한 기술이지만, 내용으로 보면 물리학, 화학, 기계, 전자, 화공, 소재 등 다양한 분야가 연계된 융합과학기술이다. 여기에 행성 및 달의 정확한 시간별 위치Ephemerides Data, 정확한 지구 모델, 중력지도 및 대기밀도 등에 관한 깊은 지식이 있어야 로켓을 우주탐사에 효율적으로 사용할 수 있다.

추진제는 연료와 산화제를 합친 이름이다. 로켓엔진의 추진제는 크게 액체추진제와 고체추진제로 나눌 수 있고, 로켓은 사용하는 추진제에 따라 액체로켓과 고체로켓으로 구별하는 것이 관례로 되어 있다. 물론 고체연료와 액체산화제를 사용하여 두 종류 추진제의 장점을 모두 갖출 것으로 기대되는 '하이브리드 엔진Hybrid Engine'도 연구하고 있지만, 이 책에서는 로켓에 대한 설명을 액체로켓엔진과 고체로켓엔진에 국한하도록 한다.

::액체로켓

실제로 액체로켓의 구조가 아주 복잡해 보여도 각 구조물은 모두 추진제를 로켓에 탑재하기 위한 탱크, 탑재한 연료와 산화제를 연소실로 보내기 위한 추진제 펌프, 밸브 및 파이프(또는 고압의 압력으로 추진제를 연소실로 밀어 보내는 데 필요한 고압가스 용기), 매초 필요한 양의 추진제를 안전하게 연소시켜 고온고압 가스를 지속적으로 만들어내는 연소실과 연소실에서 생성된 고온고압 가스의 엔탈피Enthalpy

를 한 방향으로 흐르는 가스의 운동에너지로 효율적으로 바꿔주는 노즐Nozzle과 관계된 것들이다.

우주발사체에서는 8km/s 이상의 초고속이 필요하고, 장거리 탄도탄의 경우도 5~7.5km/s의 빠른 속력이 필요하다. 뒤에서 설명하겠지만 1단 로켓Single Stage Rocket으로는 이러한 속력에 이르기가 힘들다. 따라서 이러한 문제를 손쉽게 해결하는 방안으로 고안된 방법이 두 개 이상의 로켓을 직렬 또는 병렬로 연결하여 다단로켓Multi-Stage Rocket으로 설계하는 것이다. 이때는 두 개 이상의 독립된 로켓을 묶고 떼는 데 필요한 연결부가 별도로 필요하지만, 각 로켓의 구조는 1단 로켓과 다를 게 없다.

〈그림 1-1〉에서 보는 바와 같이 액체연료와 액체산화제를 사용하는 액체로켓은 액체연료 탱크, 액체산화제 탱크, 터보펌프, 연소실, 파이프와 밸브, 노즐, 유도조종장치, 페이로드 및 이것들을 둘러싸는 케이스 등으로 구성되어 있다. 로켓연구 초창기에는 터보펌프가 아닌 고압가스를 이용해 연료와 산화제를 연소실로 공급했고, 지금도 작은 엔진에서는 고압가스를 이용하고 있다. 그러나 엔진 출력이 커짐에 따라 추진제 소모량이 급증하고 이에 필요한 가스의 용량과 압력을 견디는 고압가스 탱크는 너무 무거워 터보펌프를 사용하는 것이 훨씬 유리하다. 〈그림 1-1〉에서 보듯이 액체로켓에서 연소는 연소실 안에서 이루어지고 연료 및 산화제는 연소실 밖에 장

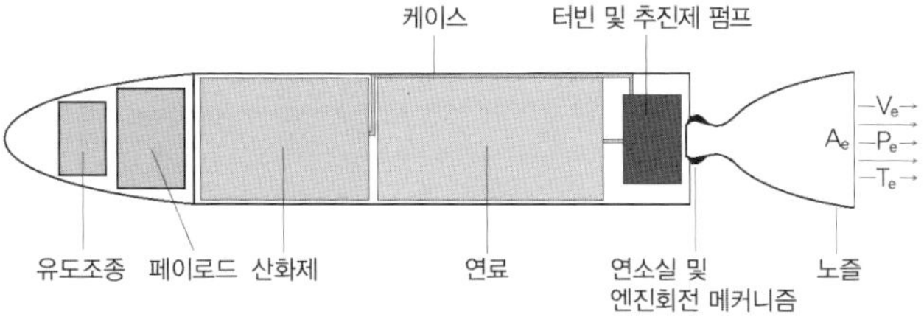

그림 1-1 1단 액체로켓 구조 개념도

착된 별도의 탱크에 저장된다. 사실 액체로켓의 부피와 무게의 대부분은 추진제가 차지하는 반면, 연소실 자체는 상대적으로 아주 작은 부분만 차지하고 있다.

::고체로켓

고체추진제는 연료와 산화제를 혼합하고 경화하여 제조한 것으로 딱딱하지만 탄력 있는 고체 물질로 연소실을 겸하는 케이스 안에 밀착되도록 가공된다. 고체추진제는 크게 '더블베이스 추진제(Double Base Propellant: DB)'와 '복합추진제(Composite Propellant: CP)'의 두 종류로 나눌 수 있다. 더블베이스 추진제는 섬유질 성분의 화약 '니트로셀룰로오스(Nitro-Cellulose: NC)'와 결합제 성질의 화약 '니트로글리세린(Nitro-Glycerine: NG)'을 섞어서 성형가공한 뒤 연소실에 장착한다. 두 성분은 각기 연료와 산화제가 포함되어 그 자체로도 추진제가 될 수 있다. 따라서 두 가지 추진제를 섞어서 만들었기 때문에 더블베이스 추진제라고 한다. 한편, 복합추진제는 고체산화제와 고체연료에 결합제Binder를 첨가하고 연소실에 주입한 뒤 고온으로 처리하여 화학적으로 경화시킨 것이다. DB든 CP든 구별하지 않고 이렇게 가공 처리한 고체추진제를 모두 그레인이라고 한다. 흔히 그레인이라면 낟알이나 작은 알갱이로 이루어졌다고 생각하지만, 그레인은 추진제를 모터 케이스에 밀착하여 성형한 자동차 타이어처럼 단단하고 탄력성 있는 추진제 덩어리를 일컫는 용어다. 그레인은 예측 가능한 패턴으로 연소하도록 성형되고, 점화되면 고온고압의 가스를 생산하여 액체로켓과 마찬가지로 노즐을 통해 분사함으로써 추진력을 얻는다.

〈그림 1-2〉는 고체로켓 추진 시스템의 개념도를 보여준다. 액체로켓에 필수적인 연료 탱크, 산화제 탱크, 각종 파이프와 밸브, 터보펌프 등이 고체로켓에는 없다.

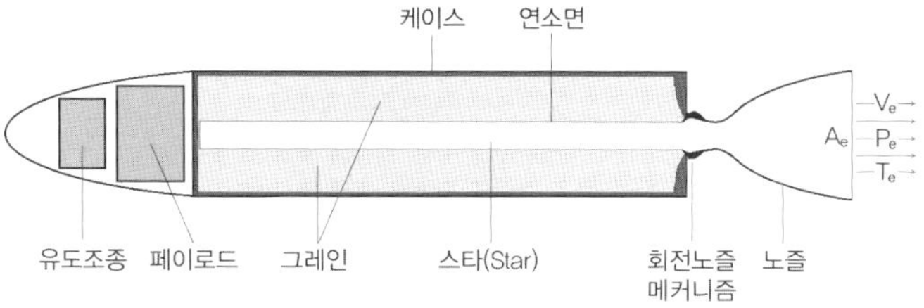

그림 1-2 1단 고체로켓엔진 구조 개념도

고체로켓의 추진제인 그레인과 그레인이 연소할 때 고압가스를 가두고 지탱해주는 구조물인 케이스와, 케이스를 고온으로부터 차단해주는 열 차단층이 액체로켓의 추진제 탱크와 연소실 역할을 대신한다.

고체로켓의 연소실은 케이스로 둘러싸인 그레인 내부에서 연소되고 남은 빈 공간이 액체로켓의 연소실에 해당한다. 고체로켓에서도 로켓 무게와 부피의 대부분은 추진제인 그레인이 차지하기 때문에 액체로켓의 연소실에 비해 아주 크지만 액체로켓에서 추진제 탱크까지 합치면 액체로켓의 사이즈가 더 큰 것이 보통이다. 이는 액체 추진제의 밀도가 고체추진제에 비해 많이 작기 때문이다.

그레인의 연소는 그레인이 빈 공간에 접한 '자유표면Free Surface'에서만 일어난다. 그레인 내부에 '스타Star'라는 빈 공간을 만들어두는데, 연소는 바로 이 공간으로 생긴 그레인의 자유표면에서 시작되어 연소면을 형성하면서 그레인 내부로 진행한다. 연소면에서 증발된 추진제가 타면서 온도와 압력이 높아진 연소가스가 노즐을 통해 팽창하며 연소실을 빠져나가는 것은 액체로켓엔진 경우와 같다.

2. 추진실

추진실(推進室, Thrust Chamber: TC)은 로켓엔진의 가장 핵심적인 구성품이다. 액체로켓의 TC는 추진제 분무기Injector, 연소실(Combustion Chamber: CC), 초음속 노즐Supersonic Nozzle 및 TC 거치대(Thrust Frame 또는 Thrust Mount, TC 장착용 구조물)를 포함한다. TC 거치대는 TC의 추력을 로켓 몸체로 전달하는 구조물이다. 이와 같은 부품들은 연료 탱크와 추진제 탱크에 저장된 연료와 산화제를 매초 필요한 양만큼 분무기를 통해 연소실로 뿜어내고, 연료 '물줄기'와 산화제 물줄기가 부딪쳐서 미세한 안개 형태로 부서져 골고루 섞이고, 증발하고, 연소하여 고온고압의 가스를 생산한다. 노즐은 연소실 안에서 생산된 고온고압의 연소가스를 한 방향으로 가속하여 중온저압의 초고속 가스 제트로 외부로 분출한다. 추진제가 소진되거나 인위적으로 연소를 종료할 때까지 연소실은 노즐을 통해 빠져나간 양만큼의 새로운 연소가스를 지속적으로 만들기 때문에 연소실의 압력은 일정하고, 그 결과 추력도 거의 일정하게 유지할 수 있다.

추력을 만드는 연소실과 노즐은 2000~3700℃의 고온을 견뎌야 하고, 추력을 로켓 몸체로 전달하는 TC 거치대는 추력 방향이 변화할 때 생기는 스트레스와 각종 진동을 견디도록 설계된다. 로켓 종류에 따라 추진제 밸브나 추력 방향 변환장치(Thrust Vector Control: TVC)가 아예 TC 부품으로 설계/제작되는 경우도 있다.

고체로켓에는 연소실 안에는 고체추진제가 이미 들어 있으므로 따로 추진제를 공급하는 펌프나 파이프 또는 분무기 같은 부품이 필요 없다. 그러나 고체로켓의 TC는 물론이고, 액체로켓도 자동점화 추진제를 사용하지 않는 한 별도의 점화기가 필요하다. 특히 고체로켓은 그레인의 표면을 강렬한 열로 증발시켜야 점화가 시작되므로 강력한 점화장치가 필요하다.

일반적으로 액체로켓의 TC는 고체로켓 TC에 몇 가지 기능을 추가한 것으로 볼 수 있기 때문에 고체로켓의 TC를 별도로 설명하지 않고, 액체로켓 TC를 설명하는 것으로 TC 설명을 대신하기로 한다. 하지만 추진제가 액상이냐 고형이냐에 따라 TC의 냉각 방법과 연소 중단 방법이 완전히 달라진다. 액체로켓에서는 연소실과 노즐을 냉각하기 위해 연료(또는 산화제)를 복열냉각Regenerative Cooling과 필름냉각Film Cooling용 냉매로 사용할 수 있지만, 고체로켓에는 이러한 목적으로 사용할 수 있는 냉매가 없고, 연료나 산화제 공급을 중단하는 방법도 없기 때문에 연소중단 방법도 다를 수밖에 없다.[25] 액체로켓은 연료와 산화제를 각각의 탱크에 저장하고 연료 펌프와 산화제 펌프를 작동해 연소실로 공급한다. 연료 펌프나 산화제 펌프 중 어느 하나를 정지시켜 적어도 이론적으로는 언제라도 연소를 중단시킬 수가 있다. 그러나 고체로켓의 연소실 안에는 이미 연료와 산화제가 혼합된 그레인이 들어 있기 때문에 연료나 산화제 공급을 중단하는 방법이 없다. 이와 같이 추진제의 특성과 관련한 사항은 각각 해당 엔진을 설명할 때 따로 설명하도록 한다.

::연소실

액체로켓엔진을 설계하고 제작한다는 것은 작업 유체인 고온고압의 균일한 연소가스를 지속적으로 생산할 수 있는 연소실을 설계/제작한다는 의미다. 잘 설계된 연소실Combustion Chamber 안에서 액체추진제의 연소효율은 95%에서 99.5%에 이른다.[26] 이러한 높은 효

---

25) 복열냉각이란 연료(또는 산화제)를 연소실에 뿜어 넣기 전에 연소실과 노즐 내면과 외면 사이에 마련된 냉매 도관을 흐르며 내벽으로 유입된 열을 흡수한 후에 연소실로 뿜어 넣는 냉각 방법이다. 이렇게 함으로써 연소열로부터 연소실 내벽과 노즐을 보호할 뿐만 아니라 냉매가 흡수한 열을 버리지 않고 연소실로 다시 보내 엔진의 효율을 높이는 역할도 한다. 필름냉각은 연소실이나 노즐 목Nozzle Throat같이 온도가 높은 곳의 내벽에 미세한 구멍을 내서 연료가 스며들어 증발하게 함으로써 고온의 연소가스와 내벽 사이에 낮은 온도의 가스층을 만들어 내벽으로 유입되는 열을 차단하는 방법이다.

율은 연료 분무기와 산화제 분무기에 의해 미세한 안개 형태로 연소실 안으로 뿜어지고, 이때 골고루 섞인 연료와 산화제는 고온고압에서 반응속도가 매우 높다. 0.5%에서 5%에 이르는 손실은 불완전연소 때문이거나 연료와 산화제 비율이 잘 맞지 않기 때문에 생긴다. 일반적으로 대형 엔진의 연소효율은 매우 높으나 스러스터처럼 작은 연소실에는 분무기 노즐Injector Nozzle 수가 적고, 골고루 섞일 수 있는 공간적인 여유도 없기 때문에 효율이 95%보다 훨씬 더 낮게 나오는 경우가 대부분이다.

수많은 분무기에서 뿜어져 나오는 연료와 산화제 물줄기가 서로 충돌하도록 설계되거나 아니면 연료는 연료 물줄기와, 산화제는 산화제 물줄기끼리 부딪치도록 설계된다. 이렇게 부딪친 연료나 산화제는 아주 고운 액체 방울로 안개같이 흩어지고, 이때 연료와 산화제는 분무기 표면 근처에서 잘 섞일 수 있다. 사각斜角을 가지고 부딪치는 액체는 난류를 형성하여 섞임을 촉진한다. 액체산소와 RP-1 같은 탄화수소 계통의 연료는 분무기 노즐에서 대략 7m/s～60m/s의 속도로 분무된다. 분무기의 노즐 수와 분포 및 분사 각도 등에 따라 분무된 연료/산화제 액체방울 크기와 혼합 정도가 달라지고, 그 결과 연소의 균일성과 반응속도도 달라진다.

분무기 표면에 인접한 영역에서는 연료와 산화제 물줄기가 서로 부딪쳐 작은 액체방울로 부서지며, 주위에서 시작된 연소 반응에서 생긴 열을 받아 미세한 방울들이 급격히 증발하기 시작한다. 이 영역은 국소적으로 연료가 진한 영역과 산화제가 진한 영역으로 이어져 증발된 가스와 액체방울이 섞여 있으며, 일부는 연소된 고온가스도 섞여 있다. 그러나 아직 연료와 산화제가 고루 섞이지 않았고 온도도 낮은 관계로 연소 자체는 활발하지 않은 영역이다. 이러한

26) George P. Sutton and Oscar Biblarz, *Rocket Propulsion Elements* (John Wiley & Sons, Inc., New York, New York, 2001) p. 342.

영역을 '분무 영역Injection-Atomization Zone'이라고 한다.

분무 영역에서 하류 쪽(노즐 쪽)으로 내려갈수록 연소가 활발해져 방출된 열로 인해 연료 방울과 산화제 방울이 급격히 증발되고, 연소열로 인한 와류와 난류로 말미암아 연료 밀도가 높은 국소 영역과 산화제 밀도가 높은 국소 영역이 서로 섞여 연료와 산화제의 혼합이 균일해져 연소가 더욱 활발하게 진행된다. 연소열로 가열된 가스는 온도와 압력이 급격히 올라감에 따라 압력이 낮은 외부와 연결된 노즐 쪽으로 팽창하며 가속한다. 이러한 영역을 '연소 영역Rapid Combustion Zone'이라고 한다.

연소 영역에서 하류 쪽으로 더 내려가면 축 방향 속도가 수백m/s에 이르고 축에 수직한 방향의 속도도 거의 없어 흐름 층간에 가스가 섞이는 현상이 거의 없다. 물론 이 영역에 들어오는 가스 속에는 연소되지 않은 추진제가 별로 없지만, 화학적으로 평형 상태로 가려는 반응이 지속되기 때문에 여전히 적긴 하지만 열이 발생한다. 그러나 이 영역 안에서는 속도가 빠르기 때문에 가스가 연소실 안에 머무는 시간은 다른 영역에 비해 아주 짧다.

편의상 추진제가 연소하는 과정을 세 가지 영역으로 나누어 기술했지만, 이 영역들은 축에 따른 영역의 경계가 일정하지 않고 연소실 축에 수직한 얇은 단면 내에서는 증기 밀도나 연료와 산화제 혼합이 거시적으로는 균일해 보이지만 국소적으로는 전혀 균일하지 않다. 어느 한 지점을 들여다보면 연료와 산화제 혼합이 균일하지 않고 그 지점에서 일어나는 연소 자체도 일정하게 진행되지 않을뿐더러 압력, 온도, 밀도 등이 빠른 속도로 변하는 것을 알 수 있다. 분무기에서 뿜어져 나온 추진제가 연소되기까지 걸리는 시간은 아주 짧아 백분의 1초도 채 되지 않는다.[27]

27) ibid., p. 346.

::노즐

노즐Nozzle은 연소실에서 생성된 고온고압 연소가스의 엔탈피를 노즐 축 방향으로 움직이는 가스 제트의 운동에너지로 전환시키는 TC의 구성품이다. 이상적인 노즐이라면 연소가스에 포함된 엔탈피를 모두 노즐 축을 따라 움직이는 가스의 운동에너지로 바꿔주지만, 현실적인 노즐의 설계목표는 제한된 노즐 길이가 허용하는 한도 안에서 되도록 많은 연소가스 에너지를 배출가스의 운동에너지로 전환시키는 것이다. 운동에너지로 전환시킨다는 것은 거의 정지 상태로 생성된 고온고압 연소가스를 노즐 축을 따라 가속시킴으로써 그 반작용으로 로켓은 추력을 얻고, 대부분의 열에너지를 잃어버린 가스는 고속으로 노즐을 통해 분사된다는 뜻이다.

연소가스의 속도를 최대로 가속시키기 위한 노즐은 〈그림 1-3〉에서 보는 것처럼 노즐 입구에서부터 노즐의 단면적이 점차 작아지다가 가스가 음속에 도달하는 지점에서 단면적이 최소가 되고, 그 뒤

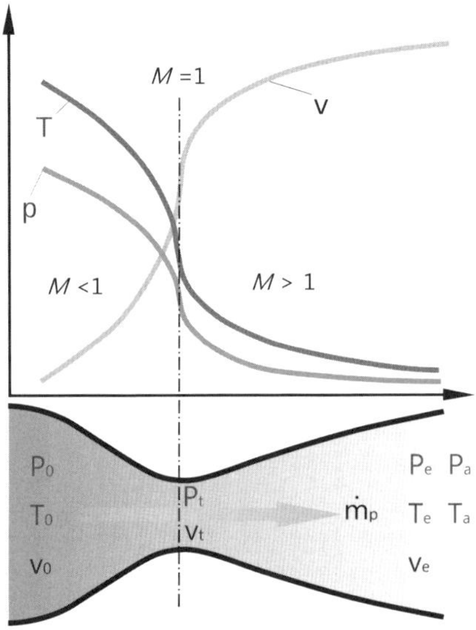

그림 1-3 드 라발 노즐의 특성. 노즐 축을 따라 가속되는 가스 흐름의 속도 v, 온도 T 및 압력 p의 변화를 그린 그래프. 노즐 목 위치는 점-실선으로 표시되어 있고, 이 위치에서 마하 넘버(M: 가스 흐름의 속도/음속)는 1이며, 노즐 목의 좌측은 아음속($M<1$) 영역이고 우측은 초음속($M>1$) 영역이다. 아래첨자 e는 노즐 출구 값을 의미하고, t는 노즐 목에서 값, 0는 연소실 내의 값을 표시한다. $\dot{m}_p$는 매초 연소되는 추진제 질량이다.

는 단면적이 다시 커지는 형태를 띤다. 〈그림 1-3〉의 왼쪽 끝은 연소실을, 오른쪽 끝은 노즐의 출구를 나타낸다. 이러한 노즐을 '수렴-팽창 노즐(Convergent-Divergent Nozzle: CD Nozzle)'이라고 한다. 〈그림 1-3〉은 아음속에서는 유체가 흐르는 도관의 단면적이 점점 작아질수록 유체의 속도가 빨라지고 압력과 온도는 감소하지만, 초음속 유체에서는 단면적이 커질수록 속도가 빨라지고 압력과 온도는 감소하는 것을 보여준다. 잘 설계된 노즐의 출구에서 압력 P_e는 대기압 p_a와 거의 같다.

연소실의 압력이 약해 가스 흐름이 아음속에서 그칠 경우에는 노즐의 팽창 부위는 불필요하다. 그러나 로켓엔진의 대부분은 연소실의 압력을 충분히 높게 설계하기 때문에 필연적으로 가스 흐름이 음속에 도달하게 되고, 더 높은 속도로 가속되려면 노즐의 팽창부가 필요하다. 1888년 스위스의 구스타프 드 라발Gustaf de Laval이 증기터빈의 효율을 높이기 위해 CD 노즐을 도입했고, 그 후 이러한 노즐을 드 라발 노즐de Laval Nozzle로 부르게 되었다. 고다드가 처음으로 드 라발 노즐을 로켓에 사용했고, 그 후 고온고압 가스를 사용하는 거의 모든 로켓에 드 라발 노즐을 사용하고 있다.

제3장

불안정 연소

추진제가 연소하는 현상은 높은 에너지가 관련된 동적인 현상으로 적절한 설계를 통해 '불안정 연소Combustion Instability'가 나타나지 않도록 통제하지 않으면 매우 파괴적인 진동 모드가 나타날 수 있다. 불안정 연소가 일어나면 순식간에 압력이 올라가 연소실을 파괴하거나 국소적으로 온도가 급격히 올라가 연소실 벽면이 녹거나 타서 구멍이 생기는 '번스루Burn Through' 현상이 벌어질 수 있다. 정상적으로 작동하는 로켓에서 압력의 변동이 평균 연소실 압력의 ±5% 미만인 경우를 가리켜 매끄러운 연소라고 한다.

로켓엔진 연소실 내의 연소는 완벽하지도 않고 매끄럽게 진행되지도 않는다. 온도, 압력, 가스속도는 늘 출렁대고, 이러한 진동이 로켓의 추진제 공급 시스템의 고유진동수와 일치하든가 또는 연소실의 음향 특성과 상호작용을 하여 정상파를 만들게 되면 그 결과는 파괴적인 불안정 연소로 나타날 수 있다. 불안정 연소는 동반하는 음향에 따라 '포고Pogo', '버징Buzzing' 및 '스크리칭Screeching' 세 가지로 나뉜다.

1. 포고

포고Pogo 현상은 연소실의 압력 변화, 진동 또는 로켓의 가속운동이 추진제 공급량에 따라 일어나는 진동과 공진하는 경우와, 로켓 전체의 고유진동수와 공진할 때 생기는 진동으로 나눌 수 있다. 포고의 주파수 대역은 대략 10~400Hz 사이에 있다. 포고는 로켓의 축을 따라 형성되는 진동Longitudinal Oscillation으로 연소실 압력이 순간적으로 급증하면 추진제 공급 시스템에 역압Back Pressure이 걸려 한순간 추진제 공급량이 떨어져 연소실 압력이 평균값 미만으로 떨어지게 되고, 이에 따라 추진제 공급량이 다시 급증하게 되어 연소실 압력이 다시 평균치 이상으로 올라가는 과정이 반복되어 일어나는 것이 보통이다. 이와 같은 연소실 압력의 증가와 감소가 반복되어 로켓의 가속도는 평균 가속도를 중심으로 오르내린다. 어린이들이 타고 노는 포고스틱Pogo Stick처럼 아래위로 요동을 친다 하여 포고 현상이라 하며, 이때 '칙칙폭폭' 하는 소리를 낸다 하여 '처깅Chugging'이라고도 한다. 만약 이러한 진동의 주파수가 로켓 전체의 고유진동수와 같아져 공진이 일어나게 되는 경우는 치명적인 피해를 줄 수도 있다. 포고 현상의 다른 요인은 터보펌프에 '캐비테이션Cavitation'이 생기거나 추진제 파이프에 기체가 갇힐 경우 추진제 공급이 일시적으로 줄어 연소실 압력이 줄어든 뒤 캐비테이션이 없어지거나 파이프의 가스가 제거되면 추진제가 정상 이상으로 공급되어 연소실 압력이 올라가면서 포고 현상이 생길 수 있다.

또 다른 포고 요인은 갑작스러운 속도 증가를 들 수 있다. 급작스러운 가속은 추진제를 펌프 입구에 밀어넣는 효과와 같아 연소실에 공급되는 추진제 양이 갑자기 늘어날 수 있다. 그 결과 연소실 압력이 평균 이상으로 급증하여 포고 현상이 일어나게 된다. 이와 같은 추진제 공급량 변화에 따른 불안정 연소의 주파수는 10에서

50Hz 사이에 있다. 이러한 주파수는 대개의 경우 로켓 전체의 고유진동수에 비해 훨씬 낮지만, 추진제를 소모하면 로켓의 질량이 대폭 줄어들게 되어 고유진동수가 크게 낮아질 수 있기 때문에 연료공급에 따른 불안정 연소의 주파수와 로켓의 고유진동수가 비행의 전 구간에서 겹치지 않도록 주의할 필요가 있다.

로켓 개발 과정에서 얻은 경험을 바탕으로 포고 현상을 제거하거나 완화하는 몇 가지 방법이 알려져 있다. 파이프라인에 부분적으로 가스를 채운 '포고 축적기Pogo Accumulator'를 설치함으로써 효과적으로 포고를 감쇄할 수 있다. 연소실 압력과 추진제 공급 시스템과의 연계로 빚어지는 포고 현상을 제거하기 위해서는 분무기를 통과하면서 생기는 압력 강하를 충분히 높게 설계하여 추진제 공급량을 연소실 압력 변화에 둔감하게 만들어야 한다. 분무기 압력 강하를 연소실 압력의 20%보다 높게 잡아줌으로써 연소실 압력 변동과 추진제 공급 라인과의 상호연결 작용을 어느 정도 막아줄 수 있다.

가장 잘 알려진 포고 문제는 X형으로 생긴 엔진 장착대 때문에 생긴 새턴-V의 제1단 S-IC의 포고였다. S-IC에는 X형 엔진 장착대 네 군데 끝에 F-1 엔진을 1기씩 장착하고, 5번째 엔진은 X의 가운데에 장착했다. X의 네 끝 부분은 TC 거치대에 고정되었지만, 5번째 엔진이 장착된 지점은 고정되지 않았다. 따라서 5번째 엔진이 작동하면 그 장착점이 위로 휘어진다. 문제는 이 휘어진 X형 장착대가 밑으로 튕겨 내려올 때 추진제 공급 라인이 길어지면서 초당 연소실로 공급되는 추진제 질량 $\dot{m}_p$가 떨어지게 된다. $\dot{m}_p$가 감소하면 연소실 압력이 감소하고, 다음에는 더 많은 연료가 공급되는 요인이 되어 다시 압력이 올라가 포고 현상을 일으킨 것이다. 물론 이러한 추진제 공급의 주기적인 변동에 따른 포고 현상 외에도 엔진 작동에 따른 축 방향의 진동이 로켓의 구조물의 고유진동을 여기Excite시켜 일어나는 경우도 있고 이러한 포고 진동은 고체로켓에서도 일어날 수 있다.

'버징'은 포고와 스크리칭의 중간에 해당하는 주파수 대역의 불안정 연소 현상으로 연소 과정과 엔진 구조 특성(또는 추진제 분무기 시스템)과의 상호작용에 의해 일어난다고 추측한다. 윙윙대는 소리가 요란하고 시끄럽지만 관련된 진동에너지는 그리 크지 않아 연소실 압력의 변화도 평균값의 ±5%를 넘지 않는다. 버징 현상이 생기면 훨씬 파괴적인 고주파 불안정 연소를 일으킬 가능성이 높은 것이 문제가 되지만, 보통 대형 엔진보다는 추력이 25톤 미만의 중간 크기 엔진에 주로 나타난다.

2. 스크리칭 : 고주파 불안정 연소

특히 대형 엔진을 새로 개발하는 경우 고체로켓이냐 액체로켓이냐를 막론하고 자주 부딪치는 문제가 바로 고주파 불안정 연소 현상이다. 이러한 고주파 진동은 연소실의 내벽과 가스 경계에서 생기는 정상파 또는 특별한 파장을 가진 진동파에 의해 생기는 것으로, 포고나 버징과는 달리 추진제 공급 시스템이나 로켓 구조물의 고유진동수 등과 상관없는 연소실의 문제다.

이러한 고주파 진동은 연소실과 노즐을 연결하는 축에 수직 방향으로 진동하는 횡파Transverse Wave와 축 방향의 종파Longitudinal Wave로 나뉘고, 횡파는 다시 '방사 방향 파동(Radial Wave: 이하 방사파)'과 '접선 방향 파동(Tangential Wave: 이하 접선파)'으로 나눌 수 있다. 이와 같은 고주파 진동은 귀를 찢는 소리를 내기 때문에 '스크리칭Screeching' 또는 '스크리밍Screaming'이라고 한다.

종파 형태의 압력파는 분무기 표면과 노즐의 수렴부Convergent Section에서 반사되어 마치 파이프 오르간의 음향과 비슷하게 분무기와 노즐 목Nozzle Throat 사이를 오르내린다. 대형 로켓의 분무기 표면 근처에서는 횡파 에너지가 주도적인 역할을 한다. 방사파는 중심축과 연소실의 내면을 '노드Node'로 가지는 정상파다.28) 다시 말해, 분무기 근방의 연소실 내벽과 축 상의 모든 점은 압력파의 '안티-노드Anti-node'가 된다. 따라서 연소실의 내벽과 축 상의 모든 점들에서는 시간에 따라 번갈아가며 압력이 최대/최소로 변화한다. 반면, 접선파의 경우는 연소실 내벽을 따라 생기는 정상파나 또는 내벽을 따라 '회전하는 정상파Travelling Wave'로 생성된다. 이러한 정상파나 회전하는 정상파를 구동하는 메커니즘은 연소 현상과 연소실의 고유음향 특성Eigen-mode Acoustic Characteristics 간의 상호작용일 것으로 이해한다.29) 고유음향 특성은 연소실의 기하학적 구조와 순간적인 소리속도로 정해지며 고유의 주파수를 갖는다. 그러나 실제로 어떠한 현상이 고주파 진동의 추진 메커니즘인지는 아직도 확실히 알려진 것이 없다. 시리그나노W. A. Sirignano는 액체추진제의 증발 과정이 불안정 연소의 주범일 가능성이 높다고 보았다.30) 고주파 불안정 연소의 주파수는 1000Hz 이상이고, 일단 유발이 되면 짧은 시간 안에 스스로 파괴적인 진폭으로 증가하기 때문에 매우 위험하다. 이러한 진동은 연소실 벽면의 압력을 4배에서 10배까지 증가시키고 연소실 벽면에 전달하는 열량도 10배 이상 증가시키기 때문에 연소실 벽면을 녹이거나 압력으로 파괴해 버릴 수 있다.

수많은 로켓엔진들을 개발하며 얻은 경험과 이론적인 연구 및 실험을 통해 많은 지식을 쌓았음에도 아직도 스크리밍 현상 자체를

---

28) 노드란 매질의 변위가 없는 점, 선 또는 면을 의미한다.

29) M. Sliphorst, Ph.D Thesis, "High Frequency Combustion Instabilities of LOx/Ch4 Spray Frames in Rocket Engine Combustion Chambers" (Printed by Ridderprint BV, Ridderkekerk, the Netherlands, 2011) p. 9.

30) W. A. Sirignano, et al., "Liquid-Propellant Droplet Vaporization: A Rate-Controlling Process for Combustion Instability", Progress in Astronautics and Aeronautics, V. 169, AIAA, 1995, pp. 307-343.

제대로 이해하지 못하는 것이 현실이다. 그러나 엔지니어들은 시행착오적인 방법을 통해 스크리밍을 제거하는 몇 가지 방법을 찾아냈고, 성공적으로 이용하고 있다. 그중 하나가 분무기를 몇 개의 구간으로 나누는 배플Baffle을 사용하는 것이고, 다른 하나는 압력이 최대가 되는 분무기 플레이트Injector Plate와 연소실 내벽이 만나는 가장자리에 에너지를 흡수하는 '공동 공명기Cavity Resonator'를 배치하는 것이다. 이도저도 안 되면 마지막으로 분무기 설계를 새로 하는 수밖에 없다.

3. 불안정 연소의 통제

새로운 로켓엔진을 설계하고 개발할 때 중요한 과제는 불안정 연소 문제를 어떻게 통제할 것인가 하는 것이다. 앞서 우리가 설명한 세 가지 종류의 연소 불안정 현상의 원인과 증상이 각기 다르기 때문에 따로따로 다루어야 한다.

포고 현상은 추진제 공급 시스템의 탄성, 로켓 구조물의 고유진동 및 급격한 속도 변화 등에서 비롯되므로 이러한 현상이 매초 연소실에 공급하는 추진제 양에 미치는 영향을 제한함으로써 막을 수가 있다. 추진제가 분무기를 통해 연소실로 공급될 때 압력 강하를 연소실 압력의 20% 이상을 유지하게 하거나, 압력감쇄장치를 추진제 공급 라인에 설치함으로써 대부분의 경우 포고 현상을 통제하는 것이 가능했다.

스크리밍 현상을 통제하는 방법으로는 분무기 플레이트에 배플을 설치하거나 문제를 일으킬 만한 주파수 대역의 에너지를 흡수할 수 있는 공동 공명기를 분무기 플레이트 가장자리에 설치하여 문제를 해결한다. 그래도 안 되면 분무기 설계를 바꿔 분무기에서 뿜어내는 연료와 산화제가 더 작은 방울로 부서지게 하여 증발하는 과정을 바꿔줌으로써 문제를 해결해왔지만, 이러한 해결 방법은 매번 수많은 실험을 통해 시행착오적으로 찾아낼 수밖에 없었다. 좋은 예가 바로 〈사진 1-2〉에서 보는 F-1 엔진의 분무기 플레이트다.

안정된 연소를 하는 F-1 엔진을 개발하기 위해 1960대 초반 4년 동안 무려 2000회의 시험을 거친 후에 〈사진 1-2〉에서 보는 분무기를 개발했다. F-1을 단일 엔진으로 지상 연소시험을 한 횟수가 3248회고 연소시간은 총 77.94시간이었다. 여기에 더해 5기의 엔진을 묶어 만든 S-IC 엔진을 34회에 걸쳐 지상 연소시험을 했고, 총 13회 비행을 성공리에 마쳤다.[31]

물론 최근에 여러 가지 모델링을 통해 가이드라인을 얻었지만,

사진 1-2 2000번의 실험을 통해 설계한 F-1 엔진의 분무기
방사형 배플Radial Baffle과 접선형 배플Tangential Baffle에 따라 분무기 플레이트는 총 13개 구역으로 나뉘었다. [By the courtesy of Mike Jetzer/heroicrelics.org]

31) George P. Sutton, *History of Liquid Propellant Rocket Engines* (AIAA, Reston, Virginia, U.S.A.,2006) p. 431.

아직도 '근본원리First Principle'에서 출발하여 안정되게 연소하는 엔진을 설계하는 것은 가능해 보이지 않는다. 적어도 지금까지는 경험에 의지하여 분무기를 개발하는 수밖에 없는 것 같다. 분무기 플레이트의 배플로 나눠진 구역 수는 항상 홀수다. F-1의 분무기는 13개의 구획으로 나눠졌고, RD-170의 분무기는 배플 구역이 7개다.[32] 배플의 높이는 충분히 효과가 있을 정도로 튀어나와야 하지만, 너무 나오면 배플로 갈라진 구역이 각각 독립적인 분무기 플레이트처럼 작용해 또 다른 불안정 연소 문제를 일으킬 수 있다. F-1 분무기 플레이트의 배플 높이는 7.62cm(3in)이다. 배플 역시 고온에 노출되므로 냉각이 가능하도록 설계해야 한다.

단순히 스크리밍을 제거하는 것만이 아니라 엔진의 성능을 떨어뜨리지 않고 스크리밍을 제거하는 것이 관건이다. 분무기 플레이트 근방의 예민한 영역에 배플을 설치해 훨씬 높은 공진 주파수를 갖는 여러 개의 작은 영역으로 분리하는 것은 불안정 연소를 막는 데는 기여하지만, 배플 냉각에 상당한 어려움을 주는 것이 사실이다. 적은 수의 훨씬 큰 분무기Injector를 사용하면 불안정 연소가 감소하지만, 연소의 효율이 떨어져 성능이 낮아진다. 연료 분무공의 물줄기와 산화제 분무공의 물줄기가 충돌하게 설계하면 연료와 산화제의 혼합이 효율적이 되어 엔진 성능은 올라가지만 불안정 연소 가능성이 높아진다. 반면, 연료는 연료와 산화제는 산화제끼리 충돌하게 설계하면 연료와 산화제 혼합이 지연되어 엔진 효율은 떨어지지만 불안정 연소 가능성은 줄어든다.

스페이스셔틀의 주 엔진 SSME(Space Shuttle Main Engine)의 배플 역시 분무기 플레이트를 7개 구역으로 나누고 공동 공명기 등 불안정 연소를 제거하기 위한 장치들이 설치되었지만, 실제로 SSME는 이러한 장치들 없이도 불안정 연소 문제가 없었을 것으로 본다. 액체수소

32) ibid., p. 614.

(LH_2)를 연료로, 액체산소(LOX)를 산화제로 사용하는 경우 TC 냉각을 마친 수소는 가스 형태로 연소실로 주입되고 산소는 액체 상태로 주입된다. 동축 분무공Coaxial Injector Orifice을 통해 수소가스(바깥쪽 물줄기)와 액체산소(안쪽 물줄기)를 분사하면 액체산소는 훨씬 잘게 쪼개져 쉽게 증발하여 수소가스와 균일하게 섞이고, 연소의 안정성이 증가하여 SSME는 배플이나 공동 공명기에 의한 에너지 흡수 없이도 불안정 연소가 일어나지 않을 것으로 추정한다.

제4장

노즐의 물리학

1. 드 라발 노즐

::수렴-팽창 노즐

고압의 연소실과 밖의 대기를 연결하는 노즐 안에서는 압력 차이로 연소실의 가스가 노즐 축을 따라 가속된다. 노즐 안의 가스 운동을 지배하는 물리법칙과 이상적인 노즐의 형태에 대해 좀 더 자세히 알아보자. 노즐은 연소실에서 고온고압의 연소가스가 빠져나가는 특수한 형태인 파이프다. 물론 노즐의 내면은 2000℃~3700℃의 고온가스에 항상 노출되기 때문에 고온에 견딜 수 있도록 특별한 냉각장치가 필요하지만, 먼저 유체역학적인 문제에 국한하여 논의하기로 한다.

노즐의 역할은 연소실의 고온고압 가스에 포함된 엔탈피를 한 방향으로 움직이는 초고속 가스 제트의 운동에너지로 바꾸는 것이다. 연소실 내에서 거의 움직이지 않던 가스가 극초음속 가스 제트로 가속된다는 뜻은 가스가 연속해서 힘을 받는다는 뜻이며, 뉴턴의 '작용-반작용' 법칙에 따라 가스는 그 반작용으로 같은 크기의 힘으로 로켓을 반대 방향으로 가속한다는 뜻이다. 노즐을 통해 가속하는 가스가 로켓에 반작용으로 가하는 힘이 로켓엔진의 추력Thrust이 되는 것이다. 우리의 관심은 노즐의 구조를 어떻게 설계해야 비교적 짧은 노즐로 연소가스 제트를 최고 속력으로 가속할 수 있는가 알아내는 데 있다.

$\dot{m}_p$를 매초당 연소실에 공급되는 추진제 양이라고 하면, 연소가 안정적으로 진행된다는 가정 아래 $\dot{m}_p$는 매초 노즐을 통해 연소실에서 배출되는 연소가스 양과 같다. 노즐 축의 임의 위치에서 A는 노즐의 단면적, ρ는 가스의 밀도, 그리고 v는 같은 장소에서 가스의 속도라 하면, $\dot{m}_p$는 다음과 같이 표시할 수 있다.

$$\dot{m}_p = \rho \mathrm{v} A \qquad (1\text{-}1)$$

$\dot{m}_p$는 노즐 안의 위치와 상관없이 일정한 양으로 볼 수 있다. 운동량 보존법칙에서 $dp = -\rho \mathrm{v}\, d\mathrm{v}$를 얻고,[33] 가스 안에서 소리 속도는 $dp/d\rho = c^2$로 주어진다. 이 두 식에서 $d\rho/\rho = -M^2 d\mathrm{v}/\mathrm{v}$가 됨을 알 수 있다. 여기서 $M = \mathrm{v}/c$는 가스 흐름의 속도 v와 가스 내의 소리속도 c의 비로 마하수Mach Number로 알려진 양이다. $M < 1$이면 아음속, $M > 1$이면 초음속이고, $M = 1$이면 가스 흐름의 속도는 음속과 같다. 우리는 관계식 (1-1)의 로가리듬을 취하고 미분함으로써 다음과 같은 흥미로운 관계식을 얻을 수 있다.

$$(1 - M^2)\frac{d\mathrm{v}}{\mathrm{v}} = -\frac{dA}{A} \qquad (1\text{-}2)$$

관계식 (1-2)는 노즐의 단면적 A가 바뀜에 따라 v가 바뀌는 것

33) Conservation of Momentum, http://www.grc.nasa.gov/WWW/k-12/airplane/conmo.html

을 기술하는 관계식이다. 식 (1-2)에서 가스 흐름의 방향을 연소실에서 노즐 출구 쪽(하류 쪽Downstream)으로 잡기로 하자. $dv > 0$이면 속도가 증가함을 의미하고 $dv < 0$면 속도가 줄어드는 것을 의미한다. $dA > 0$는 노즐 축에 수직한 노즐의 단면적이 커지는 것을 나타내고, $dA < 0$은 단면적이 작아지는 것을 나타낸다.

연소실과 노즐의 시작 위치에서는 가스 흐름이 약해 $v \sim 0$이고, 하류 쪽으로 움직이더라도 속도가 음속보다 작아 $M < 1$이다. 노즐 입구로 들어오는 가스의 속도는 아음속이므로 $0 < (1 - M^2)$이 되고, $dv > 0$가 될 조건은 $dA < 0$인 것을 알 수 있다. 즉, 가스가 가속되기 위해서는 흐름의 하류 쪽으로 가면서 노즐의 단면이 줄어드는 수렴 노즐Convergent Nozzle이 되어야 한다는 뜻이다. 그러나 연소실의 압력이 대기압에 비해 아무리 높아도 수렴부를 흐르는 기체의 속도가 지속적으로 증가하지는 않는다.

단면이 줄어드는 노즐 부분을 통과하는 '등等엔트로피 가스Isentropic Gas'의 속도와 압력과의 관계는 이상기체에 대해 다음과 같음을 알 수 있다.[34][35]

$$\frac{p}{p_0} = \left[1 + \frac{1}{2}(\gamma - 1)M^2\right]^{-\gamma/(\gamma-1)} \tag{1-3}$$

여기서 p_0는 연소실의 압력이고, γ는 정압비열 C_P와 정적비열 C_V의 비 C_P/C_V로 정의된 양이다. 단열지수Adiabatic Index라고 불리는 γ를 가스 분자의 평균 자유도 n_f로 표시하면 $\gamma = (n_f + 2)/n_f$가 된다. 단원자 비활성 기체분자의 경우는 $n_f = 3$이고, 3차원 다원자

34) http://www.therebreathersite.nl/04_Links/Downloads/Choked.pdf

35) George P. Sutton and Oscar Biblarz, 'Rocket Propulsion Elements' (John Wiley & Sons, Inc., New York, New York, 2001) p. 50.

분자의 경우는 $n_f = 9$가 되지만, 온도가 높아져서 각종 자유도가 활성화되거나 분자가 해리되고 이온화되는 경우 n_f는 더욱 증가한다. 따라서 일반적으로 γ 값은 1과 $5/3$ 사이에 있으나 LH_2/LOX(액체수소/액체산소) 추진제의 경우 γ는 연소실 내에서 1.14, 노즐 목에서 1.15라는 작은 값을 가지지만, 노즐로부터 배출될 때는 노즐 확장비에 따라 약간 다르기는 해도 대체로 1.24 전후 값을 가진다.[36] 고체로켓 연료인 알루미늄을 함유한 AP(Aluminized Ammonium Perchlorate Propellant) 경우도 γ는 1.13에서 1.14 사이 값을 갖는 것을 알 수 있다.[37]

연소실 내에서 $p/p_0 = 1$로 출발한 압력비가 노즐 수렴부를 따라 하류로 내려오면서 1보다 작아지다가 p/p_0 값이 $p/p_0 = [2/(\gamma+1)]^{\gamma/(\gamma-1)}$이 되는 지점에서 $M=1$이 된다. $\gamma = 1.4$인 경우 $p/p_0 = 0.52828$에서 가스 속력이 음속에 도달하며, $\gamma = 1.14$인 경우는 $p/p_0 = 0.57$이 되는 위치에서 가스 속력이 음속과 같아진다. 여기서 음속은 대기압 하에서 음속이 아니라 노즐 내의 한 점에서 음속을 말하며 가스의 밀도와 온도에 따라 결정된다. 실제로 사용하는 RP-1/LOX나 LH_2/LOX 또는 AP 계통 고체추진제에 대해서도 p/p_0 값이 0.57641을 전후해 $M=1$이 되는 것을 알 수 있다. 따라서 거의 모든 고에너지 화학추진제에 대해서 $M=1$이 되는 곳의 압력은 연소실 압력 p_0의 0.57배라는 것을 알 수 있다. 이것은 연소실 내에서 모든 고에너지 추진제의 연소가스가 거의 같은 γ 값($1.13 \leq \gamma \leq 1.14$)을 갖는 결과다.

등엔트로피 가스 내에서 신호의 전달은 음속으로 이뤄지기 때문에 하류 쪽에서 생기는 압력의 교란은 음속으로 움직이는 가스 흐름을 거슬러 연소실이 있는 상류로 전달될 수 없다. 일단 기체 흐름이 음속에 도달하면 흐름의 하류로부터는 어떤 신호도 음속을 뚫

36) ibid., p. 181.

37) ibid., p. 190.

고 연소실 쪽인 상류Upstream로 전파되는 것이 불가능하다. 따라서 $M=1$이 되는 지점의 상류 쪽 가스는 하류 쪽 가스에 무슨 일이 생기는지 전혀 알 수가 없다는 의미다. 하류 쪽이 1기압(1atm)의 대기가 아니라 진공으로 바뀌어도 가스 흐름이 음속이 되는 위치는 변함이 없고, 이 지점에서 가스 흐름이 음속보다 빨라질 수도 없다. 이러한 이유로 가스도관 내에서 $M=1$이 되는 흐름을 '초크드 플로Choked Flow'라고 한다. 일단 정해진 연소실 압력 p_0에 대해 초크드 플로 조건이 형성되면 노즐 출구의 압력을 더욱 낮추든가 또는 진공으로 대체해도 $M=1$이 되는 지점에서 가스 속도 v_t(=속도)나 매초당 노즐을 통해 흐르는 가스량 $\dot{m}_p$에 영향을 미칠 수 없다.[38] 식 (1-2)는 $M=1$이 되면 단면적 변화가 0이 되어야 한다는 것을 말한다. 다시 말해, 가스의 속력이 음속이 되는 위치에서는 노즐의 반경이 최소가 되어야 함을 보여주고 있다. 만약 $M=1$인 초크드 플로 조건이 만족된 후에도 계속해서 단면을 줄여 나간다면 $\dot{m}_p$가 줄어들게 되고, $\dot{m}_p$가 일정하다는 가정 하에 얻은 식 (1-2)는 더 이상 적용되지 않는다. 극단적인 경우로 단면이 0이 되는 경우 가스 흐름도 멈춰 $\dot{m}_p$는 0이 된다.

방정식 (1-2)에서 가스 흐름을 초음속으로 가속시키기 위해서는 오히려 노즐 단면을 늘여야 한다는 것을 알 수 있다. 노즐의 단면적이 줄어드는 수렴부는 아음속 흐름의 유체는 가속시키지만 초음속 유체는 감속시킨다. 따라서 수렴부만 가진 노즐은 배기가스를 초음속으로 가속할 수 없다.[39] 노즐의 수렴부를 통과하는 가스 흐름이 음속에 도달하면 〈그림 1-3〉 하단의 그림과 같이 하류로 갈수

---

38) 그러나 연소실 압력 p_0을 높이면 v_t와 A_t가 일정하더라도 밀도 ρ_t가 증가하기 때문에 $\dot{m}(=\rho_t v_t A_t)$는 증가할 수 있다.

39) 여기서 음속은 대기압 하에서 공기의 음속 340m/s가 아닌 노즐을 막 벗어나는 가스의 상태 p_t, T_t, ρ_t에서 연소가스의 음속을 의미한다.

록 단면적이 다시 늘어나는 노즐 형태를 택함으로써 음속에 도달한 가스를 초음속으로 가속시키는 것이 가능하다.[40] 결론적으로, 아음속 가스 흐름은 하류로 갈수록 노즐의 단면적이 줄어들 때 속력이 증가되고, 초음속 가스 흐름은 하류로 갈수록 노즐의 단면적이 늘어날 때 속력이 증가된다는 것을 알 수 있다. 음속으로 흐르는 가스는 단면적을 일정하게 유지함으로써 속력을 유지할 수 있다.

노즐에서 가스 속력이 음속이 되는 부분을 '노즐 목Nozzle Throat'이라고 한다. 〈그림 1-3〉에서 노즐의 단면이 최소가 되는 노즐 목을 중심으로 왼쪽은 흐름의 속력이 음속보다 느린 아음속 영역Subsonic Flow이고, 오른쪽은 음속보다 빠른 초음속 영역Supersonic Flow으로 나뉜다. 단면이 줄어드는 수렴부(아음속 영역)에서는 속력은 증가하고 압력과 온도(T)는 떨어진다.[41] 반면 단면이 늘어나는 팽창부(초음속 영역)에서는 속력의 증가세도 완만해지고 압력과 온도의 감소세도 좀 완만해지지만, 팽창부를 통한 속도의 증가는 실제 응용에서 아주 중요한 몫을 차지한다.

이러한 배경에서 태어난 것이 바로 CD 노즐로 알려진 노즐 개념이다. CD 노즐에서 가스 흐름은 수렴부와 팽창부를 통해 계속 가속되어 '극초음속Hypersonic Flow' 가스 제트가 될 수 있다. 여기에서 중요한 점은 연소가스의 압력 p_0가 너무 낮아서 주변 대기압보다 별로 높지 않거나, 수렴부의 길이가 너무 짧거나, 또는 노즐 목의 단면적 A_t가 너무 크지 않아야 노즐 내에서 $p_t = p_0\,[2/(\gamma+1)]^{\gamma/(\gamma-1)}$가 되는 조건이 형성되어 음속이 되는 노즐 목이 존재하게 되고, 추가적인 팽창부를 통해 초음속으로 가속되어 우리가 바라는 CD 노즐이 된다. p_t는 노즐 목에서 압력이며, 대부분의 추진제에 대해 $p_t \simeq 0.57p_0$인

40) 방정식 (1-2)는 $dv/v = 1/(M^2-1)\,(dA/A)$로 바꿔 쓸 수 있다. 여기서 만약 $M>1$이고 $dA>0$이면 속도 변화는 $dv>0$이 되어 가스는 하류 쪽으로 가속된다.

41) 사실 〈그림 1-3〉의 수렴부의 온도와 압력 강하가 지나치게 과장되었다.

사진 1-3 왼쪽 사진은 메르카바 탱크Merkava Tank 포신에서 포구 밖으로 배출되는 고압 가스가 팽창하는 모습을 찍은 사진이고, 오른쪽 사진은 미국이 개발한 에어리스Ares-I 대형 우주발사체에 사용할 '얼리지 모터Ullage Motor'의 지상연소시험 장면이다. 〔NASA/MSFC〕[42]

것은 앞서 언급한 바와 같다.

연소가스가 노즐을 통과하여 노즐 출구에 도달할 때는 거의 모든 가스가 한 방향으로 움직이고, 분출가스의 압력은 대기압 수준으로 낮아지지만, 온도는 여전히 1000K와 2600K 사이 값을 갖는다.[43] 〈사진 1-3〉의 왼쪽 사진은 탱크포의 포신을 막 빠져나온 추진제 가스가 대기압에 그대로 노출되자 높은 내부 압력에 의해 급격히 팽창되는 것을 보여주는 사진이고, 오른쪽 사진은 잘 설계된 노즐을 빠져나온 가스는 굵기가 거의 일정한 가스 제트로 길게 분사되고 있음을 보여준다. 연소실 내의 연소가스가 가지고 있던 초기 엔탈피의 대부분이 드 라발 노즐을 통과하면서 한 방향으로 움직이는 가스 제트의 운동에너지로 전환되었다는 것을 의미한다.[44]

---

42) 얼리지 모터는 단 분리를 돕고 상단 액체엔진을 진행 방향으로 가속시켜 추진제를 탱크 바닥으로 모아주어 상단 엔진의 점화를 확실하게 해주는 역할을 한다.

43) George P. Sutton and Oscar Biblarz, *Rocket Propulsion Elements* (John Wiley & Sons, Inc., New York, New York, 2001) pp. 181-182. 노즐 출구온도는 노즐 팽창비 A_e/A_t에 따라 크게 변한다.

44) 단위질량당 엔탈피Enthalpy h는 열역학계의 총에너지로 정의되며 단위질량당 내부 에너지Internal Energy U와 계가 단위질량당 부피 V가 되기 위해 압력이 한 일 $pV = p/\rho$의 합 $h = U + p/\rho$이다. 이상적인 노즐의 출구에서 가스의 총에너지는 $h \approx 1/2 \rho v_e^2 + \epsilon_e$로

충격파-다이아몬드가 보이는 것으로 보아 연소가스는 노즐을 나오기 전에 이미 대기압보다 약간 낮은 압력으로 과팽창Over Expansion 되었음을 알 수 있다. 〈사진 1-3〉은 고압가스가 노즐이 없는 실린더를 통해 배출되는 경우와 드 라발 노즐을 통해 배출되는 경우를 뚜렷하게 대조해 보여준다.

2. 노즐의 핵심은 팽창부

연소가스는 거의 이상기체와 같이 행동하며 점성도 없다. 여러 개의 원자로 이루어진 다원자분자 가스나 또는 아주 고온의 3원자 분자 가스의 연소실 조건에서 γ 값은 1.13과 1.16 사이의 값을 갖는다.[45] 노즐 목을 막 빠져나온 연소가스의 압력 p는 연소실 압력 p_0의 0.57배 근방 값을 갖는다. 이러한 압력 아래에서 가스는 노즐 팽창부Divergent Section 내면에서도 분리되지 않고 흐르며 노즐에 수직한 단면 내에서는 압력, 밀도 및 온도가 일정하다고 가정해도 크게 틀리지 않는다.

드 라발 노즐의 팽창부를 통과하는 가스가 가속되는 메커니즘에 대해 알아보도록 보자. 〈그림 1-4〉에서 보듯이 가스는 노즐 내면에 수직으로 단위면적당 p라는 힘으로 노즐 벽면을 밀고, 노즐 벽면은 같은 크기의 힘으로 가스를 반대 방향으로 밀어준다. 이 힘은 축에 수직한 방사Radial 방향의 단위면적당 힘 p_r과 축 방향의 힘 p_{axis}로 분해하여 생각할 수 있다. 노즐은 축을 중심으로 회전대칭성을 가

표시할 수 있다. v_e는 배출가스의 노즐에 대한 상대속도이고 ϵ_e는 연소실과 노즐에서 생기는 피할 수 없는 열손실과 배출가스 내에 잔존하는 열에너지를 나타낸다.

45) 분자의 내부 자유도(진동과 회전)가 여기되거나, 분자가 원자로 분해되거나, 또는 온도가 아주 높아 전리가 되면 가스의 평균 자유도는 아주 빠르게 증가하여 γ 값이 1로 접근한다.

지므로 방사 방향의 힘은 서로 상쇄되어 노즐과 가스의 운동에 아무런 영향을 주지 않지만 가스를 노즐 내면에 밀착시키는 역할을 한다. 가스는 축에 수직한 단위면적당 p_{axis}만큼의 힘으로 노즐 면을 왼쪽으로 밀고 노즐은 가스를 오른쪽으로 밀어준다. 가스의 압력이 충분히 클 때는 노즐의 내면과 노즐 축이 만드는 각 α 값이 크면 p_{axis}가 크므로 가스는 노즐 축-방향으로 큰 가속도를 얻게 되지만, α 값이 너무 크면 가스의 압력이 지나치게 낮아져 흐름이 노즐 벽면에서 분리되는 '가스 분리현상Separation'이 일어난다.

팽창부가 원추형인 '원추형 노즐Conical Nozzle'의 적정 α 값은 12°와 18° 사이에 있고, 팽창부가 종처럼 생긴 '종 모양 노즐Bell Type Nozzle'의 α 값은 노즐 상의 위치에 따라 변한다. 통상적으로 노즐 목 바로 근방에서는 α가 20°와 50° 사이 값을 갖도록 설계하지만 그 후 α는 감소하여 노즐 출구에서는 10° 미만의 값을 갖도록 조절하는 것이 관례처럼 되어 있다.

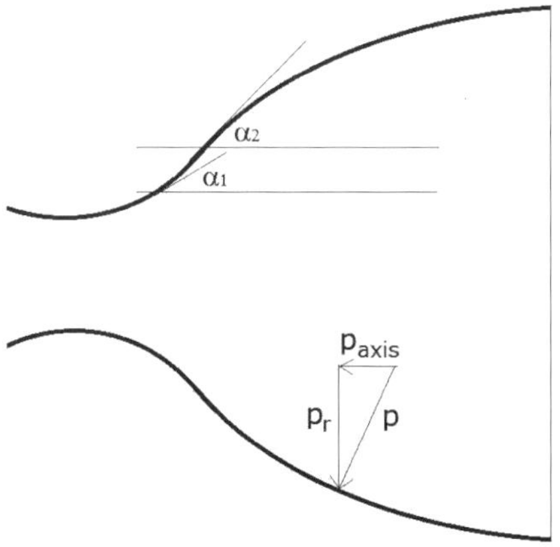

그림 1-4 노즐 팽창부가 가스를 어떻게 가속하고, 가스는 그 반작용으로 노즐을 어떻게 밀어주는지 보여준다. 가스는 노즐 벽면에 수직으로 단위면적당 p라는 힘을 가한다. α_1과 α_2는 팽창부의 모양에 따라 달라질 수 있는 노즐 반각을 보여준다. 원추형 노즐에서는 각이 일정하다.

가스의 압력은 가스 분자들이 서로 충돌하여 운동량을 교환하여 생기는 것으로 밀도가 높으면 충돌하는 횟수가 늘어나 압력이 높아지고, 온도가 높으면 가스의 속력이 빠르므로 단위시간당 충돌 횟수가 많고 충돌할 때 교환하는 운동량도 크기 때문에 압력이 높다.

노즐의 팽창부는 노즐 내에서 연소가스를 초음속으로 팽창시켜 노즐에 일을 하게 함으로써 노즐을 축 방향으로 가속시키고 가스는 반대 방향으로 가속시킨다. 수렴부와 팽창부의 경계인 노즐 목에서 압력 p_t는 ~$0.57p_0$이고, 온도 T_t는 $0.93T_0$이다. p_0가 클수록 가스가 팽창하면서 노즐에 주는 반작용도 비례해서 커지고, 따라서 추력도 p_0에 비례해서 커진다.

노즐의 수렴부는 아음속 유체의 열에너지를 한 방향으로 움직이는 가스 흐름의 운동에너지로 바꿔주는 역할을 하고, 가스 노즐의 팽창부는 초음속 유체 흐름 안에 포함된 열에너지를 한 방향으로 움직이는 가스 흐름의 운동에너지로 바꿔주는 일종의 에너지 변환기다. 만약 노즐의 팽창부가 없다면 노즐 목에서 나온 가스는 〈사진 1-3〉의 포구 화염처럼 주변 공기를 밀어내고 가열하는 데 엔탈피의 상당 부분을 낭비했을 것이다.

여기서 우리는 노즐의 팽창부가 노즐의 성능을 얼마나 향상시키는지 궁금해진다. 연소실에서 노즐 목까지는 외부의 낮은 압력 환경에 노출된 노즐 목과 연소실의 높은 압력과의 차이로 연소가스가 음속으로 가속되었다. 수렴부의 내면에 돌출부가 있다든가, 표면이 거칠어 마찰이 생기면 그 부분에서 국소적으로 가스의 속도가 줄어들면서 온도가 급격히 올라간다. 그렇지 않은 경우라면 우리가 지금까지 노즐의 수렴부라고 한 부분의 세부구조는 가스가 가속하는 데 큰 영향을 주지 않는다. 반면, 팽창부의 세부구조는 노즐 효율과 노즐 사이즈에 크게 기여한다. 이러한 이유로 연소실에서 노즐 목까지를 연소실로 다루고 팽창부만 노즐로 다루는 것이 보통이다.[46]

팽창부가 없는 로켓엔진에 이상적인 노즐 팽창부를 부착함으로써 얼마나 성능이 개선되는지 알아보는 것은 흥미롭고 또한 실제 문제에서도 중요하다. CD 노즐의 효율 E_{CD}(CD Nozzle Efficiency)는 노즐 팽창부가 있는 엔진의 추력을 팽창부가 없는 엔진의 추력으로 나눈 값으로 정의할 수 있다.[47] 진공 중에서 최적화된 CD 노즐인 경우 통상적인 추진제(예로 LOX와 RP-1)를 사용할 경우 $E_{CD}=1.667$이 됨을 알 수 있다.[48] 진공에서 이상적으로 작동하는 팽창부를 노즐 목에 추가함으로써 연소실의 압력에 관계없이 67%의 추력 증가를 가져온다는 뜻이다. 그러나 이상적인 노즐 팽창부는 길이가 무한대가 되어야 하므로 현실적으로 추력 증가는 20%에서 55% 사이에 그칠 것으로 본다.[49]

우리는 팽창부가 없는 로켓엔진도 가스 배출속도가 음속이 되어 초크드 플로 조건을 만족시킨다는 가정을 했다. 초크드 플로 조건이 형성되지 않으면 노즐 목 밖의 하류 쪽으로부터 노즐 목을 통해 '희석파Rarefaction Wave'가 파고들어 연소실의 압력이 낮아지게 된다. 여기서 중요한 점은 노즐 목에서 우리가 말하는 음속은 일상생활에서 이야기하는 343m/s가 아니라 노즐 목을 지나는 가스의 온도 T_t에서 음속을 의미한다. 노즐 목에서 음속은 대략 $343\sqrt{T_t/293}$ m/s이고, RP-1/LOX 추진제의 연소온도는 대략 3677K[50]이며 노즐 목의 온도는 이보다 5% 낮다고 가정하면, 노즐 목에서 음속은 1180m/s 내외로 추정할 수 있다. 팽창부를 노즐 목에 부착함으로써

46) Ulrich Walter, *Astronautics* (Wiley-VCH Verlag GmbH & Co. KGaA, Weinheim, 2008) p. 73.

47) $E_{CD} = F_{WithDivergentNozzle}/F_{NoDivergentNozzle}$

48) Ulrich Walter, *Astronautics* (Wiley-VCH Verlag GmbH & Co. KGaA, Weinheim, 2008) p. 90.

49) ibid.

50) George P. Sutton and Oscar Biblarz, 'Rocket Propulsion Elements' (John Wiley & Sons, Inc., New York, New York, 2001) p. 188의 〈표 5-5〉 참조.

가스의 노즐 출구 속도는 진공에서 대략 3배 정도 증가한다.[51] 따라서 출구 속도 v_e는 3500m/s 정도가 될 것으로 추산한다. 100% 효율인 이상적 형태의 팽창부는 길이가 무한대가 되어야 하므로 현실 세계에서는 적정효율(예로 98.5% 등)을 유지하는 선에서 노즐을 자르는 것이 보통이다.

3. 노즐 모양

::노즐 형태

현재 사용하는 노즐은 세 가지 종류로 나눌 수 있다. 노즐 목을 지나면서 일정한 각으로 퍼져나가는 원추형 노즐, 처음에는 급격히 노즐 반각이 증가하지만 곧이어 각도가 줄어드는 종 모양 노즐(또는 Contoured Nozzle이라고도 한다) 및 노즐 출구에서 보면 고리 모양으로 보이는 '플러그 노즐(Plug Nozzle 또는 환상 노즐Annular Nozzle)' 등이 있다. 여러 개의 연소실을 이용해 제작하는 '에어로스파이크 노즐Aero-spike Nozzle' 역시 플러그 타입 노즐 중의 하나다. 원추형 노즐은 구조가 간단하고 제작이 쉬워 로켓 개발 초기부터 사용되었고, 지금도 작은 엔진에 즐겨 사용하고 있다. '원추반각Nozzle Cone Half Angle' α 값이 작을수록 I_{sp}가 크고 따라서 추력도 좋지만, 가스가 충분히 가속되려면 아주 긴 노즐이 필요함에 따라 무게와 길이가 너무 커져 현실에서는 각도를 너무 작게 잡을 수 없다.[52] 이상적인 I_{sp} 값의 98.3% 정도를 경제성과 엔진 성능의 타협점으로 볼 때 원추형 노즐의 α 값은 15°가 적당하지만 실제로는 $13^\circ \le \alpha \le 18^\circ$ 사

51) Ulrich Walter, *Astronautics* (Wiley-VCH Verlag GmbH & Co. KGaA, Weinheim, 2008) pp. 69-73; $v_e = v_t\sqrt{n_f+1}\left\{1-(p_a/p_0)^{2/(n_f+2)}\right\}$, 여기서 $n_f \simeq 9$이고 $p_a/p_0 \ll 1$라고 가정하면 $v_e \simeq 3v_t$가 된다.

52) 원추반각 α는 노즐의 축과 노즐 팽창부에 내접하는 직선이 만드는 각을 말한다.

이의 값을 택하는 것이 관례로 되어 있다.

종 모양 노즐은 현재 가장 많이 사용되는 노즐 타입이다. 원추형 노즐과는 달리 종 모양 노즐은 노즐 목을 지나자마자 원추반각이 20°에서 50°까지 급격히 늘어나는 영역이 있다. 이 영역을 지나면 원추반각은 곧바로 원만히 줄어들기 시작하여 노즐 출구 면에서는 8°에서 10° 사이의 값을 가지는 영역으로 원만하게 연결되어 전체적으로 종 모양으로 보인다.

노즐 목을 통과한 뒤 가스는 급격히 팽창하지만 아직도 내부 압력이 충분히 높기 때문에 흐름은 노즐 면에서 분리되지 않고 짧은 거리에서 급격히 가속되므로 효율이 증가한다. 종 모양의 초음속 노즐은 같은 노즐 확장비Nozzle Exit Area Ratio A_e/A_t와 같은 길이를 가진 원추형 노즐에 비해 훨씬 효율적이다. 여기서 A_e는 노즐 출구의 단면적이고 A_t는 노즐 목의 단면적을 나타낸다. 제5장에서 설명하겠지만, 어떻게 설계하든 상관없이 원추형이나 종 모양 노즐은 어느 특정 고도에서만 효율을 최적화할 수 있다는 태생적인 단점을 안고 있다.

이러한 단점을 보완하기 위해 고안된 노즐이 환상環狀 노즐 개념이다. 환상 노즐은 플러그 또는 에어로스파이크 노즐이라고도 하며, 고도에 따른 대기압 효과를 자동으로 보상해주는 노즐로 고안되었다. '環狀'이라는 이름은 〈사진 1-4〉의 가운데 사진에서 보는 에어로스파이크 엔진처럼 연소가스가 노즐을 구성하는 뾰족한 스파이크(플러그)의 뿌리 부분을 둘러싼 환環 모양의 공간을 통해 배출한다는 뜻에서 붙였다. 환상 노즐의 플러그는 통상적인 로켓엔진의 노즐 축의 중심부를 막아놓은 나팔처럼 생긴 물체를 말한다. 환상 노즐이나 그 변형은 노즐의 길이를 대폭 줄이면서도 고도 변화에 따른 효율 감소가 없는 아주 '환상적幻想的'인 노즐이지만, 아직까지도 연구만 계속되고 있을 뿐 실제로 우주발사 로켓에 사용된 적은 없다.

사진 1-4 대표적인 노즐 형상. 위쪽은 V2의 원추형 노즐, 가운데는 환상環狀의 에어로스파이크 노즐, 아래쪽은 종 모양의 J-2 엔진이다. V2 엔진에서 가운데 잘록한 부분이 노즐 목이며, 그 왼쪽은 연소실과 수렴부, 그리고 오른쪽은 원추형 노즐의 팽창부다.

제 5 장

고도에 둔감한 노즐

1. 고도에 최적화된 노즐의 길이

지금까지 필자는 노즐은 단면이 줄어들다가 다시 늘어나는 드 라발 노즐이라고만 막연하게 얘기했지, 단면이 증가하는 부분의 실제 모양이 어떤 형태인지 또는 노즐에서 배출되는 가스 흐름이 대기압의 높고 낮음에 따라 어떻게 변하는지 구체적으로 언급하지 않았다. 이번 장에서는 노즐의 형태와 외부 압력이 노즐 길이를 정하는 데 어떤 영향을 주는지 살펴보기로 한다.

연소가스가 노즐 목과 노즐의 팽창부를 지나면서 가스의 압력과 온도는 계속 내려가고 가스 속도는 음속보다 훨씬 빨라진다. 가스 속도가 초음속이라는 의미는 노즐 밖의 대기압이 노즐 안의 압력이나 온도에 영향을 줄 수 없다는 뜻이다. 따라서 노즐을 지나 배출되는 가스의 압력은 외부 압력과 상관없이 오로지 노즐의 특성이 허용하는 한도 내에서 가스가 팽창하고 압력이 결정된다.

초음속 노즐에서 배출되는 가스의 압력은 대기압보다 높을 수도 있고, 낮을 수도 있다. 원추형 노즐이든 종 모양 노즐이든 노즐 확장비가 너무 작으면 가스가 노즐에서 배출되기 전에 충분히 팽창되기에는 노즐 길이가 너무 짧아 노즐 출구 면에서 가스의 압력이 대기압보다 높다. 이 경우 연소가스는 노즐을 나온 뒤에도 〈그림 1-5〉의 첫 번째 그림처럼 가스 압력이 대기압과 압력이 같아질 때까지 더 팽창한다. 첫 번째 경우를 '과소팽창 노즐Under-expanded Nozzle'이라 하고 I_{sp}에서 약간 손해를 본다. 반대로 노즐 팽창비가 너무 크면 '과잉팽창 노즐Over-expanded Nozzle'이라고 하며 가스의 압력이 대기압보다 많이 낮다. 이 경우 연소가스 제트가 노즐 출구에 도달하면 갑자기 가스보다 더 높은 대기압을 만나 가스 제트는 대기압과 같아질 때까지 수축하여 가스 제트의 지름이 줄어든다. 〈그림 1-5〉의 세 번째 노즐이 이런 경우에 해당한다.

1930년대 말 V-2를 개발 중이었던 독일의 폰 브라운 팀은 이미 대기압 아래 노즐의 성능을 최대로 만들어주는 조건이 $p_e = p_a$임을 알고 있었고, 이 조건을 만족시키는 노즐 출구 단면적비 A_e/A_t가

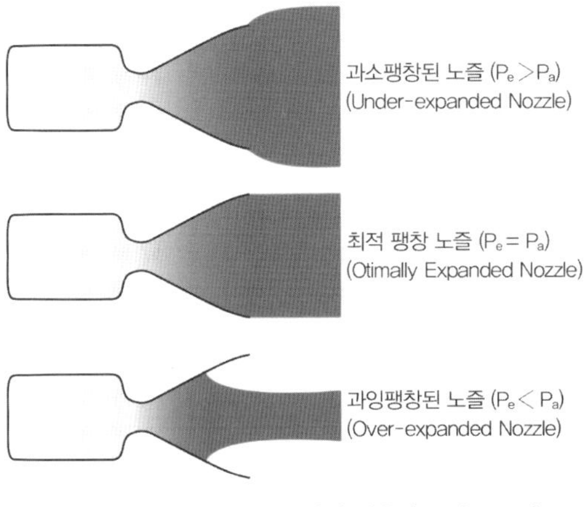

그림 1-5 대기압에 따른 여러 가지 배출가스 제트 모양. p_e와 p_a는 각각 노즐 출구에서 배출가스 압력과 대기압을 의미한다.

존재하는 것을 발견했다. 〈그림 1-5〉에서 보듯 가스가 원추형 또는 종 모양의 노즐 목에서 노즐 출구로 이동해가는 과정에서 $p_e = p_a$가 되는 위치에 도달할 때 노즐을 자른다고 생각하자.

그러면 〈그림 1-5〉의 두 번째 그림에서처럼 우리가 원하는 대로 $p_e = p_a$가 되고, 노즐 면에서 배출되는 가스는 팽창도 압축도 되지 않고 일정한 굵기로 배출된다. 노즐은 가스 배출속도 v_e를 증가시키기 위해 사용하지만, 노즐을 사용하는 목적은 v_e 증가가 아니라 추력 F를 증가시키는 데 있다.

제6장에서 자세히 설명하겠지만, 로켓엔진의 추력은 매초 속력 v_e로 분사하는 질량 $\dot{m}_p$가 노즐에 작용하는 '운동량 추력Momentum Thrust' $F_{mt}(=\dot{m}_p v_e)$와 노즐 출구 면 A_e에 작용하는 압력 차로 생기는 '압력 추력Pressure Thrust' $F_{pt}[=(p_e - p_a)A_e]$의 합으로 정의할 수 있다. 따라서 v_e가 크다고 무조건 추력이 최대가 되지는 않는다.

얼핏 보면 $p_e > p_a$ 때 추력이 최대가 될 듯하지만 사실은 그렇게 간단하지 않다. 운동량 추력은 v_e에 비례해 증가하지만, v_e가 증가하면 p_e와 함께 압력 추력은 감소한다. 따라서 추력 F는 적절한 v_e 값에서 최댓값을 가지고, 그 값은 대기압 p_a로 결정된다. 로켓엔진의 추력은 TC 설계에 따라 유일하게 결정되지 않으며 대기압 p_a에 따라 달라지므로 엔진의 추력을 표기할 때는 '해면고도 추력Sea Level Thrust' 또는 '진공 추력Vacuum Thrust'같이 작동 고도를 명시해야 한다.

다음 장에서 자세히 설명하겠지만, 노즐에서 배출되는 가스의 압력 p_e와 대기압 p_a가 같아지는 노즐 길이에서 노즐을 자르면 그 노즐은 주어진 대기압에서 추력을 최대로 만들어주는 노즐이 된다. 노즐 형태가 정해지면 노즐 길이는 노즐 출구의 단면적 A_e와 노즐 목의 단면적 A_t의 비율인 노즐 확장비 A_e/A_t에 따라 결정된다. $p_e = p_a$인 노즐을 그 고도에서 '최적화된 노즐Optimized Nozzle'이라고 한다. 드 라발 노즐의 팽창부에서는 노즐이 원추형이든 종 모양이든 상관없이 노즐의 길이가 길어지면 A_e/A_t는 평탄하게 증가한다. $p_e = p_a$가 되는 조건은 출구 단면적비 A_e/A_t 값에 따라 결정되지만, 같은 A_e/A_t 값을 주는 노즐의 길이는 팽창부의 형태에 따라 달라진다. 최적화된 종 모양 노즐 길이는 최적화된 원추형 노즐 길이보다 항상 짧다.

연소가스의 노즐 출구 압력 p_e가 대기압 p_a보다 어느 정도 작아져도 노즐 내의 가스 흐름은 '층류Laminar Flow'를 유지한다. 이때 연소가스 제트가 노즐 출구에서 나오면 외부와의 압력 차이로 약한 충격파Shock Wave가 형성되지만, 충격파는 노즐 밖에만 존재한다. 이러한 현상은 p_e 값이 $0.25\,p_a$와 $0.40\,p_a$ 사이가 될 때까지 지속된다. 이보다 p_e 값이 더 내려가면 층류로 흐르던 가스 흐름이 노즐 내의 어느 위치에서 벽면으로부터 떨어진다. 이러한 현상을 분리라고 한다. 분리가 시작되면 제트의 지름은 외부 압력으로 압축되어 작아지며, 이전에는 노즐 밖에 존재하던 충격파가 노즐 안에서도 존재한다. 그러나 로켓의 고도가 높아지면 대기압 p_a가 낮아지고 층류 분리점이 점점 노즐 출구로 이동한다. 설령 분리가 일어나더라도 그 자체로 추진력 손실은 그리 크지 않다. 그 이유는 분리 전에 노즐 안의 흐름이 안정적이었다면 통상적으로 분리는 노즐 안의 같은 위치에서 원주 대칭으로 이루어지기 때문이다. 그러나 엔진을 점화하거나 중지할 때 일어나는 과도기Transients 때는 비대칭적인 분리가 일어날 수 있고, 이럴 경우 원주 대칭이 순간적으로 깨지면서 어느 한 방향으로 파괴적인 힘이 생길 수도 있다. 이런 이유로 해면고도에서 주로 작동하는 부스터 엔진에 고공에서 효율적인 노즐 팽창비가 큰 노즐의 사용은 피하는 것이 좋다.

같은 노즐이라도 고도에 따라 〈그림 1-5〉에서 보는 바와 같이 노즐에서 배출되는 제트의 모양이 달라진다. 최적 팽창 노즐이 가장 이상적이지만, 지상 연소시험을 제외하고 작동하는 로켓의 고도는 수시로 바뀌기 때문에 해면고도, 또는 발사장의 고도에 맞춰 노즐을 설계한다면 초기에는 〈그림 1-5〉의 두 번째처럼 이상적인 흐름을 유지하지만 고도가 높아지면서 외부 기압이 떨어지면 제트는 덜 팽창된 상태로 옮겨가면서 효율이 떨어진다. '통상적'이고 고정된 노즐 형태로 모든 고도에서 최적 팽창을 유지할 수 있는 원추 모양 또는 종 모양의 노즐은 존재하지 않는다.

2. 접이식 노즐

궁극적인 노즐 설계목표는 해면고도에서 수백 킬로미터 고도까지 모든 고도에서 효율적인 노즐을 설계하는 것이다. 그러나 대기압이 고도에 따라 계속 변화하기 때문에 결코 쉽지 않은 일이다. 만약 길이가 고정된 통상적인 노즐을 사용할 경우 해면고도에서 최적의 성능을 보장하는 노즐 설계는 고도가 높아지면 덜 팽창된 상태가 되어 성능이 떨어진다. 그래서 도입한 것이 '접이식 노즐Extendable Nozzle/Extending Nozzle/Movable Nozzle' 개념이다. 역사적으로 두 가지 종류의 접이식 노즐이 개발되었다.

한 가지는 다단로켓의 상단 로켓 노즐에 적용하는 개념이다. 거의 진공상태에서 작동하는 제2단 또는 그 이상의 상단 로켓은 진공 중에서 높은 추력(또는 I_{sp})을 얻기 위해 노즐 확장비를 아주 크게 잡아야 하지만, 긴 노즐을 수용하려면 긴 공간이 필요하기 때문에 로켓 전체의 길이가 늘어나게 되고, 필연적인 무게 증가로 이어진다. 이러한 문제를 해결하는 방안으로 제시된 것이 접이식 노즐이다. 아틀라스-I과 아틀라스-II의 제2단 로켓 센토Centaur의 엔진인 RL10A4를 근간으로 개발하여 델타Delta-III 및 델타Delta-IV 상단에 사용하고 있는 LH_2/LOX 엔진 RL10B-2를 예로 들어보자.

RL10B-2에는 진공에서 최적화된 노즐 중 굳이 복열냉각 방식을 쓰지 않아도 되는 노즐 출구 부분을 〈사진 1-5〉에서 보는 것처럼 '카본-카본 복합체Carbon-Carbon Composite'로 만든 후 복열냉각 방식으로 냉각하는 노즐 외면에 스커트 형식으로 접어서 보관하고, 하단 로켓이 분리되고 상단 로켓이 점화되기 전에 제자리를 찾아 펴준다. 이렇게 함으로써 상단 로켓의 길이가 많이 줄어들고, 기체가 받는 스트레스도 많이 줄어든다. RL10B-2의 노즐을 완전히 펼치면 길이가 4.14m로 늘어나게 되어 RL10A4의 노즐 길이 2.29m보다 1.85m 정도 길어지며, 그 결과 진공 중의 I_{sp}는 14초나 증가했다. 접이식 노즐은 미국에서 가장 강력했던 ICBM 피스키퍼의 제2단과 제3단 모터에도 적용되었다. 접이식 노즐은 미 공군에서는 'ENEC(Extendable

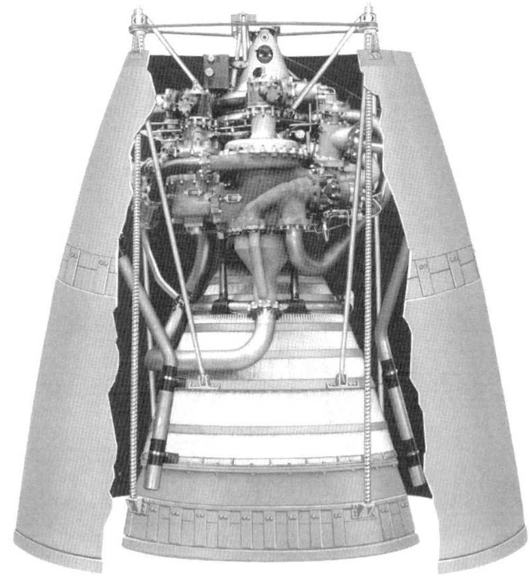

사진 1-5 RL10B-2의 노즐 모양. 왼쪽 사진은 카본-카본으로 만든 노즐 스커트를 접어놓은 상태를 보여주고, 오른쪽 사진은 노즐 스커트를 완전히 펼친 상태를 보여준다.

Nozzle Exit Cone)'라고 불렀고 점화되기 직전에 가스 제너레이터를 사용하여 ENEC를 펼치도록 설계되었다. 이와 같은 방법으로 10기의 Mk-21A 재돌입체를 탑재한 '풀 로드Full Load' 피스키퍼의 사거리가 수백 킬로미터 이상 연장되었을 것으로 추정한다.

또 다른 적용 분야는 해면고도에서 발사하여 중간 고도까지 무거운 제2단, 제3단 또는 페이로드를 올려줘야 하는 제1단 부스터 로켓에 적용하는 경우다. 구소련의 코로레프는 그의 달로켓 N-1의 제1단에 쿠즈네소프 설계국Kuznetsov Design Bureau이 설계한 NK33-1엔진 30기로 구성된 엔진 클러스터를 사용하고자 했다. 쿠즈네소프는 고도에 따른 추력 손실을 최소로 막기 위해 고도에 따라 A_e/A_t 값을 바꿀 수 있는 자동 확장식 노즐을 부착했다. 이렇게 함으로써 쿠즈네소프는 약 15~20초 이상의 비추력을 추가로 얻어 해면고도에서 297초, 진공 영역에서 331초의 I_{sp}를 확보할 수 있었다. 1970년대에 RP-1/LOX 추진제를 사용하여 이와 같은 성과를 얻은 것은 대단한 업적으로 기록된다.

〈사진 1-6〉은 NK33-1을 보여준다. NK33-1은 발사 후 몇 분 동안 미리 설치한 구조에 노즐이 고정되어 있지만, 미리 예정된 고도에 이르면 정해진 위치로 확장되어 다시 고정된다. NK33의 해면고도 추력은 153.47톤이었고, 진공 추력은 178.8톤이었다.

3. 선형 에어로스파이크 노즐

다음으로 소개할 노즐 형태는 모든 고도에서 고효율을 유지할 수 있는 노즐 설계개념이다. '에어로스파이크 엔진'으로 알려진 엔진의 노즐 특징은 통상적인 원추형 또는 종 모양의 노즐을 대표하던 노즐의 외벽이 없는 대신 중심부에 에어로스파이크 또는 플러그Plug로

사진 1-6 작동 중에 노즐 단면비를 바꿀 수 있는 노즐을 장비한 NK33-1의 모형 사진[53]

불리는 입체면이 연소실에서 나오는 가스의 등等엔트로피 팽창을 유도한다. 처음 보면 로켓의 모양이 좀 색다르고 모델에 따라서는 전혀 로켓엔진같이 보이지 않지만, 관련된 물리학은 통상적인 노즐과 똑같다.

차이가 있다면 '하드웨어'를 바꾸지 않고도 해면고도에서 고고도까지 효율적으로 작동하는 일종의 '고도자동보상 노즐'이라고 생각하면 된다. 에어로스파이크 엔진의 구조가 어떻게 생겼는지, 그리고 원리가 무엇인지 알기 위해서는 우선 잘 알려진 사진부터 검토하는 것이 좋을 것 같다. 공개된 자료를 통해 익히 알고 있는 에어로스파이크 엔진은 〈사진 1-7〉에서 보는 '선형 에어로스파이크 엔진Linear Aero-spike Engine'이다.

1990년대 '록히드 마틴Lockheed Martin' 사는 재사용이 가능한 1단 로켓 우주발사체를 개발하려 했고, 그 가능성을 타진하기 위한 무

53) http://upload.wikimedia.org/wikipedia/commons/8/8b/Kusnezow_NK-33_engine_Mockup.jpg

사진 1-7 XRS-2200 선형 에어로스파이크 엔진의 지상 연소시험 장면 〔NASA〕

인 실증기로 개발한 것이 X-33이다. X-33을 추진하기 위해 개발한 로켓엔진이 바로 XRS-2200이다. 해면고도 추력은 93.72톤, 진공 추력은 118.7톤으로 여러 번의 지상 연소시험을 실시했다. XRS-2200은 과학 공상영화에서 갓 튀어나온 미래형 우주전투기 엔진의 전형처럼 보인다. 종 모양의 노즐을 가진 통상적인 로켓엔진과 에어로스파이크 엔진은 여러 가지 면에서 서로 안팎을 뒤집어놓은 것과 비슷하다.

〈그림 1-6〉은 이 두 가지 엔진을 비교하는 개념도를 보여준다. 왼쪽에 보이는 통상적인 엔진에서는 단일 연소실의 외부를 추진제 펌프, 파이프, 각종 구조물 들이 둘러싸고 있고, 연소실은 종 모양의 노즐로 연결된다. 즉, 연소실 벽과 노즐 벽면 안쪽에 연소가스가 자유로이 흐르도록 아무런 방해물이 없는 빈 공간이다.

통상적인 로켓엔진에서 연소가스 외에 모든 것은 연소실과 노즐 밖에 장착된다. 반면, 〈사진 1-7〉과 〈그림 1-6〉에서 보여주는 선형

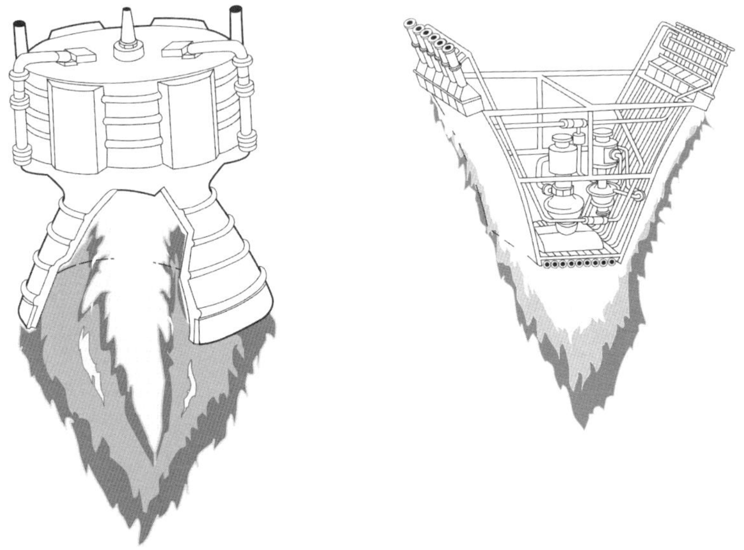

그림 1-6 통상적인 종 모양의 로켓엔진과 선형 에어로스파이크 로켓엔진의 비교
〔Dryden Flight Research Center, 1998: NASA〕

에어로스파이크 엔진에는 연소가스가 부딪히고 층류로 바뀌는 일종의 '플러그' 벽면 바깥 쪽에는 연소가스 외에는 아무것도 존재하지 않으며, 연소가스를 가두는 케이스도 없다. 대신 공간을 아끼기 위해 추진제 펌프, 파이프 및 각종 구조물이 플러그 벽면 안쪽에 배치되어 있다. 그러나 여기 보이는 통상적인 엔진은 연소실이 하나인 데 비해 〈그림 1-6〉에 보이는 선형 에어로스파이크 엔진은 작은 연소실을 두 줄로 6개씩 대칭으로 배열한 것이 다른 점이다.

〈사진 1-7〉에 보이는 XRS-2200에는 20기로 이루어진 선형 클러스터 두 줄을 서로 대칭되게 배치했다. XRS-2200 엔진은 무려 40기의 작은 로켓 연소실로 이루어진 클러스터 엔진이다. 어떤 종류의 노즐도 목적은 단 하나, 연소실에서 나오는 가스를 한 방향으로 팽창시키고 가속하는 것이다. 이상적인 노즐이라면 외부 압력이 바

뀌어도 효율이 떨어지지 않아야 하고, 이러한 특성을 가지도록 고안된 노즐을 가진 엔진이 에어로스파이크 엔진이다. 여러 개의 연소실이 끝이 잘린 쐐기 형태로 되어 있는 면을 따라 가스를 방출하고, 가스는 플러그 면을 따라 흐르고 가속하면서 가스 흐름이 노즐의 축 방향으로 바뀐다. 플러그 면은 가스를 가두는 고정된 경계면이고, 또 다른 경계면은 가스와 대기가 만드는 가변적인 면이다.

스파이크가 시작되는 부분의 쐐기 면을 따라 연소실의 가스가 배출되도록 연소실은 좌우 양쪽에 대칭으로 배치되었다. 고압의 가스 흐름은 벽면을 따라 층류를 형성하며 팽창하고 가속된다. 축 방향으로 가스가 얻은 운동량은 스파이크에 반작용으로 전해져 추력이 발생한다. 축에 수직 방향으로 발생하는 힘은 좌우 양쪽에 대칭으로 배치한 연소실에서 방출한 가스에 의해 서로 상쇄된다. 종 모양의 노즐 면과 마찬가지로 플러그 면은 고정된 면이다. 그러나 왼쪽 또는 오른쪽의 연소가스와 대기와의 경계면은 대기압에 따라 계속 바뀐다.[54] 저고도에서는 대기압이 높기 때문에 가스 제트의 두께 또는 지름이 줄어들고, 같은 엔진이라도 고고도에 이르게 되면 대기압이 작은 관계로 제트의 두께는 크게 늘어난다. 원추형이나 종 모양 노즐에서 일어났던 가스의 분리현상은 어떤 고도에서도 일어나지 않는 것이 에어로스파이크 노즐의 특징이다.

다단로켓의 제1단, 제2단 및 제3단 로켓의 노즐에서는 각 엔진이 작동하는 고도에서 효율이 높도록 노즐 확장비 A_e/A_t가 상단으로 갈수록 급격히 커져야 하지만, 에어로스파이크 엔진은 로켓의 고도가 높아짐에 따라 대기와 연소가스 경계면이 자동으로 조절되어 효율이 크게 떨어지지 않는 특징이 있다. 이러한 특성 때문에 에어로스파이크 엔진과 LH_2/LOX 추진제를 함께 사용할 경우 단일 엔진으로 궤

54) 선형 에어로스파이크 엔진에서는 '좌우'를 구별할 수 있지만, 다음에 설명할 '환상 에어로스파이크 엔진Annular Aero-spike Engine'은 축을 중심으로 회전대칭이기 때문에 좌우 구별은 의미가 없다.

도에 진입할 수 있는 'SSTO(Single Stage to Orbit)' 개발이 현실화될 수 있다는 희망을 준다.

통상적인 로켓엔진으로 추진되는 단일 엔진 우주발사체로는 궤도 진입 속도를 얻기 힘든 이유가 많지만, 추진제 문제 외에도 해면고도와 진공에서 다 같이 효율적인 엔진이 없다는 것도 이유 중의 하나다. 에어로스파이크 엔진이 SSTO를 추진하는 데 가장 적합한 엔진인 것은 사실이지만, 적어도 두 가지 이유 때문에 에어로스파이크 엔진 개발이 지지부진하다고 본다. 다단로켓이 가지는 여러 가지 장점 때문에 관습적으로 다단로켓을 사용하게 된 것도 에어로스파이크 엔진이 발달하지 못한 이유 중의 하나고, 두 번째 이유는 냉전시대와 달리 지금은 우주 프로젝트를 위해 새로운 로켓엔진을 개발하지 않는 것이 일종의 '불문율'로 되어 있는 듯싶다.[55]

4. 환상 에어로스파이크 엔진

지금까지 우리는 선형 에어로스파이크 엔진이 마치 에어로스파이크 엔진의 대표적인 엔진처럼 다루었지만, '패킹Packing'의 다양성이 바로 에어로스파이크 엔진의 장점이기도 하다. 에어로스파이크 엔진 개념을 사용하면 적어도 이론적으로는 발사체나 우주선 구조에 알맞은 방법으로 여러 개의 엔진을 다양한 방법으로 조합하여 사용할 수 있다. 즉, 선형 에어로스파이크 엔진으로 조합하든가 또는 여러 개의 엔진을 플러그 하나를 중심으로 빙 둘러 배치하는 것도 가능하다. 엔진 몇 기를 어떻게 배치하든 상관없이 통상적인 엔진을 사용할 때보다 엔진 길이가 훨씬 짧아진다. 특히 컷오프Cut-Off된 플러그를 사용할 경우 동급의 엔진 중 가장 짧은 엔진이 에어로스파

55) "Akin's Laws of Space Design" rule #39, http://spacecraft.ssl.umd.edu/akins_laws.html

사진 1-8 연소실이 하나인 환상 에어로스파이크 엔진 〔CSULB-GNU FDL〕

이크 엔진이다.

지금까지는 연소실이 여러 개 있는 에어로스파이크 엔진에 대해 설명했지만, 〈사진 1-8〉에서와 같이 연소실이 하나인 환상 에어로스파이크 엔진Annular Aero-spike Engine도 가능하다. 〈사진 1-8〉에서 나팔처럼 보이는 것이 플러그 노즐이며, 연소실과 노즐 목에 해당하는 부분은 보이지 않는다. 실린더형 연소실의 축은 플러그 노즐이 실린더 형태로 변형되어 자리 잡고 있다. 실린더형 연소실 벽면과 플러그 노즐 사이의 '환상 공간'이 추진제가 연소되는 연소실이다. 연소실에서 노즐 방향으로 내려오면서 플러그 지름이 늘어나 노즐 목을 형성하고 이어서 나팔과 같이 급격히 바뀌어 〈사진 1-8〉과 같은 모양이 된다.

제 6 장

추력

1. 추력

〈그림 1-7〉은 TC 내의 위치에 따른 물리량을 정의하기 위해 원주 형태의 연소실과 드 라발 노즐을 연결한 추진기관의 개략도다. 압력이 p_0, 온도가 T_0인 연소실 안의 가스는 거의 정지한 상태($v_0 \sim 0$)에서 드 라발 노즐 입구로 들어와 한 방향으로 가속되어 초음속으로 노즐을 빠져나온다. 원주 형태의 연소실 안에서 가스는 정지 상태에 있지만, 노즐에 가까운 쪽 가스는 노즐 입구로 가속되며 노즐 목에 도달하면 음속과 같아지게 설계했다. 노즐 목에서 물리량들은 아래첨자 t로 표시하고, 노즐이 끝나는 노즐 출구 단면에서의 물리량들은 아래첨자 e로 구별한다.

노즐 목을 지나면서 가스는 초음속으로 가속된다. 연소실에서 노즐 목을 향한 가속은 p_0가 노즐 목의 압력 p_t보다 대략 1.735배 크기 때문에 일어났지만, 이러한 방식으로 가속될 수 있는 속도의 상한은 음속이다. 노즐 목에서 노즐 출구를 향한 가속은 가스가 팽창

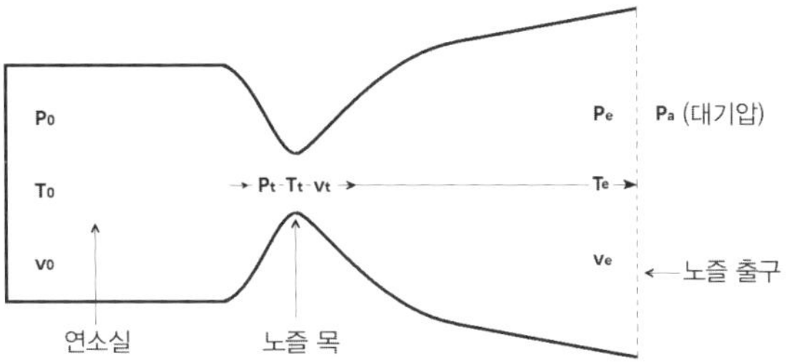

그림 1-7 연소실과 노즐 내의 압력, 온도, 속력을 표시한 그림

하면서 일어나며 노즐의 팽창부를 통해 가속된 가스는 노즐 출구 면을 극초음속의 가스 제트로 통과한다.

노즐 출구를 지나는 가스의 노즐 단면에 대한 상대속도를 v_e, 가스 압력을 p_e, 온도를 T_e라 하고, 대기압을 p_a라고 하자. 일반적으로 출구 압력 p_e는 대기압 p_a와 다른 것이 보통이다. 이러한 경우 엔진의 추력Thrust F는 분출가스 운동량의 반작용으로 생기는 운동량 추력과 압력차에 따라 발생하는 압력 추력의 합으로 주어진다. 여기서 $\dot{m}_p(=-\dot{m})$는 매초 소모되는 추진제 양이며 노즐을 통해 빠져나가는 연소가스 양과 같고, m은 로켓의 질량을 의미하며, $\dot{m}$는 m의 시간에 대한 변화율을 나타낸다. A_e는 노즐 출구의 단면적이며 $p_e - p_a$는 노즐 출구 면에서 노즐 안쪽과 바깥쪽의 압력 차이를 나타낸다. 엔진 추력 F는 다음과 같이 표시할 수 있다.

$$F = \dot{m}_p v_e + (p_e - p_a)A_e \tag{1-4}$$

추력의 방향은 분출가스 운동 방향과 반대되는 방향이다. 노즐 출구를 지나는 가스의 경우 속도 v_e는 노즐 출구 단면 내의 위치에 상관없이 거의 일정한 값을 가지며 단위시간당 노즐 출구를 빠져나가는 가스 질량은 $\dot{m}_p$다.

추력 방정식 (1-4)만 보면 $p_e > p_a$ 때의 추력이 $p_e = p_a$ 때의 추력보다 더 크다고 생각할 수 있다. 그러나 $p_e > p_a$면 v_e 값이 $p_e = p_a$ 때 값보다 작으므로 운동량 추력과 압력 추력 중 어느 것이 더 빨리 증가하느냐에 따라 추력의 크기가 결정된다.

여기서 우리의 관심사는 추력이 최대가 되는 조건을 찾아내는 것이다. 단위시간당 추진제 연소량 $\dot{m}_p$와 대기압 p_a는 고정된 값이라고 가정하고, A_e, v_e 및 p_e는 모두 변화시킬 수 있는 양들이라고 가정하자. F의 미분을 취해 0으로 놓음으로써 추력이 최대가 되는 조건을 구할 수 있다.

$$\begin{aligned} dF &= \frac{\partial F}{\partial v_e} dv_e + \frac{\partial F}{\partial p_e} dp_e + \frac{\partial F}{\partial A_e} dA_e \\ &= \dot{m}_p\, dv_e + A_e\, dp_e + (p_e - p_a)\, dA_e \end{aligned} \tag{1-5}$$

$dF = 0$을 만족하는 조건을 찾아 식(1-4)에 대입함으로써 추력 F의 최댓값을 구할 수 있다. 식 (1-4)에 나타난 v_e와 p_e는 독립된 변수들이 아니기 때문에 $dF = 0$를 풀기 위해서는 우선 dv_e와 dp_e의 관계를 알아야 한다. 운동량 보존법칙에서 얻은 식 $dp = -\rho v dv$를 노즐 출구 면에 적용하면 다음과 같은 식을 얻는다.

$$\frac{dv_e}{dp_e} = -\frac{1}{\rho_e v_e} = -\frac{A_e}{\dot{m}_p} \tag{1-6}$$

식 (1-6)을 식 (1-5)에 대입하면 dF가 0이 될 조건은 다음과 같다.

$$(p_e - p_a)\, dA_e = 0$$

유한한 길이를 가진 노즐 팽창부에서 $dA_e \neq 0$이므로 추력이 최대가 되는 조건은 다음과 같다.

$$p_e = p_a \qquad (1\text{-}7)$$

따라서 주어진 외부 압력에 대해 최적화된 추력은 다음과 같다.

$$F_{optimized} = \dot{m}_p v_e \qquad (1\text{-}8)$$

통상적으로 사용하는 원추형 또는 종 모양의 노즐은 $p_e = p_a$ 조건에 의해 추력을 최대화할 수 있다. p_e는 노즐 특성에 의해 고정된 반면, 로켓은 이륙 후에 고도를 높여 올라가고, 대기압 p_a 값은 고도의 지수함수로 감소한다. p_a는 지표면의 1기압(1atm)부터 진공값 0까지 고도에 따라 다양하게 변하지만, p_e 값은 노즐 확장비 A_e/A_t에 의해 한 가지 값으로 고정된다.[56]

$$\frac{A_t}{A_e} = \left(\frac{n_f+1}{n_f}\right)^{n_f/2}\left\{(n_f+1)\left[1-\left(\frac{p_e}{p_0}\right)^{2/(n_f+2)}\right]\right\}^{1/2}\left(\frac{p_e}{p_0}\right)^{n_f/(n_f+2)} \qquad (1\text{-}9)$$

즉, 노즐 출구에서 가스 제트의 압력 대 연소실 압력비 p_e/p_0 값이 결정되면 여기에 해당하는 노즐 확장비가 유일하게 결정된다. 여기서 $n_f = 2/(\gamma-1)$은 가스 분자들의 평균 자유도를 나타낸다. 노즐 출구에서 가스 제트 압력 p_e를 대기압 p_a와 같이 놓음으로써

56) George P. Sutton and Oscar Biblarz, *Rocket Propulsion Elements* (John Wiley & Sons, Inc., New York, New York, 2001) p. 59. Sutton 책의 공식 (3-25)에서 $k = (n_f+2)/n_f$, $p_0 = p_1$ 및 $p_e = p_x$로 놓으면 식 (1-9)을 얻는다.

추력이 최대가 되는 A_e/A_t 값을 얻을 수 있다. 따라서 주어진 고도에서 추력이 최대가 되도록 노즐 확장비 A_e/A_t를 정할 수는 있지만, A_e/A_t 값이 한번 정해지면 추력을 최대화할 수 있는 고도 역시 하나로 고정된다.

지표면 근처에서 $p_e = p_a$가 되도록 최적화된 노즐은 고도가 높아짐에 따라 대기압 p_a가 변하므로 노즐의 최적화 조건에서 벗어나게 된다. 지표면에서 식 (1-7)을 만족하도록 설계된 노즐이 진공 중에서 작동하게 되면 추력은 $F = \dot{m}_P v_e + p_a A_e$로 증가하지만 이것은 진공 중에서 추력이 최댓값을 가지도록 최적화된 값은 아니다. 진공 중에서 최적화를 하려면 $p_e = 0$이 되어야 하고 이 조건에 맞는 v_{e0} 값은 지표면에서 정한 값보다 더 커서 $\dot{m} v_{e0} > \dot{m} v_e + p_a A_e$이 되기 때문이다.

해면고도에서 10km 사이에 적합하도록 설계된 노즐 확장비는 연소실 압력과 연소가스의 평균 자유도 n_f에 따라 바뀌지만 대략 3과 25 사이 값을 갖는다. 100km 이상의 고고도에 작동하도록 설계된 노즐의 확장비는 40과 200 사이 값을 갖는 것이 보통이다. 노즐 확장비가 커지면 비추력은 향상되지만, 노즐의 길이와 질량이 커지는 부담을 떠안을 수밖에 없다. 상단 로켓의 질량이 증대한다는 것은 페이로드 질량이 그만큼 줄어든다는 의미이며, 잠수함 발사 미사일(SLBM)과 같이 짧은 길이가 설계의 전제조건이 되는 경우에는 상단 노즐의 길이가 크게 제약될 수밖에 없으며 진공 추력을 최적화하기가 더욱 어렵다.

노즐을 통과하면서 가스 제트의 속력은 계속 증가하여 노즐 출구에서 배출되는 속력은 다음과 같이 표현할 수 있다.[57]

57) ibid.; 등엔트로피 유체에 대해서는 $T_e/T_0 = (p_e/p_0)^{(\gamma-1)/\gamma}$가 성립한다.

$$v_e = v_t \sqrt{(n_f+1)(1-T_e/T_0)} \tag{1-10}$$

여기서 n_f는 연소가스의 평균 자유도로 RP-1/LOX 경우 노즐 출구에서는 8 근방의 값을 가진다. 따라서 진공 중에서는 배기가스 속력은 $v_e \approx 3v_t$가 된다. v_e 값이 노즐 목에서 속력 v_t보다 3배라는 의미는 노즐 목에서 운동량 추력Momentum Thrust보다 노즐 출구에서 운동량 추력이 200% 증가되었음을 의미하지만 앞서 총 추력은 66.7% 정도 증가한다고 언급했다. 이것은 운동량 추력이 200% 증가할 때 압력 추력이 감소하여 총 추력의 실질적인 증가는 66.7% 그친다는 의미다.

연소가스가 이상기체법칙을 따른다고 가정하면 가스 배출속도 v_e는 연소가스의 온도 T_0, $\gamma=(n_f+2)/n_f$, 평균 분자량 $\overline{M}$, 노즐 출구와 연소실에서의 압력비$(=p_e/p_0)$로 결정된다. T_0와 p_0는 각각 연소실의 온도와 압력을 표시한다. 흥미로운 사실은 드 라발 형의 노즐을 채택하면 v_e가 커지는 것이 사실이지만, 일단 드 라발 형의 노즐을 채택하면 v_e의 최대치 v_{emax}는 드 라발 노즐의 세부 형태나 크기에는 둔감하다. 노즐 면에 대한 배출가스 속도의 최대치 v_{emax}는 가스가 노즐을 통해 진공 중에서 무한히 팽창했을 때 v_e의 값이며, v_{emax}는 다음과 같다.[58][59]

$$v_{e\,max} = \sqrt{\frac{(n_f+2)RT_0}{\overline{M}}} \tag{1-11}$$

---

58) George P. Sutton and Oscar Biblarz, *Rocket Propulsion Elements* (John Wiley & Sons, Inc., New York, New York, 2001) p. 54.

59) $v_t = \sqrt{\frac{(n_f+2)}{(n_f+1)}\frac{RT_0}{\overline{M}}}$ 를 식 (1-10)에 대입하고 $T_e/T_0=0$으로 놓았다.

위 식에서 연소가스가 노즐에서 분출되는 속력의 최대치 v_{emax}는 연소실의 온도 T_0가 높을수록 크고, 평균 자유도 n_f가 클수록 크며, 연소가스의 평균 분자량 $\overline{M}$이 작을수록 크다는 것을 알 수 있다. v_{emax}는 엔진의 성능을 나타내는 양이기는 하지만, 사실 CD 노즐을 가정하면 연소실이나 노즐의 세부 설계와는 거의 상관없이 추진제 특성과 연소실 온도에만 관련된 양이다.

여기에서 가스 분출속도 v_e는 연소가스의 성질과 연소온도 T_e/T_0에만 관련된 양으로 노즐 설계에 비교적 둔감한 양이지만, $\dot{m}_P$는 노즐 설계와 연소실 압력에 민감하다. $\dot{m}_P$는 $p_0 A_t \sqrt{\overline{M}/T_0}$에 비례하는 것을 볼 수 있다. A_t는 노즐 목의 단면적을 의미한다. 따라서 연소실의 압력이 높고 노즐 목의 단면이 크고 분자량이 클수록 $\dot{m}_P$가 커지는 것은 쉽게 이해할 수 있다. 따라서 운동량 추력 $\dot{m}_P v_e$는 $p_0 A_t$에 비례하고 비례계수는 n_f와 p_e/p_0만의 함수다. 일반적으로 총 추력은 $F = C_F A_t p_0$와 같이 표시할 수 있다. 여기서 비례계수 C_F는 '추력 계수Thrust Coefficient'라고 하며 p_0/p_e 값이 10에서 10000까지, A_e/A_t 값이 1에서 100까지, n_f 값이 8에서 20까지 바뀌어도 1.25에서 2.2 사이에서 서서히 바뀌는 양이다.[60] 이로부터 우리는 로켓엔진의 추력에 가장 민감하게 작용하는 변수가 연소실의 압력 p_0와 노즐 목의 단면적 A_t라는 것을 알 수 있다. 연소실을 보다 콤팩트하게 설계하거나 추진제 펌프 압력을 높임으로써 연소실의 압력을 증가시킬 수 있다. 하지만 연소실의 압력 증가로 온도 상승이 뒤따르기 때문에 온도가 지나치게 오르지 않도록 적절한 냉각방법도 설계에 반영해야 한다.

노즐 설계의 궁극적인 목표는 엔진이 작동하는 고도에 상관없이

---

60) George P. Sutton and Oscar Biblarz, *Rocket Propulsion Elements* (John Wiley & Sons, Inc., New York, New York, 2001), pp. 63-65.

추진제 연소로 발생한 연소실 내의 엔탈피를 가장 효율적으로 배출 가스의 운동에너지로 변환할 수 있는 노즐을 찾아내는 것이다. A_0를 원주형Cylinder 연소실의 단면적이라고 하자. 연소실의 단면적 대 노즐 목의 단면적 A_t의 비 A_0/A_t가 4보다 큰 연소실을 가진 비교적 대형 TC인 경우 연소실에서 노즐 입구로 접근하는 가스의 속도는 연소실 내의 속도 $v_0(\approx 0)$와 별로 다르지 않기 때문에 우리는 항상 무시할 수 있다. 따라서 연소가스의 가속은 노즐 안에서만 이루어진다고 가정해도 무방하다. 따라서 노즐의 수렴부는 가스의 속도를 0에서 음속까지 가속해주지만, 연소실의 모양이나 수렴부의 세부구조가 아닌 연소실의 압력과 온도 및 연소가스 특성으로 결정되고, 노즐 목의 단면적 A_t는 가스 특성과 매초 연소되는 추진제 양 $\dot{m}_P$에 따라 다음과 같이 결정됨을 볼 수 있다.[61]

$$A_t = \frac{\dot{m}_P}{p_0} \frac{\sqrt{\gamma R T_0 / \overline{M}}}{\gamma \sqrt{[2/(\gamma+1)]^{(\gamma+1)/(\gamma-1)}}} \tag{1-12}$$

A_t는 $\dot{m}_P\sqrt{T_0/\overline{M}}$에 비례하고 연소실 압력 p_0에 반비례한다. 여기서 T_0, p_0, $\overline{M}$는 각각 연소실의 온도, 연소실의 압력과 연소가스의 평균 분자량을 나타낸다. 물론 이러한 결론은 연소가스가 이상기체 상태 방정식을 만족한다는 가정 아래 얻은 것이다. 이상의 논의를 통해 우리는 수렴부의 내벽을 매끄럽게 마무리하고 A_0/A_t를 충분히 크게 유지해주면 연소실이 구형Sphere이냐 원주형Cylinder이냐 또는 수렴부의 기하학적 형태에 크게 구애받지 않는다는 사실을 확인했다. 그러나 노즐 팽창부의 크기와 형태는 비추력에 크게 영

61) ibid., p. 64.

향을 준다는 것은 이미 설명했다.[62]

2. 비추력 I_{sp}

로켓이 받은 총 충격량은 연소시간 t_b 동안 노즐에 대해 상대속도 v_e로 빠져나간 추진제 질량 m_p가 로켓에 전해준 운동량 $m_p v_e$와 같다. 따라서 단위무게당 총 충격량 I_{sp}는 다음과 같이 주어진다.[63]

$$I_{sp} = \frac{I_{total}}{g_0 m_P} = \frac{v_e}{g_0} \tag{1-13}$$

식 (1-13)의 분자와 분모에 $\dot{m}_p$를 곱하면 I_{sp}는 조금 생소한 $F/(\dot{m}_p g_0)$로 표현되는 것을 알 수 있다. 비추력을 정의한 식 (1-13)을 다시 쓰면 노즐 출구에서 가스 배출속도Exhaust Velocity v_e는 지표면에서 중력가속도 $g_0(=9.80665\,m/s^2)$ 곱하기 비추력 I_{sp}로 표시할 수 있다.

$$v_e = g_0 I_{sp} \tag{1-14}$$

추력 F는 시간에 따라 변하는 양이고 $\dot{m}_P$ 역시 변할 수 있는 양이다. 따라서 여기에 보이는 물리량들은 시간에 대해 평균한 양으로 이해해야 한다.

---

62) 비추력 I_{sp}는 추력을 매초 연소되는 추진제 중량으로 나눈 값으로 정의한 양이다.

63) 단위질량당이 아닌 단위무게당임에 유의할 필요가 있다. 저자에 따라 단위무게가 아닌 단위질량당 충격량으로 정의하기도 하며 이 경우 비추력은 $I_{sp} = v_e$이 된다.

만약 비추력을 I_{total}/m_P로 정의했다면 비추력은 v_e가 되었을 것이다. 그러나 관습적으로 많은 경우 I_{sp}는 총 추력을 소모된 추진제 무게 $m_P g_0$로 나눈 값으로 정의했고, 이렇게 정의한 비추력 I_{sp}의 단위는 초Seconds다. 또 다른 해석으로는 $\dot{m}_P I_{sp}$만큼의 질량을 $1g_0$의 가속도로 밀어주는 힘이 추력 F라는 것이다. 말을 바꾸면 매초 연소되는 추진제 중량의 I_{sp}배가 추력이 된다는 뜻과도 같다. 한 예로 새턴-V의 추진제 소모량은 매초 2.6톤이고 I_{sp}는 해면고도에서 265.4초다. 여기서 새턴-V의 해면고도 추력($\dot{m}_P g_0 I_{sp}$)은 2.6톤/초 곱하기 265.4초인 690톤이다. 마찬가지로 초당 2.5톤의 추진제를 소모하는 구소련의 RD-170 엔진의 해면고도에서 I_{sp}는 308초이기 때문에 해면고도 추력은 770톤으로 계산된다. RD-170 엔진의 I_{sp}가 F-1의 I_{sp}에 비해 16% 정도 크기 때문에 초당 0.1톤이나 추진제를 적게 소모하는 RD-170이 추력은 F-1보다도 11%나 크다.

I_{sp}가 크다는 의미는 매초 연소되는 추진제 무게 $\dot{m}_P g_0$당 추력이 크다는 뜻이다. 방정식 (1-14)에서 보듯이 $v_e = g_0 I_{sp}$가 되므로, 연소가스의 노즐 출구 면에 대한 상대적인 속도 v_e는 I_{sp}에 비례한다. 따라서 I_{sp}가 크다는 것은 초당 적은 양의 추진제를 연소해도 같은 크기의 추력을 얻을 수 있거나 같은 양의 추진제로 더 큰 추력을 낼 수 있다는 뜻이므로 I_{sp}는 연료 및 로켓엔진의 효율을 비교하는 척도로 쓰이는 것이다. v_{emax}를 정의한 방정식 (1-11)에서 보듯이 I_{sp}의 이론적인 상한값 $I_{sp\,max}(= v_{e\,max}/g_0)$은 엔진과 노즐의 성능이 아닌 추진제의 특성과 연소온도에 의해 완전히 결정되는 파라미터parameter다. 그러나 이론적인 상한값이 아닌 현실적인 로켓의 I_{sp}는 추진제 특성과 엔진 작동온도는 물론이고 노즐의 형상과 치수 등 구체적인 TC 설계에 의해 결정되는 변수다.

자동차 설계에서 '연비Mileage'에 해당하는 파라미터가 바로 로켓에서는 I_{sp}라고 생각해도 괜찮다. 자동차를 설계하고 제작하는 기술에 따라서도 연비가 달라지지만 각종 연료를 가장 효율적으로 사용하는 엔진이 개발된다면 자동차 연비의 이론적 상한값은 연료가 좌우한다는 뜻과 같다. 주어진 추진제를 사용할 경우 I_{sp}의 최댓값이 정해진다. 추진제의 연소 상태, 연소실과 노즐 벽을 통한 열 손실, 노즐 확장비, 대기압력 등에 따라 실제 얻을 수 있는 I_{sp}는 상당한 차이를 보이며 일반적으로 $I_{sp\,max}$보다는 매우 값이 작다. RP-1/LOX 추진제의 $I_{sp\,max}$는 353s지만, RP-1/LOX를 추진제로 사용하는 F-1 엔진의 해면고도 비추력이 265.4초인 데 비해 같은 추진제를 사용하는 RD-180의 해면고도 비추력은 311초인 것을 보면 차이가 상당히 크다는 것을 알 수 있다.[64)65)] 물론 러시아가 사용하는 경유인 RG-1(또는 T-1)의 밀도가 RP-1보다 약간 큰 것도 사실이지만, 2부의 제2장에서 보듯이 F-1과 RD-180는 설계개념이 다르다.

연비가 아무리 좋은 연료라도 자동차가 강력한 파워를 내려면 매초 연소하는 연료량이 많아야 하므로 실린더 용적이 충분히 커야 한다. 이것은 로켓의 I_{sp}가 높아도 강력한 추력을 내기 위해서는 매초 연소실에 공급하는 추진제 양 $\dot{m}_p$가 충분히 커야 하는 것과 같다. 자동차에서도 연비가 좋은 것과 파워가 큰 것과는 크게 상관없듯이 I_{sp}가 큰 엔진이 강력한 추력을 가진다는 뜻이 아니다. 물론 비추력과 추력이 크면 대형 발사체로는 이상적이겠지만, 그렇지 않은 것이 보통이다. 강력한 추력이 필요한 부스터 로켓이나 1단 로켓은 $\dot{m}_p$가 큰 엔진이 필요하지만, 연료 경제가 중요한 상단 로켓엔진에는 I_{sp}가 큰 추진제를 사용하는 것이 가장 유리하다는 뜻이다.

---

64) http://en.wikipedia.org/wiki/Saturn_V

65) http://www.astronautix.com/engines/rd180.htm

제 7 장

에너지 효율과 질량 효율

두 가지 다른 형태의 에너지 전환과정이 로켓엔진에서 일어난다면 이러한 과정에서 에너지 손실은 불가피하다. 첫 번째 에너지 전환은 연소실 내에서 일어나는 것으로 추진제의 화학에너지로 저장되었던 에너지가 연소과정을 통해 반응열로 방출되어 연소가스의 온도와 압력을 높인다. 연소실의 고온고압의 가스가 노즐을 통해 외부로 배출되면서 열에너지가 한 방향으로 움직이는 가스 흐름으로 바뀌면서 온도가 내려가고 가스 압력도 외부 압력에 근접하게 내려간다. 열에너지가 가스 흐름의 운동에너지로 바뀌는 것이 바로 두 번째 에너지 전환과정이다.

연료와 산화제의 혼합이 잘되지 않거나 불완전연소로 화학에너지의 94~99% 정도만 열에너지로 바뀌는 것이 보통이다. 고온의 가스를 담고 있는 연소실의 벽을 통해 대략 2% 정도의 열이 빠져나가고, 가스의 열에너지의 상당 부분은 운동에너지로 바뀌지 못하고 잔여 '엔탈피Enthalpy'로 노즐을 빠져나간다. 노즐에 의해서 가스의 운동에너지로 바뀐 에너지의 0~50%는 로켓을 추진하는 데 사용되지 못하고 노즐에서 배출하는 가스의 잔여 운동에너지로 낭비되는 것이 보통이다. 추진제의 연소로 방출된 열에너지 중 실제로 로켓의 운동에너지로 전환되는 에너지는 적게는 40%, 많게는 70% 정도 되는 것으로 알려져 있다.[66]

'추진 효율Propulsive Efficiency' η_P는 노즐에서 배출되는 가스 제트의 운동에너지 중 몇 퍼센트가 로켓의 운동에너지로 전환되는지를 정의하는 양이다.[67]

로켓에 전달된 파워Power는 Fv로 표시되고, 배출가스의 파워는 로켓에 전해준 파워와 노즐을 떠난 배출가스에 남아 있는 잔존 파워 $\dot{m}_P(v-v_e)^2/2$의 합으로 표시된다. 추진 효율은 가스 흐름의 에너지 중 실제로 로켓의 파워를 늘리는 데 사용된 비율을 나타내며 식 (1-8)의 도움으로 η_P는 다음과 같이 표시할 수 있다.

$$\eta_P = 2\frac{v/v_e}{1+(v/v_e)^2} \qquad (1\text{-}15)$$

v는 관성좌표계에 대한 로켓의 속도이며, v_e는 분출 가스의 로켓에 대한 상대속도다. 여기서 관성좌표계란 발사대에 고정된 좌표계라고 생각하면 된다.

〈그림 1-8〉에서 보듯이 추진 효율은 $v=0$에서 0이지만, 로켓이 속도를 높임에 따라 효율은 급격히 증가하기 시작해 $v=v_e$에서 100%가 되고 그 뒤에는 서서히 감소한다. $v=0$에서 로켓은 서 있는 데 비해 가스 제트는 땅에 대해 v_e의 속도로 로켓의 뒤쪽으로 운동한다. 따라서 노즐을 빠져나온 가스의 운동에너지는 거의 그대

---

66) George P. Sutton and Oscar Biblarz, *Rocket Propulsion Elements* (John Wiley & Sons, Inc., New York, New York, 2001) pp. 36-38.

67) ibid., pp. 37-38.

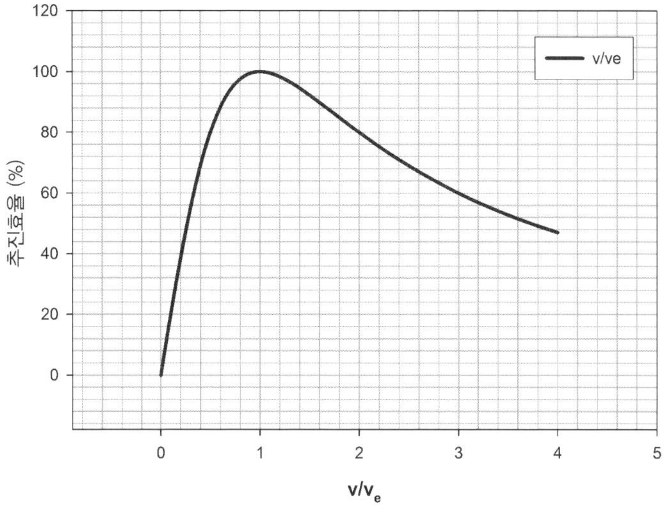

그림 1-8 로켓 속도 대 추진 효율을 보여주는 그래프.
방정식 (1-15)으로 주어진 η_P와 v/v_e의 관계식을 그래프로 나타냈다.

로 낭비되는 셈이다. 그러나 로켓의 속도가 $v = v_e$에 이르면 땅에서 볼 때 배출가스는 노즐에서 나온 후 땅에 대해 정지 상태가 된다. 따라서 배출가스가 가지고 있던 운동에너지는 100% 로켓으로 전달된 것이다. 그러나 로켓의 속도가 더욱 증가하면 노즐에서 분출된 가스 제트는 땅에서 볼 때 로켓을 따라 움직인다. 따라서 분출가스의 운동에너지는 로켓의 운동에너지로 일부만 전달되고 나머지 에너지는 가스 제트의 운동에너지로 남아 있다.

다시 말해, 추진 효율은 v가 v_e보다 커지면서 다시 떨어지기 시작한 것이다. 로켓의 땅에 대한 속도가 증가함에 따라 노즐에서 분출되는 가스 제트의 시간당 배출되는 잔여 운동에너지 $\dot{m}_P(v - v_e)^2/2$가 줄어들기 시작해 $v = v_e$에서 0이 되었다가 다시 증가하기 시작한다.

여기서 흥미로운 사실은 $v_e = g_0 I_{sp}$이므로, I_{sp}가 크다고 그 엔진이 모든 작동환경에서 추진 효율이 높은 것은 아니란 사실이다.

〈그림 1-8〉에서 보듯이 추진 효율이 가장 좋은 속도 영역은 $v \sim v_e$ 근방이다. 따라서 v_e가 크면 클수록 $v < v_e$인 영역이 넓어지고 이러한 영역에서는 I_{sp}가 큰 엔진이 I_{sp}가 작은 엔진보다도 추진 효율이 더 나쁘다. RP-1/LOX를 사용하는 엔진의 해면고도 I_{sp}는 260~310초 사이에 있고, 액체수소와 액체산소(LH_2/LOX)를 사용하는 엔진의 해면고도 I_{sp}는 360~380초이고 진공 중에서 값은 420~466초다. 따라서 1단 엔진이 작동하는 영역인 $v \leq 3km/s$ 영역에서는 LH_2/LOX 엔진의 효율은 RP-1/LOX 엔진의 효율보다 두드러지게 떨어질 수 있다. 그러나 강력한 부스터를 사용하여 짧은 시간 안에 로켓의 속력을 올려줌으로써 LH_2/LOX 엔진의 추진 효율을 많이 높여줄 수 있다. 이러한 개념에서 출발한 로켓이 H-2A, 델타-IV 및 아리안 5 등이다.

로켓에서 '에너지 경제Energy Economy'가 중요한 것이 사실이지만, 추진제의 '질량 경제Mass Economy'도 그에 못지않게 중요하다. 미션에 따라서는 질량 경제가 에너지 경제보다 훨씬 중요한 경우도 있다. 만약 원자력이나 태양열을 로켓 추진에너지로 사용하게 될 때 로켓의 한계는 에너지 때문이 아니라 노즐을 통해 배출되는 '작업 유체 Working Fluid'의 탑재 질량과 질량 소모율 $\dot{m}$에 의해 결정된다. 원자력 에너지는 미션에 필요한 에너지 이상을 낼 만큼 핵연료를 탑재하는 것이 가능하지만, 작업 유체는 그 역할이 높은 속도로 로켓 밖으로 분사되는 질량의 공급원이므로 많은 양이 필요하지만 로켓의 한정된 부피에 탑재할 수 있는 작업 유체 질량과 부피는 심각하게 제한될 수밖에 없다.

추력 $F = -\dot{m}v_e$와 $v_e = g_0 I_{sp}$ 관계에서 비추력 I_{sp}가 크면 v_e가 크고, v_e가 크면 질량 소모율 $|\dot{m}|$가 작아도 같은 추력을 낼 수 있음을 알 수 있다. 따라서 비추력 I_{sp}가 작업 유체(화학로켓 경우는 연소

가스)의 질량 경제를 좌우하는 파라미터가 된다. 작업 유체는 되도록 I_{sp}가 큰 물질 중에서 택해야 한다.

현재 우주발사체의 주 엔진에 사용되는 액체연료와 LOX 산화제 조합인 액체추진제의 비추력은 해면고도에서 260~385초 사이에 있고, 진공 중의 비추력은 310~467초 사이에 있다. 현재 사용 중인 추진제 중 비추력이 가장 좋은 추진제는 LH_2/LOX다. 그러나 1ml당 0.071gm밖에 안 되는 낮은 밀도와 −252.9℃의 낮은 비등점과 높은 증기압이 많은 어려움을 주기 때문에 아직까지도 LH_2/LOX 엔진을 사용하는 나라는 우주기술 선진국에 한정되어 있다.

밀도가 낮으면 큰 연료 탱크가 필요하고 펌프 설계에도 어려움이 있다. 비등점이 낮으면 주유 후 저장할 수 있는 시간이 짧고, 펌프 프로펠러에 '캐비테이션Cavitation'이 쉽게 생긴다. 펌프 문제와 단열 등 많은 문제들이 해결되어 우주발사체의 상단 로켓으로 아주 요긴하게 사용되고 있지만, 방대한 연료 탱크로 인해 대기권을 비행할 때 공기저항이 커지고, 로켓 속도가 0~3km/s 영역에서는 추진 효율이 떨어지고, 방대한 양의 액체수소 취급의 어려움과 경제성 등으로 제1단에 LH_2/LOX 엔진을 사용하는 것이 이득이 크지 않다고 여겨왔다. LH_2/LOX 엔진은 주로 상단 엔진으로 사용했다. 그러나 최근에는 대형 고체로켓 부스터(SRB) 또는 액체추진제를 사용하는 '유니버설 로켓Universal Rocket'을 코어Core 겸 부스터Booster로 사용함에 따라 LH_2/LOX 엔진을 제1단 및 부스터로 사용하는 추세에 있다. 현재는 액체수소 취급도 익숙해졌고, 부스터 사용으로 이륙 후 짧은 시간 안에 높은 속도에 이르게 되어 LH_2/LOX를 사용하는 제1단 엔진의 추진 효율이 높은 속도 영역에 금방 도달하게 된다.

프랑스는 아리안 5의 제1단에 해면고도의 추력이 114톤인 '벌컨(Vulcain HM60)'을, 일본은 H-IIA/B에 추력 110톤의 LE-7을, 미국은 델타-IV의 CCB(Common Core Booster) 엔진으로 해면추력 300톤의

RS-68 엔진을 사용하고 있다. RS-68은 세계에서 가장 강력한 LH_2/LOX 엔진이다. 스페이스 셔틀 역시 190톤 추력을 가진 LH_2/LOX 엔진 3기를 사용하지만 이륙 시 추력의 대부분은 1224톤 추력을 가진 두 기의 고체로켓 부스터에서 나온다. RS-68은 자체 추력만으로도 기본형 델타-IV를 발사할 수 있으나 발칸이나 LE-7은 그 자체만으로는 아리안 5나 HII-A/B의 기본형조차 이륙시킬 수 없다. 그러나 강력한 부스터 로켓을 장착한다는 가정 아래 비교적 작은 추력(100톤급)을 가진 LH_2/LOX를 주 엔진 또는 제1단 엔진으로 사용하면 아주 효율적인 로켓 시스템을 개발할 수 있다.

2부

액체로켓엔진

제 1 장

액체로켓

1. 액체추진제의 특징

미국과 소련이 처음으로 개발한 ICBM은 모두 액체로켓으로 추진되었다. 그러나 1960년 미국은 고체로켓으로 추진되는 잠수함 발사탄도탄 폴라리스를 배치했고,[1] 1962년도 이후 ICBM을 점차 미니트맨Minueman 계열의 고체로켓으로 대체하기 시작하여[2][3] 1987년 마지막 액체로켓 ICBM '타이탄Titan-II'가 퇴역함으로써 미국의 전략탄도탄은 전량 고체로켓으로 교체되었다. 하지만 소련은 계속해서 액체로켓 ICBM과 SLBM을 개발해왔다. 물론 중간 중간에 이동식 고체로켓 ICBM을 개발하기 위한 산발적인 노력을 계속했지만, 1985년에 도로 이동식 ICBM '토폴(Topol: SS-25)'을 배치하기 전까지는 소련에서 100기 이상의 대량 생산에 들어간 고체로켓 ICBM은 없었다.

소련연방 붕괴 후 러시아는 고체로켓 '토폴Topol-M'으로 모든 액체

1) Graham Spinardi, *From Polaris to Trident* (Cambridge University Press, 1994) p. 58.

2) http://www.fas.org/nuke/guide/usa/icbm/lgm-30_1.htm

3) 정규수, 『ICBM, 악마의 유혹: 미국과 소련의 ICBM 치킨게임』 (지성사, 2012).

로켓 ICBM을 대체하고, 역시 토폴-M 기술을 토대로 한 블라바Bulava로 모든 SLBM을 단일화하여 군수조달 및 훈련과 유지보수의 효율성을 꾀하여 경제적인 전략군으로 변모를 계획했다. 그러나 미국과 러시아 사이의 긴장이 완화되어 새로운 ICBM의 필요성이 낮아졌고, 어려운 경제상황 때문에 새로운 투자도 어려워 아직도 대부분의 ICBM 탄두는 액체로켓에 탑재되어 있다. 그러나 전략탄도탄과는 달리 1957년 이후 지금까지 미국과 소련/러시아는 물론 프랑스, 중국 및 일본 등 주요 우주강국들의 우주발사체 대부분은 액체로켓을 사용하고 있다. 우주발사체와 모든 우주선과 인공위성의 추진기관은 액체로켓이지만, 고체로켓은 짧은 시간 동안 막강한 추진력을 낼 수 있기 때문에 대형 액체로켓 발사체의 이륙을 돕기 위해 부스터 로켓으로 사용하는 것이 거의 정례화되고 있다.

대형 우주발사체나 ICBM의 제1단 또는 상단 엔진으로 사용할 때는 무거운 로켓을 중력에 대항해 가속하여 우주궤도에 진입할 만큼 강력한 로켓엔진이 필요하지만, 우주선의 미세한 경로 조정이나 인공위성의 자세제어 등에서는 추력은 작지만 고속으로 켜고 끄는 것을 반복할 수 있는 '펄스 엔진Pulse Engine'이 필요하다. 액체로켓엔진은 이러한 목적으로 추력이 아래위로 확장되어 가장 강력한 770톤 추력의 RD-170부터 비활성가스를 이용하는 추력 4.5gm의 마이크로 엔진까지 추력비는 무려 1.8×10^8에 이른다.4)

액체로켓엔진을 우주발사체와 우주선의 추진체로 애용하는 이유는 다음과 같이 요약할 수 있다.

- 2원 액체추진제Bipropellant의 비추력은 친환경적인 화학추진제 가운데 단연 으뜸이다.
- 액체엔진은 연소중단과 재점화가 가능하다.

4) George P. Sutton, *History of Liquid Propellant Rocket Engines* (AIAA, Reston, Virginia, U.S.A., 2006) p. 23.

- 작은 엔진의 경우 초고속 펄스Pulse 모드로 작동이 가능하다.
- 액체엔진은 치밀한 사전검사가 가능하고, 필요하다면 비행 전에 지상 연소시험을 통해 성능이 확인된 엔진을 비행용으로 사용할 수도 있다.

1부 제1장에서 설명한 바와 같이 추력 또는 비추력은 연소실 압력 p_0를 높이면 증강된다. 터보펌프로 추진제를 공급하면서부터 연소실 압력을 꾸준히 늘려왔고, 이렇게 함으로써 비추력을 4~8%까지 높이는 데 성공했다. 가스 압력으로 연료가 연소실로 공급되던 1920년대 고다드 시절에는 연소실 압력이 3.5기압에서 7.0기압 정도가 고작이었지만, 1939년 터보펌프로 추진제가 공급되자 압력이 24기압으로 높아졌다. 1950년대에는 연소실 압력이 70기압에 달했고, 미국 엔진 중 연소실 압력이 가장 높은 액체엔진은 스페이스셔틀의 주 엔진 SSME로 연소실 압력은 220.8기압이다. 소련/러시아는 이보다도 높은 225기압에서 275기압 사이에 작동하는 세 종류 이상의 엔진을 운용하고 있다. 연소실 압력이 올라가면 연소실의 치수가 줄어들 뿐만 아니라 노즐 치수도 줄어든다. 따라서 낮은 압력에서 운용되는 같은 길이의 엔진의 노즐보다 상대적으로 훨씬 큰 노즐 확장비 A_e/A_t를 사용할 수 있게 되는 셈이다.

2. 액체연료/액체산화제

조지 서튼George P. Sutton은 『액체로켓엔진의 역사』에서 "액체로켓엔진의 연구가 시작되고 나서 첫 20여 년 동안 무려 1800여 가지의 각종 화학물질을 로켓연료 또는 산화제로 사용할 수 있는지 알기 위해 연구하고 분석했다"고 했다.[5] 2000여 가지 2원-추진제 조합이 연구실 평가를 받았고, 이중 300여 종은 실제로 작은 연소실을 만들어 시험까지 했으며, 40여 가지 서로 다른 연료/산화제 배합이 실제로 비행시험을 통해 그 성능을 평가했다.

로켓 추진제로서 갖춰야 할 물리화학적인 성질과 연소 특성에는 여러 가지 있지만, 그중 몇 가지를 추리면 다음과 같다.

- 원료는 구하기가 쉽고, 값이 저렴하고, 생산이 수월해야 할 것.
- 단위질량당 반응에너지가 크고, 연소가스의 평균 분자량은 작고, 추진제의 밀도가 높을 것.
- 빙점은 낮고, 비등점은 높고, 증기압은 낮을 것.
- 탱크, 파이프, 펌프 및 분무기의 부식을 최소로 해야 하고, 친환경적일 것.
- 아주 짧은 시간 안에 자동점화가 될 것.

이러한 여러 가지 조건을 모두 갖춘 추진제를 찾는 것은 쉽지 않은 일이다. 1935년에서 1945년 사이에 독일 기술자들은 1100여 종의 각종 자동점화 추진제 배합을 연구했고, 1945년 이후 미국과 소련을 비롯해 여러 나라에서 자동점화 추진제 연구를 계속했다. 장기 저장이 가능하면서도 히드라진Hydrazine과 히드라진 유도체인 UDMH나 MMH(Monomethyl hydrazine)보다 성능이 좋은 자동점화 추진제를 찾아 노력했다. 그 결과 불소, 붕소 또는 염소 등을 포함한 연료가 히드라진 유도체에 비해 성능이 훨씬 좋다는 것은 알게 되었지만, 독성이 강하고 환경에 악영향을 미치기 때문에 추진제로 사용하는 것을 포기할 수밖에 없었다.

일반적으로 액체추진제는 별도의 산화제 유무, 자동점화 가능성과 장기 저장 가능성에 따라 구별한다. 2원-추진제는 연료와 산화제가 따로 존재하므로 연소되기 위해서는 분무기를 통해 동시에 연

5) ibid., p. 25.

소실 안으로 뿜어 넣어야 한다. 이렇게 연소실로 분사된 2원-추진제는 연소실 안에서 섞이고 증발하고 점화되어 높은 온도와 압력을 가진 가스를 생산한다. 1원-추진제Mono Propellant는 연소실에서 연소되는 것이 아니라 주로 가스 발생기 안에서 촉매에 의해 고온고압 가스로 분해되는 추진제를 말한다. 과산화수소(H_2O_2)와 히드라진(N_2H_4)이 좋은 예라고 할 수 있다.

자동점화 추진제는 UDMH와 NTO(Nitrogen Tetroxide: 4산화2질소N_2H_4)와 같이 연료와 산화제가 접촉하면 자동으로 점화되는 추진제로서 별도의 점화장치가 필요 없고 몇 번이고 재점화가 가능해 우주공간에서 자세제어나 궤도를 조정하는 로켓엔진에 특히 유용하다.

한편, RP-1과 LOX와 같은 연료와 산화제는 서로 접촉해도 점화가 되지 않기 때문에 별도의 점화장치가 필요하다. 이러한 추진제를 통틀어 비자동점화 추진제Non-hypergolic Propellant라고 한다.

장기 저장 가능성을 기준으로 추진제를 분류하면 추진제를 '극저온 추진제Cryogenic Propellant'와 '저장가능 추진제Storable Propellant'로 나눌 수 있다. 현재 사용하고 있는 극저온 추진제는 액체수소와 액체산소(LH_2/LOX)의 배합이다. 액체수소는 -253°C에서 증발하며, 액체산소는 -183°C에서 증발한다. LH_2/LOX가 연소하고 나면 물 이외는 거의 아무것도 남지 않기 때문에 LH_2/LOX는 환경에 가장 깨끗한 추진제다. 이 외에도 아직까지 비행시험에 사용된 적은 없지만, 장래성이 밝은 저온추진제로 액체메탄과 액체산소(Liquid Methane/LOX)를 꼽을 수 있다. 액체메탄의 비등점은 -162°C로 낮지만, 연소가스는 독성이 없고 친환경적이다.

그동안 수많은 연구 인력과 경비를 투입해왔지만 현재 주로 사용되는 2원-추진제Binary Propellant는 네 가지 정도로 압축된다. RP-1/LOX, UDMH/NTO, LH_2/LOX와 MMH/NTO가 현재 SLV(Space Launch Vehicle)에 주로 사용되는 2원-추진제다. RP-1/LOX와 UDMH/NTO는 SL의

제1단에 주로 사용되지만, UDMH/NTO는 MMH/NTO와 함께 자세제어용 로켓이나 궤도변경용 로켓 추진제로 사용된다. 과거에는 LH_2/LOX는 SLV의 상단 로켓의 추진제로만 주로 사용되었으나, 강력한 SRB나 CCB의 도움을 받아 현재는 제1단 엔진의 추진제로 사용하는 추세에 있다.[6]

이 네 가지 추진제 외에도 우주공간에서 사용하는 자세제어용 로켓에는 히드라진 1원-추진제가 사용되며, 러시아나 중국 또는 북한은 SLV 외에 탄도탄의 부스터 또는 상단 로켓에도 저장 가능한 자동점화 추진제인 UDMH/NTO 또는 이와 유사한 저장 가능한 액체연료를 사용하고 있다.

6) 로켓을 모듈 식으로 설계해 같은 로켓을 코어 로켓으로도 사용하고 필요에 따라 코어에 착탈식으로 덧붙일 수 있는 부스터 로켓으로도 사용하는 병렬식 로켓을 일컬어 CBC 또는 CCB라고 한다. 델타Delta-IV와 앙가라 패밀리Angara Family 로켓이 좋은 예다.

제 2 장

액체로켓의 엔진 사이클

1. 액체로켓엔진 분류 시스템

액체로켓엔진(LPRE: Liquid Propellant Rocket Engine)에서는 연소실과 추진제(연료와 산화제) 탱크가 물리적으로 분리되어 있기 때문에 엔진을 가동하기 위해서는 탱크에서 연료와 산화제를 매초 원하는 양만큼 연소실로 공급해야 한다. 역사적으로는 추진제 탱크와는 별도로 고압가스 탱크를 장착하고 엔진을 가동할 때는 고압가스로 연료 탱크와 산화제 탱크의 압력을 높여 연료와 산화제 탱크 바닥에 마련된 파이프를 통해 추진제를 연소실로 밀어넣는 방법을 사용했다. 연료와 산화제는 파이프와 밸브를 통해 연소실의 연료 분무기와 산화제 분무기로 연소실로 분무되고, 미세하게 부서지고, 혼합되고, 증발한 뒤 연소된다. 이러한 엔진 사이클Engine Cycle을 '고압-급유 사이클(Pressure-Fed Cycle: PF)'이라고 한다.

고압-급유 사이클에서는 고압에 견디는 가스 탱크가 필요하고, 추력을 높이려면 더 많은 가스량과 더 높은 압력의 가스가 필요하기 때문에 고압가스 탱크의 무게가 급격히 늘어난다. 이러한 단점을 보완하기 위해 개발된 추진제 공급방법이 터보펌프로 추진제를 연소실로 공급하는 급유 시스템이다. 펌프 급유 시스템은 다시 펌프의 동력원인 터빈에 고압가스를 공급하는 방법과 터빈을 통과한 배출가스의 처리방법에 따라 '가스-제너레이터 사이클(Gas-Generator Cycle: GG)'과 '다단연소 사이클(Staged Combustion Cycle: SC)'로 나뉜다.

GG 사이클은 가스 발생기 안에서 1원-추진제를 촉매로 분해하거나 아니면 2원-추진제를 연소시켜 터빈에 공급하는 고압가스를 만든다. 가스 발생기에 사용하는 1원-추진제는 별도의 탱크에 저장되며 터빈에서 나온 가스는 외부로 배출된다. 2원-추진제 가스 발생기는 로켓의 주 엔진에서 사용하는 연료와 산화제를 일부 따내서 사용하며, 터빈을 돌리고 나온 배기가스는 외부로 방출하거나 아니면 타지 않고 남은 추진제를 마저 태우기 위해 노즐 하단으로 주입한다. 2원-추진제를 사용하는 가스 발생기는 터빈의 온도가 너무 높아지는 것을 방지하기 위해 미국은 가스 발생기에 산화제에 비해 훨씬 많은 양의 연료를 주입해 온도를 적정 수준으로 유지해왔다. 따라서 터빈을 돌리고 배출되는 가스에는 아직도 많은 양의 연료가 포함되어 있다.

한편, 소련/러시아는 가스 발생기에 공급하는 산화제를 연료보다 훨씬 많이 공급하여 터빈에 들어가는 가스의 온도를 낮추었다. 미국 시스템과 달리 소련/러시아 시스템의 터빈 배출가스에는 산화제가 많이 남아 있다. 미국이 사용하는 GG 추진제는 '과잉연료 추진제Fuel Rich Propellant'라 하고 소련/러시아에서 사용하는 추진제는 '과잉산화제 추진제Oxidizer Rich Propellant'라고 한다. 터빈을 돌리고 난 배출가스를 외부로 방출하는 엔진은 '열린 시스템Open System'이라 하고, 다시 연소실이나 노즐로 주입하면 '닫힌 시스템Closed System'이라고 한다. 열린 시스템은 제작이 간편한 반면 추진제 효율이 떨어지고, 닫힌 시스템은 복잡하지만 효율이 높아진다. 따라서 효율을 중시하는 시스템에서는 닫힌 시스템을 채택하고, 시스템의 간편성과 신뢰도를 중시하는 경우에는 열린 시스템을 사용한다.

SC 사이클의 특징은 일반적인 GG 사이클과는 달리 모든 연료 또는 모든 산화제는 '예비연소기Pre-burner'를 통과하며 부분적으로 연소된다. 미국에서는 주 엔진에 공급되는 모든 연료와 산화제의 일부만 예비연소기로 공급되는 반면, 소련/러시아에서는 모든 산화제와 연료의 일부가 예비연소기로 공급되어 부분적으로 연소된다. 연소열을 흡수한 연료는 모두 고압의 증기로 바뀌어 터빈을 돌리는 데 사용되며 터빈에서 배출되는 연료가스는 전량 연소실로 공급되어 효율적으로 연소된다. 연료가 이미 가스 형태로 연소실로 분사되므로 분무된 액체산화제와 균일한 혼합이 가능하고 기화하는 시간이 필요 없어 연소가 균일하다. 소련에서는 연료 대신 산화제를 전량 예비연소기와 터빈을 통해 연소실로 공급한다. SC 사이클은 닫힌 시스템이다. GG 사이클과 SC 사이클의 차이가 아주 뚜렷하기 때문에 GG와 SC 사이클은 다른 사이클로 취급하는 것이 관례로 되어 있다.

위의 세 가지 사이클 외에 고압가스 탱크도 없고 가스 발생기도 없는 엔진 사이클이 있다. '팽창 사이클Expander Cycle'이라 부르는 엔진은 SC 사이클과 아주 유사하다. SC 사이클에서는 모든 연료(또는 모든 산화제)는 다단연소 사이클의 예비연소기를 통과하면서 부분적으로 연소되고 '중온가스Warm Gas'를 생산한다. 연료가 증발하여 생긴 가스는 터빈을 돌린 뒤 전량 연소실로 투입되어 산화제와 이상적인 비율로 배합하여 연소된다. 팽창 사이클에는 예비연소기가 없는 대신 연소실과 노즐의 냉각 재킷Cooling Jacket이 예비연소기 역할을 대신한다. 이 방법은 액체수소와 액체메탄처럼 끓는점이 낮고 증기압이 높은 연료에만 사용할 수 있다. 연료는 모두 냉각 재킷으로 공급되고, 냉각 재킷을 통과하며 열을 흡수하여 고압의 연료가스로 변한다. 냉각 재킷을 돌고 나온 고압의 연료가스는 터빈으로 공급되어 연료 펌프와 산화제 펌프를 작동시킨 뒤 터빈의 배기가스인 연료증기는 연소실로 들어가 효율적으로 연소한다. 이제부터 이 네 가지 엔진 사이클을 하나하나 더 세밀하게 살펴보도록 하자.

2. 고압-급유 사이클

역사적으로는 압축가스를 이용한 추진제 급유장치가 제일 먼저 사용되었다. 고다드는 압축된 질소가스를 이용해 휘발유와 액체산소를 연소실로 공급하는 액체로켓엔진을 개발했고, 1925년 지상 연소시험까지 성공적으로 마쳤다. 다음해 고다드는 세계 최초로 고압 질소 압력을 이용해 추진제를 공급하는 액체로켓 '넬Nell'의 비행시험에 성공했다. 그날 이후 90여 년 동안 고압가스를 이용하는 추진제 공급 방식이 꾸준히 사용되고 있다. 대부분의 경우는 추력이 작은 우주선이나 인공위성의 자세제어용 또는 궤도수정용인 LPRE에 사용되지만, 지금도 대형 TC를 추진제 펌프와 조립하기 전에 지상시험을 실시하는 방법으로 고압-급유 방식을 사용한다. 거의 모든 LPRE 개발기관에서는 이와 같은 시험평가를 위해 두껍고 무거운 고압의 비활성가스 탱크들을 갖추고 있다.

LPRE의 추력이 증가함에 따라 고압가스 탱크의 무게와 크기가 커져 고압가스 대신 극저온 액체로 저장하는 방법이 고안되었다. 가스를 초고압으로 유지하기 위해 더 두껍고 무거운 가스 탱크를 사용하는 대신 밀도가 훨씬 큰 극저온 액체로 저장하고, 필요할 때 전기히터나 열전도를 이용해 극저온 액체를 조금씩 증발시켜 추진제 탱크를 가압하는 고압가스를 생산하는 방법이다. 이렇게 함으로써 필요한 고압가스를 공급하는 가스 탱크보다 극저온 액체를 사용하는 탱크의 크기와 무게가 훨씬 작아졌다.

고압가스로 추진제 탱크의 압력을 높이는 방식에는 두 가지가 있다. 압력 조절기Pressure Regulator를 설치해 처음부터 끝까지 일정한 압력으로 추진제 탱크를 가압하는 방법이 첫 번째 방식이고, 두 번째 방식은 '블로다운Blowdown' 시스템으로 고압가스는 추진제와 함께 추진제 탱크 안에 저장된다. 블로다운 시스템에는 압력 조절기가 없다. 로켓엔진이 작동하고 추진제가 빠져나감에 따라 추진제 탱크 안의 압력은 지속적으로 떨어지고 이에 따라 연소실 안의 압력도 같이 떨어져 그 결과 추력도 계속 떨어진다. 이 방법은 별도의 고압가스 탱크와 압력 조절기 및 가스 밸브가 없어 시스템이 간단한 반면 비추력은 비교적 낮다.

〈그림 2-1〉은 고압가스 탱크 안에 저장한 압축가스를 이용해 연료와 산화제를 연소실로 공급하는 고압-급유 사이클의 개념도다.

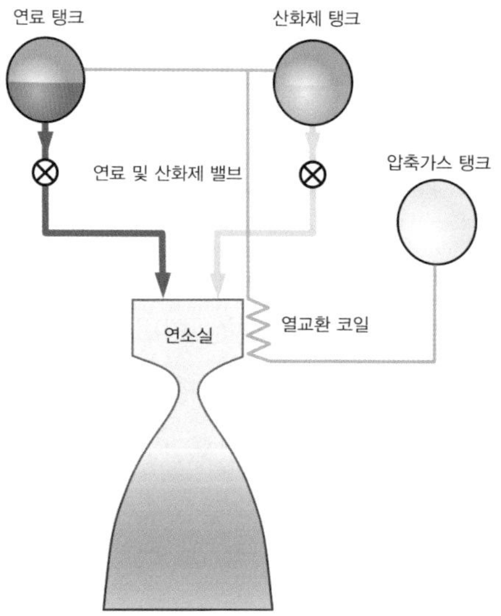

그림 2-1 압축가스에 의한 추진제 공급 시스템인 고압-급유 사이클 (Pressure-Fed Cycle)〔Wikimedia: GNU Free〕

고압의 압축가스 탱크에 저장한 가스가 연소실의 열을 흡수하여 온도가 높아진 뒤 연료 탱크와 산화제 탱크에 직접 압력을 가해 추진제를 주 엔진의 연소실로 공급하는 엔진 사이클이 고압-급유 사이클이다. 추력을 높이기 위해서는 단위시간당 연소실로 공급하는 추진제 양을 늘려야 하고, 추진제 양을 늘리려면 가스 탱크의 용량과 압력을 더 높여야 하므로 고압가스 탱크의 무게가 너무 커져 그 결과 추력이 상대적으로 낮은 수준으로 제한될 수밖에 없다. 그러나 고압-급유 사이클은 추진제 펌프나 터빈이 없는 가장 간단한 시스템이며 움직이는 부품 수가 적어 신뢰도가 높다. 우주선이나 인공위성의 자세제어용이나 궤도조정용 로켓으로 지금도 변함없이 사용되고 있다.

3. 가스-제너레이터 사이클

가스 탱크의 무게 증가를 억제하면서도 추력을 증가하는 방안으로 고안된 것이 고압가스 대신 추진제 펌프를 사용하는 방식이다. 이러한 목적으로 화학반응을 이용해 650℃~900℃ 사이의 펌프 구동용 중온가스Warm Gas를 생산하는 액체연료 가스-제너레이터와 고체연료 가스-제너레이터가 개발되었다. 가스-제너레터에서 생성된 중온가스를 이용해 터빈을 돌리고, 터빈은 연료 및 산화제 펌프를 작동하여 추진제를 연소실 보내는 방법이 가스-제너레이터 사이클Gas-Generator Cycle이다. 물론 액체연료 가스 발생기에 추진제를 공급하기 위해 하나 또는 두 개의 작은 추진제 탱크와 비활성가스 탱크를 추가해야 했지만, 세 개 탱크 무게는 하나의 대용량 고압가스 탱크보다는 훨씬 가볍다. 치올코프스키와 고다드는 추진제를 압축가스 대신 펌프로 공급하면 훨씬 얇은 추진제 탱크를 사용할 수 있으므로 로켓 무게가 가벼워지고, 로켓의 가속 성능이 크게 향상된다는 것을 알고 있었다. 펌프를 사용하면 연료와 산화제 비율을 쉽게 제어할 수 있기 때문에 효율적인 연소도 기대할 수 있었다.

고다드는 피스톤 펌프를 사용하는 실험을 실시했으나 액체산소가 증발하면서 기포를 만들기 때문에 액체산소의 정확한 밀도를 예측할 수가 없었다. 고다드는 결국 추진제 펌프로는 피스톤 펌프가 적합하지 않은 것으로 판단했고, 대신에 '터보펌프(Turbopump: TP)'로 알려진 터빈에 의해 작동되는 '원심펌프Centrifugal Pump'를 추진제 공급 수단으로 사용하기 시작했다. 1939년 미국의 고다드와 독일의 폰 브라운 팀은 독자적으로 터보펌프를 이용한 액체로켓 비행시험에 성공하여 가스-제너레이터 사이클이라 불리는 터보펌프 추진제 공급 시스템을 일반화하는 계기를 마련했다. V2의 가스-제너레이터는 연료로 사용하는 과산화수소와 촉매로 쓰이는 과망간산칼륨(또는 과망간산나트륨)를 저장하는 탱크가 필요했다. 작은 탱크에 따로 저장한 압축가스로 과산화수소와 촉매를 가스-제너레이터에 공급하면 과산화수소는 격렬하게 분해되고, 고온의 수증기를 생산하여 터빈을 구동했으며, 터빈은 알코올 펌프와 액체산소 펌프를 작동하여 V2의 엔진에 추진제를 공급했다.

1원-추진제 히드라진Hydrazine과 이리듐Iridium 촉매도 같은 목적으로 사용하며 과산화수소 시스템보다 높은 I_{sp}를 얻을 수 있었다. 좀 더 강력한 터빈 파워를 얻기 위해서 저장 가능한 자동점화 추진제 UDMH/NTO 또는 MMH/NTO와 같은 2원-추진제도 GG 사이클 추진제로 많이 쓰이고 있다.

그러나 주 엔진의 추진제와 가스 발생기용 추진제를 별도의 탱크에 저장하는 방법으로 하면 시스템이 너무 복잡해지므로 대형 엔진을 제작하기가 곤란하다. 그래서 등장하게 된 방식이 주 엔진과 가스-제너레이터가 같은 추진제를 사용하는 방식이다. 단위시간에 많은 양의 추진제를 주 엔진의 연소실로 보내기 위해서는 강력한 펌프가 필요하고, 강력한 펌프를 돌리려면 강력한 터빈이 필요한데, 강력한 터빈은 많은 양의 추진제를 소모한다.

가스-제너레이터 용으로 별도의 대형 추진제 탱크를 탑재하는 대신 주 엔진이 사용하는 2원-추진제를 일부 뽑아 가스-제너레이터의 추진제로 사용하도록 발전한 형태가 〈그림 2-2〉에서 보여주는 GG 사이클 엔진이다. 연료 펌프와 산화제 펌프는 대부분의 추진제를 연소실로 공급하지만, 추진제의 3~7%는 가스 발생기에 공급한다. 가스 발생기에서 연소된 추진제와 연소되지 않은 연료(또는 산화제)는 고온고압 가스가 되어 터빈을 회전시키고, 터빈은 다시 연료 펌프와 산화제 펌프를 구동하여 연소실에 추진제를 공급하는 일종의 '부트스트랩Bootstrap' 사이클이다.

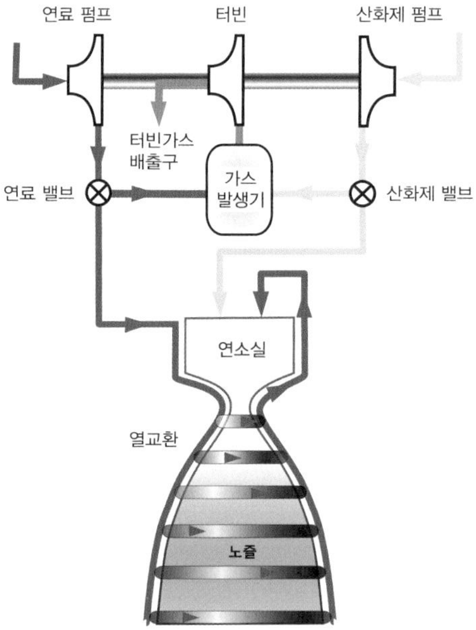

그림 2-2 가스-제너레이터 사이클 〔wikimedia: GNUfree〕

가스-제너레이터에서 생산하는 가스의 온도가 너무 높으면 터빈 날개가 손상될 수 있어 의도적으로 연료와 산화제 중 하나를 훨씬 많이 섞어 가스-제너레이터에 공급함으로써 터빈에 공급되는 가스 온도가 낮아지도록 조절한다. 미국에서는 가스 발생기 연료로 과잉 연료 배합을 쓰지만 소련/러시아는 '과잉산화제Oxidizer-Rich' 배합을 사용하고 있는 것이 특징이라 할 수 있다. 어떤 경우든 산화제 또는 연료가 부족하므로 연소는 추진제 중 일부에서만 일어나고, 생산된 반응열은 남은 연료나 산화제가 흡수하므로 온도가 650~870°C 정도로 유지하는 것이 가능하다. GG가 생산한 터빈의 배기가스에는 연소되지 않은 연료가 가스 상태로 많이 포함되어 있다. 초기에는 터빈 배기가스를 외부로 방출했으나 나중에는 노즐 하단에 다시 주입하여 연소되지 않은 연료를 마저 연소시켜 I_{sp}를 조금이라도 늘리거나 또는 추력 방향 조절용 노즐을 통해 배출하여 로켓비행을 제어하는 데 사용했다.

가스-제너레이터에 주입되는 추진제 양을 늘리면 터빈 속도가 올라가고, 이는 다시 단위시간당 주 엔진의 연소실로 공급되는 추진제 질량($\dot{m}_p$)을 늘려 추력을 증가시킨다.

그러나 가스-제너레이터에 주입되는 추진제 비율이 늘어나면 외부에 그대로 방출되는 추진제 양도 늘어나기 때문에 추진제 낭비가 많아져 I_{sp}가 줄어드는 상황이 벌어질 수도 있다. 하지만 비추력이 다소 감소하여 $v_e(=I_{sp}g)$가 조금 줄어들더라도 추진제 공급량 $\dot{m}_p$를 증가시킴으로써 관계식 (1-8)에 의해 추력 $F(=\dot{m}_p v_e)$을 크게 늘리는 것이 가능하다. 물론 I_{sp}도 키우고 $\dot{m}_p$도 늘리는 것이 이상적이지만, 필요에 따라 I_{sp}를 희생시켜서라도 $\dot{m}_p$를 늘려 추력을 증가해야 하는 상황이 있다. 제1단에 쓰이는 로켓엔진이 그런 경우다.

역사상 가장 유명한 GG 사이클 엔진으로는 V2 로켓엔진, 〈사진

사진 2-1 소련 최초의 ICBM R-7에 사용된 RD-107 엔진은 GG 사이클 엔진이다.

2-1〉의 스푸트니크Sputnik를 발사한 로켓 R-7의 엔진 RD-107 및 달 로켓을 추진한 F-1 엔진을 들 수 있다. 단일 연소실을 가진 엔진으로는 세계 최대의 추력을 가진 F-1이 GG 사이클 엔진이다. 일반적으로 GG 사이클 엔진은 다음에 소개할 다단연소 사이클 SC에 비해 I_{sp}가 5~7% 정도 낮은 것이 보통이다. 그밖에도 아리안 5의 제1단 엔진 벌컨Vulcain과 J-2를 개선한 J-2X 역시 GG 사이클 엔진이다. 생산비가 싸고 신뢰할 수 있는 델타-IV의 GG 사이클 엔진 RS-68은 구식 기술로 만든 최신식 엔진이다.

4. 다단연소 사이클 및 확장 다단연소 사이클

가스-제너레이터 사이클 엔진으로는 만들 수 없는 더욱 효율적인 엔진을 개발하기 위해 가스-제너레이터 사이클을 더 확장하여 주 연소실로 주입되는 연료를 포함해 연료 전량과 소량의 산화제를 예비연소기에서 연소시키는 방법이 고안되었다. 과잉연료 상태로 연소된 비교적 저온의 가스는 단일 터빈을 회전시켜 연료 펌프를 작동시키고, 연료 전량을 노즐과 연소실의 냉각 재킷을 거쳐 예비연소기로 공급한다. 산화제 펌프는 소량의 산화제만 예비연소기에 공급하고 나머지 산화제는 모두 주 연소실의 분무기로 직접 공급한다.

예비연소기에서 일부만 연소된 추진제는 증발하여 고압의 가스로 변환한 뒤 터빈을 가동하지만, 터빈의 가스 배출구를 빠져나온 가스에는 아직도 연소되지 않은 대부분의 연료를 증기 상태로 포함하고 있다. 이러한 연료가스를 제2차 연소실인 주 연소실의 연료 분무기로 공급한다. 미국은 주로 이와 같이 과잉연료를 연소시키는 예비연소기를 사용하는 반면, 소련/러시아는 예비연소기에서 과잉산화제로 배합된 연료를 연소시키는 방법을 사용한다. 터빈을 통해 나온 배기가스에는 연소되지 못한 산화제 대부분을 고온의 가스 상태로 포함하며 산화제 분무기로 공급된다. 이와 같이 확장된 가스-제너레이터 사이클에는 연료만 다단연소시키는 사이클과 산화제만 다단연소시키는 두 가지 다른 사이클이 있지만 원리가 같아 둘 다 다단연소 사이클SC이라고 한다. 과잉연료 사이클 또는 과잉산화제 사이클에서는 연료 또는 산화제 100%가 제2차 연소실에서 효율적으로 연소되고 외부에 버려지는 추진제가 없기 때문에 I_{sp}가 높아 대형 엔진을 제작하는 데 유리하다.

지금까지 설명한 다단연소 사이클은 예비연소기가 1기뿐이다. 이 1기의 예비연소기는 과잉연료로 배합된 추진제를 연소시키든가 아니면 과잉산화제로 배합된 추진제를 연소시킨다. 그러나 주 연소실로 뿜어내는 연료와 산화제 중 하나는 증기 상태이고 다른 하나는 액체 상태로 연소 전에 이상적으로 배합하기 어렵다. 이러한 단점을 보완하기 위해 고안된 파워 사이클이 '확장 다단연소 사이클

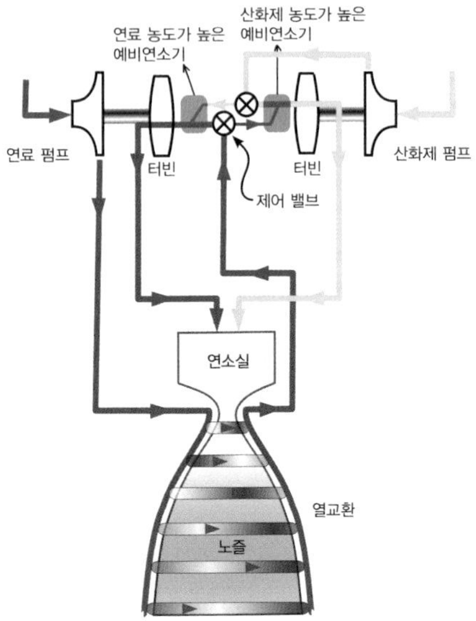

그림 2-3 확장 다단연소 사이클. 그냥 다단연소 사이클은 확장 다단연소 사이클의 두 가지 예비연소기 중 하나를 제거한 경우에 해당한다. 〔wikimedia: GNUfree〕

(Full-Flow Staged Combustion Cycle: FFSC)'이다. 다단연소 사이클이 단 하나의 예비연소기에서 과잉연료 또는 과잉산화제 배합 중 한 가지만 사용할 수 있는 데 비해, 확장 다단연소 사이클은 〈그림 2-3〉에서 보듯이 예비연소기를 과잉연료 사이클용과 과잉산화제 사이클용을 각각 따로 장착한다. 따라서 연료와 산화제 전량이 예비연소기에서 일부만 연소된 후 각각의 터빈을 돌리고 배출되는 중고온의 터빈 배기가스는 주 연소실로 전량 투입되고 연료와 산화제는 최적의 혼합비로 연소된다. 연소실로 뿜어지는 연료와 산화제는 다 같이 중온가스 형태이므로 고루 섞이는 데 문제가 전혀 없다.

확장 다단연소 사이클은 추력이 큰 대형 LPRE 설계에 이용된다. 다단연소 사이클이나 확장 모델의 연소실 압력은 매우 높다. 연소실 압력이 높을수록 같은 추력을 발생하는 엔진의 크기는 작아지고 무게는 가벼워진다. 하지만 이 종류의 엔진은 연소실의 고압 때문에 개발이 까다롭고 생산비가 많이 들어 정말로 강력한 추력을 원할 때만 SC 사이클을 사용하는 것이 유리하다. 소련의 로켓엔진 설계책임자 글루시코가 설계한 RD-270이 바로 확장 다단연소 사이클로 설계된 로켓엔진이다.

RD-270은 미국이 개발한 F-1에 대한 글루시코의 대답이었다. RD-270은 UDMH/NTO를 추진제로 사용했고, 코로레프의 라이벌이었던 블라디미르 첼로메이Vladimir Chelomei가 설계한 달로켓 UR-700의 제1단에 사용하려 했던 엔진이다. RD-270은 소련/러시아에서 개발한 단일 연소실을 가진 로켓으로는 가장 강력한 로켓엔진이며 해면고도 추력이 640톤이고, 고공에서 추력은 684톤이었다. UR-700의 제1단에는 6기의 RD-270을 사용할 예정이었지만 소련이 달로켓으로 코로레프가 설계한 N-1을 채택함에 따라 RD-270 프로젝트는 취소되었다. 소련이 개발한 RD-270 엔진은 FFSC 사이클을 채용함으로써 연소실 압력은 263기압이고, 해면고도 I_{sp}도 301초나 되었다. 같은 시기에 미국이 개발한 F-1 엔진의 연소실 압력 69기압, 해면고도 I_{sp} 265초와 아주 뚜렷하게 대비되는 값이었다. 이러한 차이는 GG 사이클과 FFSC 사이클 차이에서 비롯되었고, FFSC를 사용한 RD-270은 획기적인 엔진이었음을 알 수 있다. 미국에서 처음으로 개발한 SC 엔진은 스페이스 셔틀의 주 엔진SSME인 RS-25이다.

5. 팽창 사이클

팽창 사이클Expander Cycle이라고 하는 파워 사이클은 예비연소기가 없는 다단연소 사이클과 비슷하다. 주 연소실과 노즐의 냉각 재킷에서 열을 흡수한 연료는 증발하여 고압의 가스가 된다. 연료가스는 터빈을 돌리고 주 연소실로 분사되어 산화제와 혼합하면서 연소한다. 이러한 사이클은 연료가 수소나 메탄처럼 비등점이 낮고 증기압이 높은 연료에만 사용이 제한된다. 추진제는 다단연소 사이클 경우와 마찬가지로 외부로 버리는 양이 전혀 없이 전량이 주 연소실 안에서 최적의 혼합비율로 연소된다. 팽창 사이클의 효율은 높지만, 냉각 재킷에서 연료로 전달되는 열량에 따라 터빈의 파워가 결정된다.

〈그림 2-4〉는 팽창 사이클의 개념도다. 연료 탱크에서 연소실로 공급되는 연료는 먼저 노즐과 연소실의 냉각 재킷을 통과하면서 열을 흡수하여 연소실과 노즐을 냉각시킴과 동시에 증발하여 고압의 연료 증기가 되어 터빈을 초고속으로 회전시킨다. 터빈은 연료 펌프와 산화제 펌프를 구동하여 연료는 냉각 재킷으로, 산화제는 연소실로 공급한다.

한편, 터빈을 돌리고 배출되는 가스에는 95~97%의 연료가 가스 상태로 포함되어 있다. 팽창 사이클에서 터빈의 배기가스가 분무기를 통해 연소실로 분사되고 산화제와 혼합되어 연소된다. 예비연소

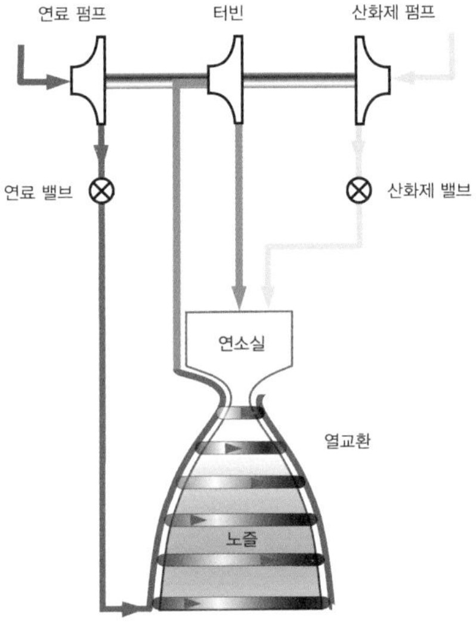

그림 2-4 팽창 사이클의 개념도 〔Wikimedia: GNUfree〕

기도 가스-제너레이터도 없기 때문에 엔진 구조가 아주 간단하다.

냉각 재킷의 내벽은 연소실에서 전달하는 열에 직접 노출되어 온도가 높고, 연료의 증발은 재킷의 연소실 쪽 내벽부터 격렬하게 일어난다. 한꺼번에 너무 많은 기포가 벽면을 둘러싸면 연소실의 열이 재킷 내의 연료로 원활히 전달되지 못해 증발되는 연료량이 제한되고, 터빈 파워가 스스로 줄어든다. 팽창 사이클 엔진의 추력은 대략 10~20톤 사이지만 I_{sp}는 430~463초 사이에 있다. 액체수소를 연료로 사용한 팽창 사이클 엔진은 냉각 재킷에서 증발된 수소 가스의 온도가 보통 실온 근방이기 때문에 터빈에 전혀 손상을 주지 않아 여러 번 재사용도 가능하다. 팽창 사이클 엔진은 추력의 한도가 높지 않고 엔진파워가 올라가면 터빈 파워가 떨어져 엔진파워를 제한하는 일종의 '자동제어' 시스템을 형성하므로 이러한 엔진은 태생적으로 안전하다. 미국의 RL10와 RL10B2와 유럽우주개발기구(European Space Agency: ESA)에서 개발한 LH_2/LOX 엔진 빈치(VINCI)는 팽창 사이클을 사용한다. 〈사진 2-2〉는 미국 프라트 휘트니Pratt & Whitney 사의 RL10B2 1기로 추진하는 델타Delta III와 델타Delta IV 로켓의 제2단 DCSS(Delta Cryogenic Second Stage)이다.

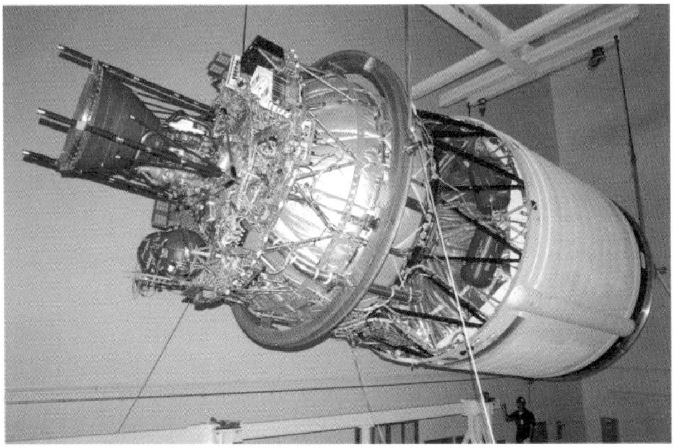

사진 2-2 팽창 사이클 엔진 빈치VINCI와 RL 10

제 3 장

액체로켓의 추진실

1. TC의 내부 구조

추진실(Thrust chamber: TC)은 액체로켓엔진의 가장 중요한 부분으로 분무기, 연소실, 초음속 노즐 및 냉각 시스템의 4개 요소로 구성된다. 분무기는 연소실로 공급되는 추진제 양을 통제하고, 추진제를 연소실 안으로 뿜어 넣으며, 연료와 산화제를 안개 형태의 작은 물방울로 분쇄하고, 연소실 단면에 고르게 분포시켜 연소가 균일하게 일어나도록 하는 부품이다. 연소실은 그 내부에서 연소가 일어나며, 여러 가지 화학반응이 연쇄적으로 일어나 고온고압의 가스를 생산하는 용기를 말한다. 초음속 노즐은 연소실에서 생성된 고온고압 가스를 한 방향으로 가속시켜 고온고압의 연소가스 속에 포함된 엔탈피를 한 방향으로 움직이는 가스 흐름의 운동에너지로 바꾸는 역할을 하는 TC의 중요한 요소다.

연소실의 연소가스 온도는 2원-추진제와 고체추진제의 경우 2500~4000K, 액체 1원-추진제 경우는 850~1000K 사이에 있다.[7)]

노즐을 통과하는 가스의 온도는 연소실 온도에서 시작해 상당히 낮은 온도까지 내려간다. 어떠한 물질도 4000K가 되기 전에 모두 녹거나 증발되어 구조물의 역할을 할 수가 없다. 따라서 연소실이나 노즐이 파괴되지 않도록 연소실 내피와 노즐 내피를 냉각시켜주는 냉각 시스템Cooling System은 연소실의 필수적인 구성요소다. 이 네 가지 TC의 구성요소 중 어느 하나가 제 기능을 못해도 TC는 기능을 상실한다. TC는 이 네 가지 구성요소 외에 엔진의 추진력을 안전하게 로켓의 몸체로 전달하는 TC의 설치구조물(TC Mounting 또는 Thrust Frame)이 필요하다.

새턴-V의 제1단 엔진은 다섯 개의 F-1 엔진 클러스터로 구성된다. 〈사진 2-3〉은 F-1 엔진을 보여주는 것으로 터보펌프, 연소실, 노즐, 터빈 배기관의 외양이 잘 나타나 있다. 〈사진 2-3〉이 F-1 엔진의 겉모습을 보여주는 데 비해 〈사진 2-4〉는 F-1 TC의 내부 구조를 보여준다. 노즐을 통해 올려다보는 TC 내부 사진에서 우리는 여러 가지 연소실의 구조를 엿볼 수 있다.

〈사진 2-4〉의 오른쪽 하단에는 13개 구획으로 나누어진 분무기 플레이트의 일부가 보인다. 분무기 플레이트의 가장자리는 원주형 연소실 내벽에 부착한 178개의 냉각 파이프 다발과 수직으로 만난다. 냉각 파이프는 연소실에서 사진의 왼쪽 상단에 보이는 확장 노즐 경계까지 연료가 내려오는 파이프 세트와 확장 노즐의 경계에서 분무기까지 연료를 되돌려 보내는 파이프 세트로 구성되어 있다. 연소실을 구성하는 원주의 반경은 노즐 시작 부분부터 줄어들기 시작해 노즐 목에서 최소가 되고 노즐 목을 지나면서 노즐의 반경이 다시 늘어난다. 노즐 목 근처에서는 냉각 파이프의 반경도 줄어들

---

7) DB/AP/Al이나 DB/AP/HMX/Al 같은 고체추진제의 연소온도는 3880~4000K까지 올라가지만 복합추진제는 대략 3440K를 웃돈다. LOX와 보통의 액체연료를 사용할 때 연소실 온도는 3000~3700K이지만, 불소와 히드라진을 사용하면 4700K까지 올라간다: Sutton의 Rocket Propulsion Elements p. 188, p. 479; K는 절대온도 기호로, 절대온도 0도는 섭씨 -273.15도이다.

사진 2-3 F-1 엔진.
〔KSC: GNUfree〕

사진 2-4 F-1 TC를 노즐을 통해 들여다본 모습. 확장 노즐, 노즐, 노즐 목, 연소실 및 분무기 플레이트가 모두 보인다. 〔By the courtesy of Mike Jetzer/heroicrelics.org〕

어 냉각 파이프로 이루어진 연소실 내벽과 노즐 내벽은 파이프가 겹치거나 틈이 생기지 않으며 노즐 목에서 좁아진 파이프는 냉매의 속도를 빠르게 하여 노즐 목의 열을 많이 흡수한다. 〈사진 2-4〉의 오른쪽에서 왼쪽으로 가면서 냉각 파이프가 두 개로 갈라지는 것을 볼 수 있다. 연소실에서 178개의 주 파이프로 시작하여 노즐 목을 지나 노즐 중간쯤부터는 각 파이프가 2개로 가지치기를 하여 모두 356개의 파이프로 바뀐다. F-1의 냉각 재킷의 파이프는 연소실 맨 위에서 시작해 노즐과 확장 노즐 경계까지 내려왔다가 파이프를 통해 다시 위로 올라가 분무기의 '다기관(多岐管, Manifold)'으로 들어간다. 〈사진 2-4〉의 왼쪽 상단에서 보듯이 확장 노즐 경계에서 냉각 파이프가 끝나고, 확장 노즐 경계 둘레에 터빈 배기관에 연결된 가스 분출공이 배치되어 있다. 분출공에서 배출되는 잉여 연료가 포함된 저온의 터빈 가스는 여전히 고온인 연소가스의 높은 열에서 확장 노즐을 보호하는 역할을 한다.

2. 분무기 플레이트

연소실 맨 위쪽에는 연료와 액체산소를 연소실로 뿜어주는 분무구들을 묶어놓은 분무기 플레이트Injector Plate가 설치되어 있다. 〈사진 1-2〉에서 보았듯이 F-1 엔진의 분무기 플레이트는 배플에 의해 13개 구획으로 나눠져 있는데 이와 같은 배플 사용은 F-1에 한정되지 않는다. 추력이 93톤인 새턴 I의 엔진 H-1과 소어Thor 및 아틀라스 부스터 엔진의 분무기 플레이트는 배플에 의해 5개 구획으로 나눠져 있다.

F-1 엔진을 개발하는 과정에서 부딪치는 '불안정 연소Combustion Instability' 문제를 해결하는 방법으로 지상 연소시험이 헤아릴 수 없

이 실시되었으며, 온갖 시행착오를 거쳐 〈사진 1-2〉와 같은 분무기 플레이트가 채택되었다. 〈사진 2-5〉는 F-1 분무기 플레이트에 분포한 추진제 분무공과 배플의 입체적인 구조 및 배플의 냉각용 분무공을 보여준다. 분무공 중에서 큰 것이 연료 분무공이고 작은 것은 액체산소 분무공이다. 분무공은, 연료는 연료와 산소는 산소와 부딪치도록 비스듬히 뚫려 있는 것을 볼 수 있다. 〈사진 2-5〉에서 보이는 하얀 일자一字 나사못 같은 부분은 '트리에칠보레인Triethylborane' 85%와 '트리에칠알루미늄Triethylaluminum' 15%로 이루어진 점화기 연료의 분무공이다. 점화기 연료는 산소를 만나면 즉각 자동 점화되고, 그 결과 안개같이 부서진 RP-1과 액체산소가 점화된다. F-1의 13개 배플 영역에서 가운데 원형 배플 영역에는 점화기 연료 분무공이 1개 있는 반면, 나머지 12개의 배플 영역에는 점화기 연료 분무공 2개가 분포되어 있다.

불안정 연소는 압력의 급격한 상승을 일으키고 이러한 압력의 급

사진 2-5 F-1의 분무기 플레이트와 배플의 구조.
〔By the courtesy of Mike Jetzer/ heroicrelics.org〕

격한 변화는 심한 진동으로 이어진다. 액체로켓의 분무기와 구조물에서 비롯된 진동이 때로는 300g을 넘는 것으로 측정되었고, 이러한 진동은 TC를 순간적으로 파괴할 수 있다.[8] 불안정 연소는 압력뿐만 아니라 연소실 벽의 온도를 순간적으로 높여 '열점Hot Spot'을 만들어 연소실에 구멍을 내는 '번스루Burn Through' 현상도 일으킨다. 이러한 불안정 연소 현상은 강력한 추력을 가진 엔진 개발과정에서 언제나 맞닥뜨리는 심각한 문제다. 1950년대와 1960년대에는 이러한 불안정 연소를 이해하고 문제를 해결하기 위해 갖가지 방법으로 연구를 추진했지만, 정작 문제를 해결하는 방법은 시행착오를 거쳐 찾아낼 수밖에 없었다. 불안정 연소 문제를 제거하려면 동일한 엔진을 여러 세트 만들어 지상 연소시험을 하는 방법이 유일하다. 아주 작은 폭약을 터뜨리든가 하여 인위적으로 압력 펄스를 일으킨 뒤 연소에 미치는 영향을 분석하고, 다시 정상적인 연소로 돌아오는 데 걸리는 시간을 측정한다. 이러한 과정을 통해서 분무기 플레이트에 배플을 적절히 설치하면 가장 파괴적인 '고주파 음향공명Acoustic Resonance'을 막을 수 있다는 것을 알아냈다.

분무기 플레이트에는 연료 분무구Fuel Injector Orifice와 산화제 분무구Oxidizer Injector Orifice가 수백에서 수천 개씩 박혀 있다. 분무기는 매초 연소실로 투입되는 추진제 양을 계량하고, 액체를 안개처럼 곱게 부수고, 연료와 산화제를 고루 섞어서 연소가 고르고 안정되게 일어나도록 해주는 역할을 하므로 이런 면에서는 내연기관의 카뷰레터와 비슷하다. 분무기 플레이트 표면의 추진제 분무구의 크기와 개수는 내부의 '추진제 다기관'에 따라 좌우된다. 추진제 다기관이 크면 분무속도가 작아도 되고 연소실 단면에 걸쳐 고르게 분포하도록 하는 것이 수월하지만, 다기관이 작으면 고속으로 추진제를 분무해야 하므로 같은 분무구라도 위치에 따라 분무속도가 달라질 수

8) 무게가 300배로 늘어난다는 의미다.

도 있어 연소가 고르지 않다.

분무구는 다음의 네 가지 중 한 가지가 주로 사용되고 있다. 물줄기가 다른 물줄기와 충돌하는 분무구 타입, 충돌하지 않는 샤워꼭지 타입, '스프레이 타입Spray Type'과 수소가스와 액체산소를 섞는데 주로 사용하는 동축공동 분무기Coaxial Hollow Post Injector가 있다. 충돌하는 물줄기 타입에서는 연료와 연료 또는 산화제와 산화제가 충돌하는 방법과 연료와 산화제가 충돌하는 방법이 있다. '물줄기' 두 줄이 부딪치면 물줄기는 작은 물방울로 부서지면서 표면적이 급격히 늘어나 액체가 쉽게 기화된다. 연료와 산화제 분무구 수가 거의 같고 같은 부피의 액체를 뿜어내는 경우는 산화제와 연료 분무기 물줄기가 서로 부딪치도록 설계하는 것이 유리하다.

샤워꼭지 타입 분무기 설계는 역사적인 의미만 있을 뿐이다. V-2에서 사용했지만, 연료와 산화제가 와류와 확산에만 의존해서 섞이려면 연소실이 커야 하기 때문에 더 이상 이 방법을 사용하지 않는다. 스프레이 타입의 분무기는 여러 형태의 변형이 있다. 움직이는 '핀틀Pintle'을 이용해 추진제 양을 조절할 수도 있고, 연료와 산화제가 스프레이 타입 분무기에 주입될 때 '탄젠셜tangential' 소용돌이를 만들어줌으로써 좀 더 잘 섞이는 스프레이를 얻는 방법도 쓴다. 〈사진 2-6〉은 NASA에서 행한 분무기 테스트 장면이다. 물을 이용해서 샤워꼭지 타입(오른쪽)과 서로 물줄기가 부딪치는 타입(왼쪽)의 분무기를 통해 분사된 물줄기를 검사하는 시험이었다.

1972년도까지 분무기 플레이트 설계에서 미국이 지켜왔던 지침 가운데 하나는 어떤 경우에도 땜질을 하거나 용접을 하지 않고, 연료 다기관과 산화제 다기관이 중간에서 연결될 가능성을 철저히 차단하는 것이었다. 그러나 소련은 누출만 없으면 상관없다고 생각하는 것 같다.

분무기 플레이트 설계에서는 짧은 거리에서도 골고루 추진제가

사진 2-6 1958년 NASA에서 실시한 물을 이용한 분무기 테스트 〔NASA〕

잘 섞이고 연소실 단면에 골고루 분포되게 하는 것이 중요하다. 두 개 이상의 흐름이 부딪혀 안개처럼 부서지며 섞이는 동축공동 분무기에 관해 더 살펴보도록 하자.

동축공동 분무기 타입의 분무기는 액체수소를 투입하는 분무기 튜브가 있고 그 안에 액체산소를 주입하는 또 다른 튜브가 들어 있다. 주변에서 열을 흡수한 액체수소는 곧 기화되어 가스 상태로 흐르고 분무기 안에서 속도는 330m/s 내외가 보통이다. 그러나 액체산소의 속도는 수소가스의 10분의 1 정도인 33m/s 내외밖에는 되지 않는다. 따라서 액체산소가 분무기를 빠져나가기 전에 수소가스를 만나면 속도 차이에서 오는 전단응력Shear Stress을 받아 작은 방울로 부서진다. 분무기 플레이트에는 이러한 동축공동 분무기가 분포된다. 하지만 이러한 분무기는 LH_2/LOX와 같은 증기압이 크고 비등점이 아주 낮은 액체수소나 액체메탄인 경우에만 효율적으로 사용할 수 있다.

제4장

냉각 시스템

현대식 로켓엔진의 연구를 시작하면서 로켓 기술자들을 괴롭혔던 문제가 바로 연소실이나 노즐 벽면의 '번스루'였다. 1원-추진제 연소가스의 최고온도는 800~1200K이지만, 고체 또는 2원-추진제의 연소가스 온도는 최대 2500~4000K 사이로, 연소실이나 노즐 목을 제작하는 데 사용하는 소재의 융점보다도 훨씬 높다. 따라서 연소실과 노즐 벽면이 녹거나 타서 뚫리는 번스루와 엔진 자체가 녹아내리는 현상이 자주 발생했다. 이러한 문제를 해결하기 위해 여러 가지 TC 냉각방법이 개발되었고, 국부적인 온도 상승을 막고, 불안정 연소 요인을 제거하기 위해 꾸준히 노력해왔다. 1930년대 후반부터 지금까지 개발하여 성공적으로 사용하고 있는 TC 냉각방법은 크게 네 가지로 분류할 수 있다.

- 필름냉각Film Cooling
- 복열냉각Regenerative Cooling
- 융제냉각Ablative Cooling
- 복사냉각Radiative Cooling

고다드는 연료 한 줄기와 산화제 한 줄기를 연소실로 뿜어내도록 설계한 추진제 분무기의 가장자리에 여러 개의 연료 분무구를 뚫어 저속으로 연료를 뿜어넣어 증발시킴으로써 연소실의 높은 열로부터 연소실 벽을 보호하는 데 성공했다. 그는 25~50%의 연료를 필름냉각에 사용하여 엔진 번스루는 막을 수 있었지만, 고다드의 필름냉각 방법은 비추력의 손실이 8~25%가 되었을 것으로 추정한다.9)

1960년대에 필름냉각 방식은 더욱 정교해졌고, 필름냉각에 소모되는 연료량도 3% 이내로 줄어들었다. 연소실과 노즐 면에 가까이 달라붙어 흐르는 저온의 연료증기 경계층을 만들 수 있게 되어 필름냉각의 효율이 대폭 향상된 것이다. 프랑스는 필름냉각만을 이용하여 바이킹Viking 시리즈 엔진을 개발, 144기의 아리안(Ariane 1, 2, 3, 4) 시리즈 우주발사체를 쏘아올렸고, 이 가운데 두 기만 실패했을 뿐이다. 아리안 4의 제1단은 해면고도 추력이 69.14톤인 바이킹-5C 4기로 추진되었다. 바이킹 엔진의 연소실은 내열합금으로 만든 단 한 겹의 연소실 벽과 복합소재로 만든 '노즐 목 삽입체Nozzle Throat Insert'로 설계되었다. 바이킹 엔진은 1970년대 개발된 후 계속 개조되어 아리안 4에도 사용되었지만, 아리안 4가 아리안 5로 대체되고 엔진도 벌컨Vulcain 엔진으로 바뀌면서 바이킹 시리즈는 막을 내렸다.

한편, 1930년대 말부터 폰 브라운 팀은 V-2의 복열냉각 시스템을 보완하는 수단으로 필름냉각을 사용했고, 이러한 보조수단으로서 필름냉각 시스템의 역할은 V-2에 그치지 않고 RD-170처럼 초대형 엔진이나 소유즈 로켓Soyuz Rocket 또는 몰니야 로켓Molnya Rocket의 상단에 사용한 RD-0110에도 사용되고 있다. 미국에서는 레드스톤 TC에 보조냉각 시스템으로 사용하기 시작했으며 대략 연료의 3% 정도를 분무기 플레이트 가장자리에 있는 여러 개의 분무구를 통해

---

9) George P. Sutton, *History of Liquid Propellant Rocket Engines* (AIAA, Reston, Virginia, U.S.A., 2006) p. 75.

투입했다.

'증발냉각Transpiration Cooling' 시스템은 필름냉각 시스템의 변형으로, 액체연료를 다공성 소재로 만든 연소실 벽이나 노즐 목의 벽을 통해 연소실로 스며들게 한다. 스며든 연료는 뜨거운 연소가스를 만나 열을 흡수하고 증발함으로써 냉각가스와 연소실 벽 사이에 열평형 상태를 유지하여 연소실의 내벽과 노즐 목을 보호하는 냉각 시스템이다. 냉각용으로 스며든 연료는 증발된 후 필름냉각 때와 같이 저온 가스층을 형성하고, 열을 흡수한 저온 가스층은 고온의 연소가스와 함께 노즐로 빠져나간다. 저온의 가스층은 계속해서 스며드는 연료가 증발하여 생기는 새로운 가스에 의해 계속 유지된다. 비록 효율성이 높지만, 다공성 소재의 기계적 스트레스에 약한 특성 때문에 실제로 적용되지는 못하고 있다.

역사적으로 복열냉각 시스템은 필름냉각 시스템에 이어 두 번째로 로켓엔진 냉각에 이용된 시스템이다. 복열냉각이란 단어는 스팀파워로 작동하는 증기터빈의 효율을 높이기 위해 사용했던 방법을 로켓엔진에서 그대로 차용한 것에서 유래한다. 연소실과 노즐의 냉각 재킷을 지나는 연료가 연소실과 노즐의 내벽을 통해 전달하는 열을 흡수하여 TC를 냉각하고, 온도가 올라간 연료는 분무기를 통해 연소실로 분무되어 산화제와 섞인 뒤 연소된다. 물론 추진제의 연소반응으로 발생하는 열과, 연소실과 노즐에서 흡수한 열을 함께 연소실에 방출하므로 비추력도 약간은 높아진다. 다시 말해, 냉각 재킷에서 흡수한 열은 낭비되지 않고 다시 연소실에서 사용된다. 이러한 이유로 복열냉각이란 이름을 얻게 된 것이다. 그러나 열의 재사용 효과가 가스 배출속도 v_e에 미치는 영향은 0.1~1.5%를 넘지 않는 것으로 알려졌다.[10]

---

10) George P. Sutton and Oscar Biblarz, *Rocket Propulsion Elements* (John Wiley & Sons, Inc., New York, New York, 2001) p. 288.

1935~37년경을 전후해 소련과 독일은 진정한 의미의 복열냉각 시스템을 사용하기 시작했다. 초기의 냉각 재킷은 강철로 만든 2중 벽면으로 연소실과 노즐을 제작하고 그 사이의 빈 공간에 냉매로 사용하는 연료를 통과시킨 뒤 분무기로 분사했다. 당시 독일과 소련은 이러한 복열냉각 방법을 비밀로 분류했기 때문에 다른 국가에서는 이러한 사실을 전혀 몰랐다. 1940년대에 들어오면서 여러 나라의 로켓 기술자들이 열전달에 관한 분석을 실시했다. 이러한 연구 결과 열전달이 가장 심한 TC 부위는 노즐 목 부분이고, 다음으로 심한 부분이 노즐의 단면이 줄어드는 노즐의 수렴부와 연소실이라는 것을 알게 되었다. 따라서 노즐 목을 지나는 냉각 재킷 냉매 도관의 단면적을 줄임으로써 이곳을 지나는 냉매의 속도를 높일 필요가 있음을 알게 되었다. 냉각 재킷을 흐르는 연료가 충분한 열을 흡수해야만 연소실과 노즐의 온도를 충분히 낮게 유지할 수 있고, 고압의 연소가스와 연료 파이프의 압력을 견디고 열 스트레스를 감당할 수 있다.

복열냉각 재킷을 제작하는 방법은 〈그림 2-5〉의 (a)에서 보는 둥근 모양의 튜브 (b)의 사각 모양의 튜브, (c)의 네모나게 깎아 만든 채널 및 (d)에서 보는 물결 모양의 채널 등 다양한 방법으로 냉각 재킷을 제작할 수 있다. 이러한 다양한 방법은 단순히 냉각 재킷을 여러 가지로 제작해도 된다는 뜻이 아니라 열전도의 효율성, 열적 스트레스에 대한 내구성, 제작의 난이도 및 경제성 등과도 밀접하게 연결된 문제라는 뜻이다.

연소실과 노즐 목의 내벽 두께가 얇을수록 벽면의 온도가 내려간다는 것을 알게 되었고, 이에 착안하여 튜브로 만든 냉각 재킷 개념을 도입했다. 1940년대 말경 RMI(Reaction Motors Inc.), 에어로제트 제너럴Aerojet General 및 로켓다인Rocketdyne에서 거의 동시에 납작하게 누른 튜브 또는 다른 모양으로 가공된 튜브 다발을 묶어서 냉각 재

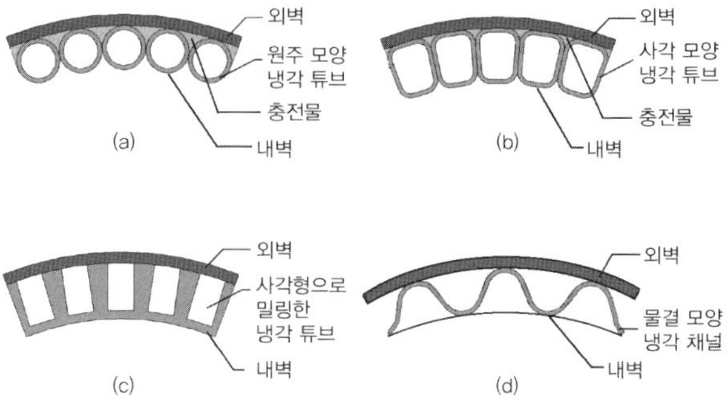

그림 2-5 TC의 냉각 재킷의 갖가지 모양

킷으로 사용하는 방안을 제시했다. 로켓다인은 대형 TC의 냉각 재킷을 얇은 스테인리스 튜브 다발을 용접Brazing하여 제작했고, 그 후 튜브-냉각 재킷의 사용이 보편화되었다. 로켓다인은 54.55톤급의 나바호 미사일의 부스터 엔진에 튜브로 만든 냉각 재킷을 적용했으며 1956년 처음으로 비행시험에 성공했다. 냉매가 튜브 재킷을 통해 흐르는 방법은 노즐 중간에서 냉각 튜브 재킷에 유입된 연료가 모두 한 방향으로 흘러Unidirectional Flow 분무기를 통해 연소실로 분출되는 방법과 튜브 하나 건너 하나씩 서로 다른 방향으로 흐르는 방법이 있다. 그러나 한 방향으로 흐르면 흐름의 속도가 빨라져 냉각 연료가 흡수하는 열량이 늘기 때문에 노즐의 수렴부나 노즐 목과 연소실 같은 부위에는 냉매가 한 방향으로 흐르게 설계한다.

파이프 다발로 구성된 연소실과 노즐 부분은 외피 또는 금속 밴드로 보강하여 연소가스 압력과 파이프 내의 냉각용 연료의 압력을 견딜 수 있게 만든다. 튜브 형 냉각 재킷에는 내벽이 따로 없어 무게를 많이 줄일 수 있고 열전도도 좋아 얇은 파이프 자체가 내피 역할을 하므로 내피에 걸리는 열적 스트레스도 작다. 파이프 재질로는 연성이 있는 스테인리스, 구리 합금, 티타늄, 니켈 및 알루미늄 합금 등이 사용되지만, 니켈 합금으로 제작한 튜브가 연성이 좋고 열전도도 좋다. 그러나 유황과 같은 불순물이 연료나 땜질 필러에 포함되면 니켈은 부식이 잘되는 단점이 있다.

튜브-냉각 재킷은 미국의 RL-10, 소어 엔진Thor Engine, 아틀라스 ICBM 엔진, 새턴 V의 F-1, 타이탄 시리즈 등 각종 주요 로켓 TC에 사용되었다. 프랑스의 아리안 시리즈, 일본의 N-시리즈 및 H-시리즈 엔진들도 모두 튜브-냉각 재킷을 사용하고 있다. 그러나 소련/러시아는 연소실에서 노즐 목까지 점점 가늘어지다가 다시 굵어지는 튜브 형 재킷을 사용하지 않고, 열전도성이 좋은 얇은 내벽과 비교적 튼튼한 외벽 사이에 물결 모양의 '주름 잡힌 금속판Corrugated Sheet Metal'을 설치한 냉각 재킷을 사용한다. 3중벽은 땜질로 고정된다. 내벽과 냉매 도관은 구리 합금이나 놋쇠로 만드는 반면 외벽은 스테인리스 철판으로 만든다. 이러한 냉매 도관을 'ICCC(Intermediate Corrugated Cooling Channel)'라고 하며 〈그림 2-5〉의 (d)와 같은 모양이다. ICCC는 소련/러시아의 대형 및 중형 TC에 성공적으로 적용되었으며 동급의 튜브 형 냉각 재킷에 비해 가벼운 편이다.

복열냉각으로 냉각되는 연소실과 노즐을 설계할 때 가장 중요한 파라미터는 내벽으로 사용할 소재의 열전도율, 고온에서 소재의 강도, 연소실의 최고 온도 및 냉매 도관의 치수(길이, 깊이, 폭) 등이다. 열전도율이 높다는 것은 주어진 '열류Heat Flux'에 대해 벽의 온도를 낮게 유지할 수 있다는 뜻이고, 고온에서 강도를 유지한다는 것은 내벽의 두께를 얇게 해도 된다는 뜻이므로 TC의 내벽과 외벽 사이의 온도 구배(句配)가 작아 내벽의 온도는 더욱 낮아진다는 의미다.

열류가 아주 높은 TC에 사용할 수 있는 복열냉각 시스템으로 개발한 것이 선반으로 가공한 냉매 도관에 외피를 입힌 'MCJ(Milled Channel Jacket)' 냉각 시스템이다. MCJ는 열전도성이 좋은 구리나 구리 합금으로 만든 판을 연소실과 노즐 모양으로 성형한 후, 연소실과 노즐 및 노즐 목에 따라 단면적이 다르게 선반으로 TC의 축 방향을 따라 직사각형 모양의 홈을 판 후 외피를 땜질하여 냉매 도관을 완성한다. 소련/러시아에서는 주로 땜질 방법을 사용하는 데 비해 미국에서는 전기주조 방식을 주로 사용한다. 이러한 설계는 튜브 형보다 훨씬 높은 연소실 압력과 온도에서도 연소실과 노즐 목을 보호할 수 있다. MCJ 방식에서는 내벽의 두께를 아주 얇게 할 수 있으므로 어떠한 형태의 복열냉각 시스템보다도 열을 많이 흡수할 수 있고, 내벽의 온도를 낮게 유지할 수 있다. 소련/러시아에서는 MCJ 방법을 노즐 목 부분에만 사용하고 연소실이나 나머지 노즐 부분에 대해서는 물결 모양 냉각 재킷 방식을 사용했다.

미국 우주왕복선Space Shuttle의 주 엔진SSME은 MCJ를 냉각 재킷으로 사용했다. SSME의 연소실 압력은 204기압, 온도는 3573K로 매우 높을 뿐만 아니라 이러한 열악한 환경에서 한 번에 520초 이상을 작동해야 하며 여러 번에 걸쳐 재사용이 가능해야 했다. MCJ는 이러한 요구 성능을 충족해주었다. 소련은 MCJ와 물결 모양 냉각 재킷 방식을 RD-107, RD-0110 및 RD-170에 성공적으로 적용했다.

아주 작은 스러스터Thruster 경우에는 발생하는 열을 복열냉각 방식으로 처리하기에는 너무 많은 양이 TC 내벽으로 유입된다. 열량을 흡수하는 능력은 연소실과 노즐 내벽을 따라 흐르는 냉매의 부피에 비례하지만, 열량이 내벽으로 유입되는 양은 내벽의 표면적에 비례한다. 따라서 스러스터의 치수가 작아질수록 면적 대 부피의 비는 커지고 상대적으로 처리해야 할 열량은 많아지지만 냉매의 부피가 작아져 처리능력이 떨어진다. 더구나 냉매에 너무 많은 열량이 유입되면 증발이 지나치게 일어나고, 내벽에 인접한 증기는 열전달을 차단하기 때문에 연소실의 온도가 급격히 높아져 TC가 녹아내리거나 번스루가 일어나게 된다. 더구나 아주 작은 스러스터들은 펄스 모드로 운용하기 때문에 펄스와 펄스 사이에 냉매로 쓰이는 연료가 순간순간 정지한 상태에서 열을 지나치게 흡수한 냉매는 격렬하게 증발하여 스러스터가 파괴될 수 있다. 엔진이 꺼져 있는 동안은 연료 공급이 차단되므로 냉매가 움직이지 않기 때문이다. 이런 이유로 작은 스러스터에서는 복열냉각 방법을 사용하지 않는다.

아주 작은 스러스터나 고체로켓과 같이 액체냉매를 사용할 수 없는 경우에 사용하기 위해 고안된 냉각 시스템이 바로 '융제냉각 시스템Ablative Cooling System'과 '복사냉각 시스템Radiative Cooling System'이다. 사실 융제냉각 시스템은 엄밀한 의미에서는 냉각 시스템이라기보다는 '열 차폐 시스템(Thermal Protection System: TPS)'이라고 해야 할 것 같다. 융제냉각 시스템에서는 연소가스와 직접 접촉하는 연소실과 노즐의 수렴부와 노즐 목의 내벽이 표면부터 녹고, 증발하고, 화학반응이 일어나도록 유도하여 열이 내벽의 내부로 침투하는 것을 지연시키는 개념이다. 물질이 표면부터 녹거나 증발하게 되면 표면의 온도는 녹는 온도 또는 끓는점 이상으로 올라가지 않는다. 유입되는 열이 '상전이Phase Transition' 현상의 잠열로 흡수될 뿐 온도는 올라가지 않는 성질을 이용한 것이다. 얼음 표면에 열을 가하면 얼음의 표면이 녹기 시작하지만 얼음이 다 녹을 때까지 얼음 내부의 온도는 0°C를 넘지 않는다. 투입하는 열량이 더욱 많아지면 표면의 얼음은 녹자마자 수증기로 바뀌겠지만, 열을 흡수하는 물이 존재하는 한 물의 온도는 100°C를 넘지 않기 때문에 얼음 내부의 온도는 0°C를 유지할 수 있다. 물론 외부에서 유입되는 열은 모두 표면에 흡수된다는 가정과 열전도나 복사열에 따른 열전달도 없다는 가정 아래에서의 비유지만, 물리현상은 동일하다. 녹거나 증발하는 현상은 상전이 현상이고, 상전이는 많은 양의 잠열을 흡수한다. 상전이 현상이 일어나면 상전이가 끝날 때까지 열은 상전이를 위해 사용되고 온도는 그 이상 올라가지 않는다. 특히 표면에만 열이 유입되어 표면이 격렬하게 증발하는 현상을 '융제현상'이라고 한다. 격렬하게 증발되어 폭발적으로 퍼져나가는 가스는 열이 표면으로 흡수되는 것을 막아주는 역할을 한다.

실제로 일어나는 융제현상은 위에서 설명한 단일물질의 이상적인 융제현상과는 달리 상당히 복잡한 여러 가지 현상이 동시에 발생하는 것이 보통이다. 융제냉각은 융제물질이 녹고, 내부의 분자들이 분해되며, '매트릭스 물질Matrix Material'이 증발하고 탄화된다. 이 과정에서 열이 흡수되고 융제물질은 증발되고 분해되어 생긴 가스가 필름냉각 역할을 하며 탄화된 층은 연소가스의 열이 아직 융제되지 않은 연소실과 노즐 벽으로 직접 전달되는 것을 상당 부분 막아준다. 탄화된 층은 거의 탄소로 이루어졌기 때문에 3500K 온도에도 견디고 다공성 탄화층은 처음 모양을 그대로 유지해준다.

융제물질Ablative Material은 우주 개발 분야의 두 가지 중요 분야에서 사용되고 있다. 첫째는 우주공간에서 대기권으로 진입할 때 우주선 또는 페이로드 내부를 대기 마찰열로부터 보호하기 위한 열차폐물로 사용하는 경우다. 이 경우 군사적인 페이로드를 탑재하면 대기권 진입을 '재돌입Reentry'이라고 하고, 비군사적인 페이로드가 지구의 대기권이나 다른 행성의 대기권으로 진입하는 현상은 그냥 '진입Entry'이라고 한다. 장거리 탄도탄의 탄두 또는 군사위성이 군사적인 페이로드에 해당하고, 비군사적인 페이로드의 대표적인 예로는 달까지 갔다가 지구 대기권을 통해 무사귀환 한 '아폴로 우주선Apollo Spacecraft'을 들 수 있다. 두 번째는 로켓엔진의 연소실과 노즐 벽면을 열로부터 차단하기 위한 일종의 열 차단 메커니즘으로 사용하는 경우다. 진입 또는 재돌입 경우는 외부의 격렬한 마찰열로부터 내부의 페이로드를 보호하기 위해 융제현상을 이용하지만, 반대로 융제냉각 시스템은 TC 내부의 연소열로부터 로켓엔진의 외부 구조물인 연소실 내면과 노즐의 벽면을 보호하기 위해 융제현상을 이용한다. 내부를 보호하든 외부를 보호하든 상관없이 이와 관련된 물리현상은 똑같은 융제현상이다.

융제물질은 유리, 실리카Silica 또는 아라미드Aramid 섬유 등을 에폭시Epoxy나 페놀수지Phenolic Resin로 감싸서 강화한 섬유 강화플라스틱이나 또는 카본-카본 복합체(Carbon Fiber-Reinforced Carbon; C/C)를 말한다. C/C는 '트라이던트Trident-I'에서 뭉뚝한 노즈콘에서 충격파를 분리하기 위해 도입한 '접이식 에어로스파이크Telescopic Aero-spike'라는 흑연 막대를 제조하는 데도 사용되었다. 융제냉각 방법에서는 연소실과 노즐의 내벽을 '융제물질 라이너Ablative Liner'로 덧댄다. 특히 노즐 목 인서트Nozzle Throat Insert를 C/C로 제작하면 3300K에서도 기계적 강도를 유지하는 것이 가능하다. 일단 융제물질로 제조한 내벽의 라이너 일부가 증발하면 내벽의 표면과 연소가스 사이에 비교적 온도가 낮은 가스층이 형성되어 열이 내부로 침투하는 것을 막아주고, 가스층은 팽창하는 연소가스와 함께 노즐을 통해 빠져나가고 새로 형성된 가스층이 계속해서 TC의 내벽으로 침투하는 열을 막아준다. 원리적으로 이 현상은 융제물질이 완전히 소모될 때까지 지속되지만, 노즐 목의 지름이 너무 커지지 않는 범위 안에서 조절해야 한다.

고체로켓에서는 냉매로 사용할 수 있는 액체가 없으므로 복열냉각이나 필름냉각 방법은 사용할 수 없다. 미니트맨 ICBM을 개발할 당시 재돌입체(RV) 개발과 동시에 TC의 융제냉각 방법도 개발되었고, 이후 모든 고체로켓엔진의 연소실과 노즐은 융제원리의 열 차폐방식으로 보호하고, 특히 노즐 목의 인서트와 현대식 RV의 첨두Apex는 C/C로 제작하고 있다. 연소실과 노즐에는 비교적 두꺼운 융제물질 라이너를 실린더 꼴 금속 케이스에 고정시켜 제작한다. 융해물질 라이너는 플라스틱이 스며든 섬유로 만든 천을 여러 겹 계속 겹쳐서 제조하며, 이때 라이너가 마모되고 분해될 때 섬유의 방향이 민감하게 작용하는 것으로 알려졌다.[11]

---

11) George P. Sutton and Oscar Biblarz, *Rocket Propulsion Elements* (John Wiley & Sons, Inc., New York, New York, 2001) pp. 556-563.

작은 스러스터 냉각에도 융해물질 라이너를 사용했지만, 너무 무겁고 융제된 가스는 작은 덩어리와 지저분한 가스를 포함하므로 우주선이나 관측용 센서의 표면을 오염시키는 것이 흠이다. 최근에는 내열금속으로 제조한 복사냉각 스러스터가 융제식 냉각 스러스터를 대체하고 있다. 복사 현상을 이용해 냉각하는 스러스터는 고온에서도 강도를 잃지 않는 내열금속으로 연소실과 노즐을 만들어야 한다. 일정한 출력으로 엔진이 가동한다면 연소실과 노즐은 고온으로 말미암아 백색으로 빛나며 주변으로 절대온도의 4제곱에 비례하는 파워로 복사선을 방출한다. 사용한 소재가 녹거나 증발하지 않고 제 모양을 그대로 유지할 수 있다면, 연소로 생긴 열은 복사선과 노즐로 빠져나가는 열과 균형을 유지할 것이고 엔진은 계속해서 작동할 수 있다. 연소가스의 온도가 연소실과 노즐을 제작하는 소재의 녹는 온도보다 낮은 것이 바람직하지만, 2원-추진제의 온도보다 높은 융점을 가진 소재는 별로 없다. 가스 온도가 소재의 융점보다 높으면 필름냉각을 이용해 벽면의 온도를 융점 미만으로 낮춰야 한다.

필름냉각을 사용하면 스테인리스강으로도 복사냉각 TC를 제조할 수 있지만, 아까운 연료 소모가 많은 것이 사실이다. 특히 위성이나 우주선의 수명은 탑재 연료와 연간 연료 사용량에 비례하기 때문에 연료 낭비를 줄이는 것이 아주 중요하다. 융점이 2415°C인 니오비움Niobium을 사용하면 스테인리스 TC보다 높은 I_{sp}를 얻을 수 있다. 융점이 3167°C인 '레니움Rhenium'을 사용하면 더욱 개선된 성능을 얻을 수 있지만, 레니움의 가격이 너무 비싸다.

그밖에 바나듐, 티타늄, 텅스텐, 흑연 등을 이 목적으로 시험해본 결과 여러 가지 문제점이 나타나 실제로 TC에 응용하지 않는다. 흑연은 녹지 않고 승화가 되며 승화온도는 무려 3704°C나 되어 대부분의 저장 가능한 자동점화 추진제의 연소온도보다도 몇백 도나 높지만, 고온의 연소가스에 아주 미량의 산소나 수산기Hydoxyl라도 섞이면 산화되어 쉽게 마모되므로 연소실 벽면 소재나 노즐 목의 소재로 적합하지 않다고 판단된다. 몰리브덴, 니오비움, 텅스텐, 바나듐 같은 내열성 물질 역시 아주 미량의 산소나 수산기에 의해 급격히 산화되는 단점을 가지고 있다.

따라서 이러한 물질로 TC를 만들기 위해서는 항산화 코팅이 필요하다. 상당한 시행착오를 거친 뒤에 스러스터 기술자들은 니오비움 스러스터를 크로미움과 티타늄을 소량 포함한 실리콘 용액에 담금으로써 산화를 방지할 수 있다는 것을 알아냈다. 실리콘 용액에 담근 뒤 열처리를 하면 Nb_5Si_3 막이 생기며 이러한 막이 산소를 포함한 고온의 연소가스에 노출되면 실리콘이 산화되어 SiO_2로 바뀌어 산화방지 코팅이 된다.[12] 지금 생산되고 있는 복사냉각 TC의 대부분은 Nb_5Si_3로 코팅된 니오비움 연소실과 노즐을 장착하고 있다.

12) George P. Sutton, *History of Liquid Propellant Rocket Engines* (AIAA, 2006) p. 170.

3부

고체로켓엔진

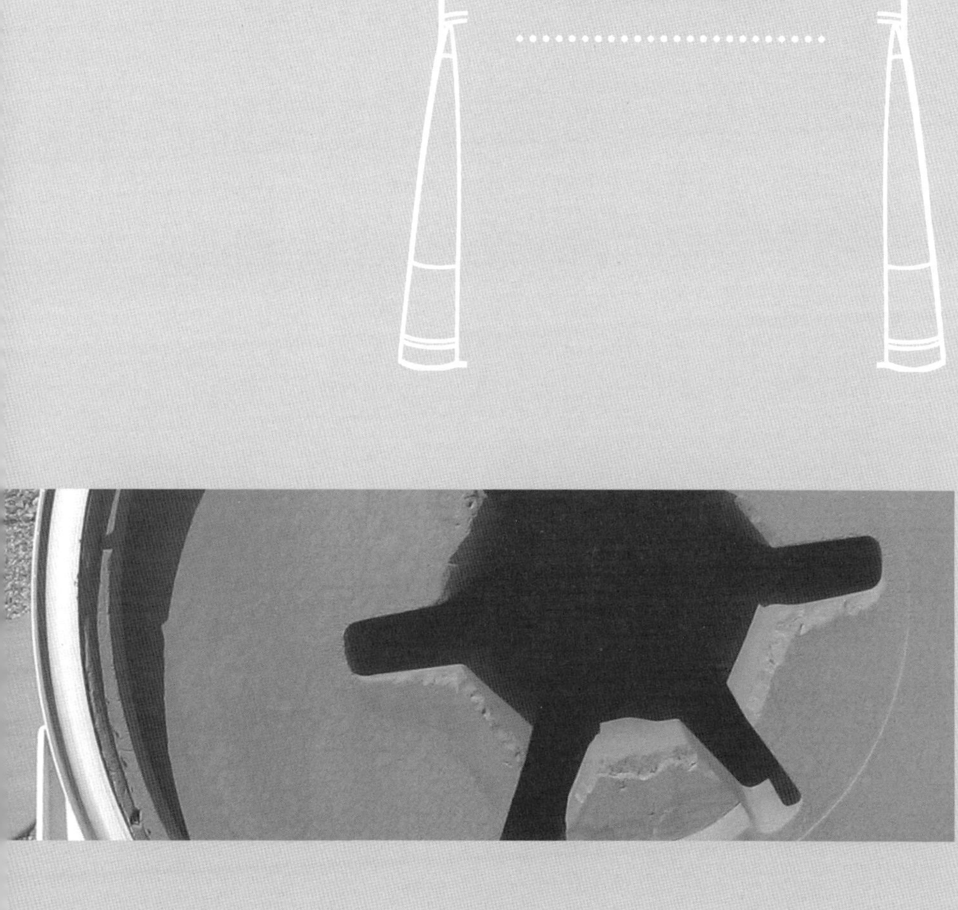

제 1 장

로켓의 역사는 고체로켓으로 시작되었다

1. 고체로켓의 역사

로켓을 언제 어디서 누가 발명했는지 알 수는 없지만, 로켓이 전장에서 무기로 사용된 최초의 기록은 1232년이다. 카이-켕 전투Battle of Kai-Keng에서 남송군南宋軍은 몽골군 향해 고체로켓으로 추진되는 불화살로 탄막을 형성하며 몽골군과 싸웠다. 불화살 탄막이 몽골군에게 입힌 피해에 대한 기록은 없으나 이날 남송군은 몽골군을 물리쳤다. 로켓탄막의 위력을 체험한 몽골은 남송을 점령한 뒤 자국 군을 위해 로켓을 생산했고, 그 후 유럽 전투에서 로켓을 사용했다. 결국 카이-켕 전투가 로켓 기술이 유럽으로 전파되는 계기가 된 것으로 보인다.

남송이 사용한 불화살은 앞쪽이 막힌 튜브에 흑색 화약을 채우고 뒤쪽에 작은 구멍을 내어 흑색 화약이 타서 생긴 가스를 뿜어내도록 만든 간단한 로켓에 긴 화살을 묶어 만들었다. 물론 아무렇게나 화약을 채우고 뒤에 구멍만 뚫으면 로켓이 된다는 뜻은 아니다. 긴

화살은 로켓의 방향을 잡아주고 적군을 살상하는 두 가지 역할을 해냈다.

우리나라에서는 1448년 세종 30년 신기전神機箭과 화차火車 '신기전기神機箭機'를 개발하여 100발씩 신기전을 장전하고 발사할 수 있었다. 신기전기는 전 세계에서도 유일하게 설계도가 남아 있는 다연장로켓 화살 발사장치다. 신기전 이후 350여 년이 흐른 뒤 인도 마이소르 왕국Kingdom of Mysore의 티푸 술탄Tipu Sultan의 로켓은 철제 케이스로 만들었고, 화살 대신 긴 막대에 폭발하는 약통을 부착한 로켓으로 영국군을 혼란시켰다. 제4차 영-마이소르 전쟁에서 티푸 술탄은 영국군에게 여러 차례 로켓 공격을 감행했으며, 티푸 술탄의 로켓에 깊은 감명을 받은 영국의 '아서 웰즐리Colonel Arthur Wellesley' 대령1)은 마이소르 군이 사용한 로켓 케이스와 부품을 수집해 왕립병기창Royal Arsenal에서 무기 개발을 전담하는 윌리엄 콩그리브William Congreve 대령에게 보냈다.2) 콩그리브는 티푸 술탄의 로켓을 좀 더 개량했고, 이렇게 개량된 마이소르 로켓을 콩그리브 로켓Congreve Rocket이라고 불렀으며, 영국 해군은 이 로켓을 제식무기로 채택했다.

1814년 9월 13일 새벽 6시부터 14일 새벽 7시까지 만 25시간 동안 영국 해군이 콩그리브 로켓을 사용해 미국 볼티모어의 매킨리 요새Fort McHenry를 공격한 것은 유명한 사건이다. 이날 영국군은 포로석방 교섭을 위해 영국 군함에 승선하고 있던 미국 변호사 '프랜시스 스콧 키Francis Scott Key'를 보안상의 이유로 하선시키지 않았다. 키는 영국 군함 갑판에서 볼티모어 항의 매킨리 요새를 공격하는 로켓 불꽃과 섬광을 절망적으로 바라볼 수밖에 없었다. 그러나 14일 아침에도 매킨리 요새에는 성조기가 변함없이 휘날렸고, 스콧

1) 아서 웰즐리 대령은 후에 워털루 전투에서 나폴레옹 보나파르트Napoleon Bonaparte를 격퇴한 웰링턴 공작the First Duke of Wellington 바로 그 사람이다.

2) Congreve rocket, http://en.wikipedia.org/wiki/Congreve_rocket

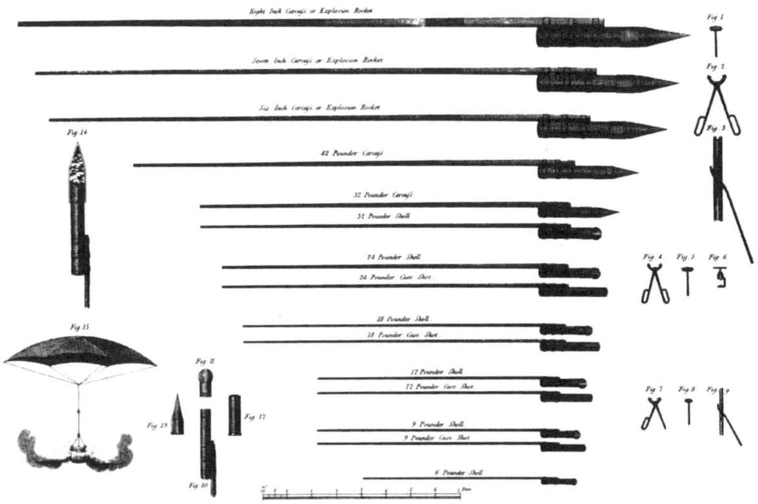

그림 3-1 콩그리브 로켓 패밀리 〔콩그리브 원작〕

키는 이 날의 감격을 편지봉투 여백에 적어 후세에 남겼다. 훗날 키의 시는 "별이 빛나는 깃발The Star-Spangled Banner"이라는 제목의 미국 국가의 가사가 되었다. 콩그리브 로켓은 미국 국가의 가사에 "……로켓의 붉은 섬광, 하늘에는 폭탄이 터지고……"라는 단어들이 들어간 배경이 되었다.[3]

콩그리브 로켓은 1.4kg에서 14.6kg 사이의 탄두를 운반할 수 있는 여러 종류의 로켓으로 설계되었다. 표적에 따라 고폭탄두High Explosive Warheads, 파편탄두Shrapnel Shells 및 소이탄Incendiary Bombs 등 다양한 탄두로 교체할 수 있게 제작되었다. 그중 11kg 탄두를 탑재한 4.6m 길이의 조종막대를 장착한 로켓이 가장 많이 사용되었다. 매킨리 요새의 하늘 가득 번쩍였던 콩그리브 로켓의 섬광과 요란한 굉음에 프랜시스 키는 안절부절못했지만, 결과는 4명의 사망자와 24명의 부상자였다. 만 하루의 탄막Artillery Barrage 공격 속에서도 성조기가

3) 정규수, 『ICBM, 악마의 유혹』 (지성사, 2012) pp. 54-56.

여전히 휘날렸다는 사실은 콩그리브 로켓이 보기만큼 군사적인 효용가치가 없었다는 것을 보여준다. 콩그리브 로켓은 티푸 술탄의 로켓처럼 튜브를 쇠로 만들었고, 추진제는 대량 생산을 위해 흑색화약 건 파우더Gun Powder를 쇠로 만든 맷돌로 갈아 크기를 일정하게 유지했다. 튜브 안에 빈 공간이나 밀도가 낮은 부분이 없도록 말뚝 박는 기계 같은 장치로 건 파우더를 튜브에 다져 넣었다.

5.5kg 탄두를 탑재한 로켓의 최대 사거리는 2km였고, 14.6kg 탄두 로켓은 3.2km였다. 당시의 대포는 포구에서 장전했기 때문에 재장전 과정이 쉽지 않았으며 발사할 때 대포의 반동도 상당히 심했다. 이에 비해 로켓은 반동이 없기 때문에 발사대는 나무로 만든 가벼운 설비로도 무난했고, 무게도 가벼워서 병사들이 쉽게 운반할 수 있었다. 100명의 보병이 10기의 발사대와 300발의 로켓을 운반할 수 있었으며, 10분 안에 300발을 모두 발사할 수도 있었다. 따라서 로켓 부대는 빠르게 이동할 수 있었고, 반동이 없으므로 선박에서 사용하기에 특히 편리했다.

이러한 로켓은 많은 장점을 가졌지만, 로켓으로는 "도무지 표적을 맞힐 수 없다"는 치명적인 약점을 가지고 있었다. 콩그리브 로켓의 비행은 종잡을 수 없었고, 이러한 불규칙한 비행의 원인은 크게 세 가지로 볼 수 있다. 첫째는 추진제가 타면서 로켓의 무게중심이 계속 앞쪽으로 옮겨갔으며, 둘째는 당시 기술로 만든 튜브나 노즐의 모양과 위치가 일정하지 않았고, 세 번째는 기다란 조종막대가 문제였다. 더구나 조종막대와 불을 뿜는 로켓 튜브는 중심축이 일치하지 않았다. 긴 조종막대는 바람에 민감했고, 바람이 없어도 조종막대는 어긋난 중심축 때문에 이러한 진동이 더욱 불안정해져 로켓이 어디로 날아갈지 알 수 없었다. 양궁 화살이 날아가는 장면을 고속 촬영한 영상을 본 독자들이라면 화살이 사막을 기어가는 '사이드와인더'처럼 구불구불 흔들며 날아가는 것을 보았을 것이므로 콩그리브 로켓이 흔들리는 것을 쉽게 상상할 수 있을 것이다. 이러한 현상은 콩그리브 로켓뿐만 아니라 그 이전의 모든 로켓의 공통적인 약점이었다. 따라서 불화살과 콩그리브 로켓은 오로지 탄막을 형성해야만 어느 정도 효과를 거둘 수 있었다. 로켓이 이러한 단점을 가졌음에도 전장에서 사용된 것은 당시에 사용하던 대포 역시 부정확하며, 사거리가 짧고 발사에 많은 시간이 소요되었기 때문이다.

스웨덴의 외교관이자 발명가이며 대포 주조공장을 운영하던 마틴 폰 바렌도르프Martin von Wahrendorff는 1837년 포의 후미Breech에서 포탄을 장전하는 후장포 특허를 신청했다. 스웨덴 육군은 1854년부터 155mm에서 226mm에 이르는 세 가지 구경의 후장포를 배치했다. 15세기 말에는 포신에 나선형 홈을 파 포탄을 회전(라이플링Rifling)시킴으로써 자이로 효과를 얻어 포탄의 자세를 안정시킬 수 있음을 알았지만 현실적으로 응용하기는 힘들었다.

19세기 후반에 후장포와 라이플링의 만남은 화포에 일대 혁신을 가져왔다. 라이플링은 포탄의 정확도를 대폭 향상시켰으며 후미에서 장전하는 방법은 발사속도를 크게 높여주었다. 로켓의 약점은 쉽게 해결할 수 없었던 반면, 대포의 정확도와 발사속도가 크게 향상됨에 따라 로켓은 장거리 무기의 주인공 자리를 라이플링 후장포에게 완전히 물려주었고, 무기로서의 로켓 역할은 끝난 듯 보였다. 실제로 그 후 1939년까지 고체로켓은 불꽃놀이에서 우리에게 즐거움과 마음의 평화를 안겨주는 착한 역만 맡았다. 그러나 제2차 세계대전이 일어나자 여러 나라의 무기 연구기관들이 다시 고체로켓을 무기 시스템으로 검토하기 시작했다. 이탈리아를 제외한 주요 참전국들은 모두 고체로켓 포격 시스템을 개발했다. 전쟁 중에 사용된 고체로켓으로는 미국의 대전차 바주카 포Bazooka와 대잠 로켓 헷지호그Hedgehog, 독일의 네벨베르페르Nebelwerfer, 소련의 BM-13 카추샤(Katyushas, 〈사진 3-1〉)와 영국이 네벨베르페르를 본떠 만든 랜드

사진 3-1 조지 에리코비치 랑게마르크가 개발한 카추샤 로켓.
〔On display near the Museum of the Great Patriotic War, Kiev, Ukraine. GNUFree〕

매트리스Land Mattress 등이 있다.

독일은 1932년부터 고체로켓과 함께 본격적으로 액체로켓 탄도탄 V2를 개발했다.[4] 그러나 액체로켓은 추진제를 주입한 후 저장할 수 없으며 추진제 주입에도 긴 시간이 필요했다. 반면, 고체로켓은 충전 후 장기간 저장할 수 있으며 어느 때든 즉시 사용이 가능하고 이동과 유지보수가 간편해 군사적인 측면에서 고체로켓은 액체로켓에 비해 유리한 점이 훨씬 많았다. 이러한 장점에도 고체로켓이 장거리 로켓으로 개발되지 못한 이유는 단 한 가지 충분히 강력한 고체추진제가 없었다는 점이다. 액체로켓을 위해 개발된 로켓의 유도조종 기술은 고체로켓에도 그대로 적용할 수 있기 때문에 마땅한 고체추진제만 개발하면 고체로켓은 이상적인 무기 시스템이 될 것으로 보였다. 이러한 연유로 전후戰後 미국은 장거리 고체로켓 개발과 이를 가능하게 하는 성능 좋은 고체추진제 개발에 관심을 갖게 되었다.

4) 정규수, 『로켓, 꿈을 쏘다』 (갤리온, 2010) pp. 89-124.

2. 더블베이스 추진제와 복합추진제

콩그리브 로켓은 남송이 몽골군에게 사용했던 불화살 추진제와 마찬가지로 건 파우더를 추진제로 사용했다. 건 파우더는 8~9세기경 중국에서 발명되었으며 처음에는 주로 불꽃놀이에만 사용되었으나 차츰 불화살과 총포의 추진제로 사용되기 시작했다.

건 파우더는 질산칼륨(Saltpeter, Potassium Nitrate), 유황 및 숯을 적정 비율로 섞은 추진화약이다. 유황과 숯은 연료이고 질산칼륨은 산화제다. 숯은 쉽게 구할 수 있고 유황 또한 비교적 쉽게 구할 수 있는 물질이지만, 질산칼륨은 당시에는 인위적으로 제조해야 얻을 수 있는 아주 구하기 힘든 화합물이었다.5) 중국에서는 질산칼륨을 염초(초석)라고 불렀고, 그 제조방법은 비밀에 부쳐졌다. 우리나라에서는 고려 말 최무선이 염초 제조기술을 갖고 있던 원나라 사람 이원李元을 극진히 대접하여 염초 제조법을 전수받았고, 끊임없이 노력한 결과 염초 제조에 성공함으로써 고려 말과 조선시대에 화약 제조의 기틀을 마련했다. 건 파우더는 최초의 화약Chemical Explosive이자 1800년대 중반까지 유일한 화약이었으며, 연소 또는 폭발 후에는 하얀 연기를 많이 만들었다. 주로 사용하는 성분비는 질산칼륨 75%, 유황 10%와 숯 15%이지만 나라마다 또는 사용자마다 성분이 조금씩 달랐다.

건 파우더는 연기가 나지 않는 무연화약이 개발된 후에는 흑색화약Black Powder으로 불렸고, 근세에 발명한 TNT(Trinitrotoluene)나 다이너마이트Dynamite 등 다른 화약에 비해 폭발 성능이 많이 뒤떨어지기 때문에 저폭약Low Explosive으로 분류되기도 한다. 저폭약에서는 연

5) 1800년대 중반 이후 1909년 독일의 프리츠 하버Fritz Harber가 비료와 화약을 생산하는데 필요한 암모니아를 합성하는 방법을 발명할 때까지, 화약과 비료의 원료인 칠레초석(Chile Saltpeter, 질산나트리움)의 세계시장 수요의 대부분은 칠레의 아타카마 사막Atacama Desert에서 생산되었다.

소에서 나오는 열이 열전도를 통해 연소면에 인접한 저온의 폭약층을 가열하여 온도를 발화점 이상으로 올려줌으로써 연소반응이 주변으로 퍼져나간다. 실제로 일상생활에서 만나는 모든 연소현상('불')은 이 부류에 속하고 불타는 면이 가연물질 속으로 진행하는 속도(연소속도)는 음속보다 훨씬 낮다. 하지만 저폭약에서 일어나는 연소현상은 보통의 불보다 연소속도가 훨씬 빠르긴 해도 연소속도는 여전히 음속보다 느리다. 이러한 부류의 연소현상을 폭연(爆煙, Deflagration)이라고 한다.

보통 고폭약High Explosive인 화약의 연소반응은 초음속Supersonic Speed으로 진행된다. 고폭약에서는 주변의 저온 화약을 점화시켜주는 '메커니즘'이 열전도가 아니라 충격파Shock Wave라는 점이 저폭약의 연소 메커니즘과 뚜렷하게 다른 점이다. 충격파는 물질 내에서 음속보다 빠른 속도로 전파되는 압력파Pressure Wave를 가리킨다. 충격파가 휩쓸고 지나가면 물질의 온도, 압력 및 밀도가 거의 불연속적으로 급격히 상승한다. 충격파는 진로에 놓인 물질을 가열하고 압축하기 때문에 계속해서 에너지를 공급하지 않는 한 처음에 가졌던 에너지를 급격히 소모하고 일반 음파Sound Wave로 전환된다.

충격파로 압축된 고온의 고폭약은 보통의 연소보다 수십만 배 이상 빠른 속도로 연소되어 매우 짧은 시간 안에 연소에너지를 방출하기 때문에 폭발가스의 압력을 십수만 기압에서 수십만 기압으로 올려주고 온도도 수천 도로 가열하여 강력한 충격파를 발생한다. 초고속 연소로 방출된 에너지는 초고압 충격파를 발생해 연소현상이 초음속으로 지속해서 주변의 고폭약 속으로 퍼져나가는 원동력이 된다. 충격파로 연소가 시작되고, 폭발적으로 방출되는 연소에너지가 다시 충격파를 만들어서 생긴 연소가 고폭약이 소진될 때까지 스스로 지속되는 초고속 연소현상을 '폭발Detonation'이라고 하고, 이러한 성질을 가진 물질을 고폭약이라고 한다.[6]

건 파우더를 언제 누가 발명했는지 모르는 것과는 달리, TNT는 1863년 독일의 화학자 요제프 빌브란트Joseph Wilbrand가 발명했으며, 다이너마이트는 1867년 스웨덴의 알프레드 노벨Alfred Nobel이 발명했다. 다이너마이트와는 달리 TNT는 충격에 둔감하여 기폭하기가 몹시 힘들 뿐만 아니라 흙이나 바위를 밀어내는 힘이 다이너마이트보다 약해 발명한 뒤에도 오랫동안 폭약으로 사용하는 대신 노란색 물감으로 사용했다. 그러다가 1902년 독일에서 처음으로 포탄에 녹여 붓는 방법으로 사용했으며, 포탄은 철갑을 관통하면서 생기는 충격으로 폭발했다.

TNT는 폭발반응이 초음속으로 일어나기 때문에 순간적으로 방출하는 에너지 양이 흑색 화약과 비교할 수 없을 만큼 크기 때문에 순간적으로 압력을 18만 8천 기압(190kb)[7]까지 올려 주위의 물질을 부수는 성질이 강하다. 반면, 흑색 화약은 최대 연소압력이 2170기압(2.2kb)[8] 이상 올라가지 않으므로 주변 물질을 부수는 대신 밀어내는 힘이 강하다.

높은 압력으로 주변의 물질을 부수는 성질을 '브리상스Brisance'라고 한다. 브리상스가 큰 TNT는 포탄과 폭탄 또는 수류탄 케이스를 작은 파편으로 만드는 데 효과적이지만 흑색 화약은 브리상스가 아주 낮기 때문에 탄환, 포탄 또는 로켓을 추진하는 추진제로 적합하다. 흑색 화약은 밀폐된 공간에서도 연소가 폭발로 전환되지 않을 뿐만 아니라 폭연속도도 190m/s 이상 올라가지 않는다. 사실 흑색 화약

---

6) 폭발파는 충격파에 의해 연소반응이 일어나고, 순간적으로 발생하는 연소열이 다시 충격파를 만드는 일종의 '스스로 지탱하는 충격파Self-Supporting Shock Wave'라고 할 수 있다. 폭발파는 아무 물질 속에서나 생성되는 것이 아니라, 산화제와 연료를 이상적인 비율로 포함하고 단위질량당 연소열이 크고 충격이나 열에 민감한 불안정한 물질인 고폭약이라는 특별한 물질에서만 생성된다.

7) M. H. Keshavarz, 'Theoretical prediction of detonation pressure of CHNO high energy,' http://nopr.niscair.res.in/bitstream/123456789/161/1/IJEMS%2014(1)%202007%2077-80.pdf

8) How Fast Does Black Powder Burn, http://www.ctmuzzleloaders.com/ctml_experiments/bp_burning/bp_burning.html

은 추진제로는 쓸 수 있으나 폭발물로는 가치가 없는 화약이다. 이와는 대조적으로 TNT는 밀폐된 용기 안이든 밖이든 폭발 반응속도가 6.8km/s로 높고 폭발압력이 대략 19만 기압이나 되어 연소실 케이스를 부숴버리기 때문에 그 자체로는 추진제로 사용할 수 없다.

추진제로서 흑색 화약의 성능을 가늠할 수 있는 비추력은 60초에서 80초 사이로 알려졌다.[9] 이는 연소가스의 노즐에 대한 배출속도 v_e가 0.59km/s와 0.78km/s 사이 값을 갖는다는 뜻이다. 질량비가 0.1이고, 공기저항과 중력의 감소가 없다고 해도 연소종료속도는 1.36km/s와 1.80km/s를 넘을 수 없다.[10] 중력과 공기저항을 고려해 0.6km/s 정도의 속도 감소가 있다고 가정하면 실질적인 연소종료속도는 대략 0.75km/s에서 1.2km/s 사이 값으로 추정할 수 있다. 다시 말해, 흑색 화약을 추진제로 질량비 0.1인 대형 1단 로켓을 만들 경우 최대 사거리로 환산한다면 60km에서 150km 미만이라는 뜻이다. 페이로드를 추가하면 연소종료속도가 더욱 감소하고 따라서 사거리도 대폭 감소한다. 더구나 중소형 고체로켓에서 질량비를 0.1이 되게 제작하는 것은 현대 기술로도 쉽지 않은 과제다. 이렇게 건 파우더처럼 비추력이 낮은 추진제로 군사적으로 유용한 장거리 로켓을 만드는 것은 거의 불가능하기 때문에 각국이 더욱 실용적인 강력한 고체연료 개발에 힘쓴 것은 당연하다.

1888년 노벨은 세계 최초의 더블베이스 추진제 DB를 제조해 무연화약으로 사용했다. 노벨이 만든 추진제는 섬유 성분의 면화약 '니트로셀룰로오스(Nitro-cellulose: NC)'와 액상의 화약 '니트로글리세린(Nitro-glycerine: NG)'을 섞어 더블베이스 추진제를 만들었고, '발리스타이트Ballistite'라는 이름으로 특허를 냈다. 니트로셀룰로오스와 니트로

---

9) Estes 2011 Catalog, http://www.acsupplyco.com/estes/estes_cat_2011.pdf; http://en.wikipedia.org/wiki/Specific_impulse

10) 다음 장에서 연소종료속도가 $v_{bo} = v_e \ln(m_{\in}/m_{bo})$이라는 것을 보여줄 것이다. 여기서 로켓의 점화 전의 질량 $m_{\in}$와 점화 후의 질량 m_{bo}의 비를 질량비라고 한다.

글리세린은 각각 연료와 산화제를 포함한 완전한 추진제다. 더블베이스라는 어원은 니트로셀룰로오스나 니트로글리세린 중 하나만 추진제로 사용하는 대신 둘 다를 사용한다는 의미다. 니트로글리세린 함량이 높아지면 반응에너지와 연소속도가 높아지고, 니트로셀룰로오스 함량이 높아지면 추진제의 기계적 강도가 좋아진다.

노벨의 더블베이스 추진제와는 다른 종류의 더블베이스 추진제가 소련에서 개발되었다. 1924년 필리포프O. G. Filipop와 세리코프S. A. Serikov는 76.5% 니트로셀룰로오스, 23% TNT와 0.5% 연소 지연제로 구성된 더블베이스 추진제를 개발했고, PTP(Pyroxyline TNT Powder)라고 불렀다. 기체역학연구소(Gas Dynamics Laboratory: GDL)의 조지 에리코비치 랑게마르크Georgi Erikhovich Langemark는 PTP를 이용해 〈사진 3-1〉의 카추샤Katyusha Rocket 다연장로켓을 개발했다. 한편, 1889년 영국에서는 프레데릭 에이블Frederick Anel, 제임스 드와James Dewar, 켈너W. Kellner가 발리스타이트와 비슷한 성분인 니트로글리세린 58%, 니트로셀룰로오스 37%와 바셀린 5%를 섞어 '코드 파우더Cord Powder' 또는 간단히 '코다이트Cordite'라고 부르는 더블베이스 추진제를 개발했다. 코다이트는 화약으로 분류되지만 고폭화약으로 사용되는 대신, 고압가스를 생산하는 추진제로 사용되었다. 또한 소총과 대포 추진제로 주로 사용했고, 제2차 세계대전 때는 히로시마에 투하된 '리틀보이Little Boy'라는 '건타입Gun-Type' 원자탄에 사용된 170mm 포의 추진제로도 사용되었다.

제2차 세계대전 중 미국은 영국의 도움을 받아 더블베이스 로켓을 개발했고, 전쟁이 끝난 뒤에는 허큘리스 파우더Hercules Powder 사와 알레게이니 탄도연구소(Allegheny Ballistics Laboratory: ABL)에서 더욱 강력한 더블베이스 추진제를 개발했다. 더블베이스 추진제에는 '사출형 더블베이스(Extruded Double Base: EDB)'와 '주조형 더블베이스(Castable Double Base: CDB)' 두 가지 종류가 있으며, 허큘리스 사에서는 CDB 개발에 많은 노력을 기울였다. EDB나 CDB는 크기가 작고 사거리가 짧은 초기 전술로켓에 주로 사용되었다. 일반적으로 DB의 비추력은 190~220초 사이로 흑색 화약보다는 훨씬 높지만, 수백 킬로그램 무게의 탄두를 수백 킬로미터 이상 먼 거리에 운반하기에는 비추력이 너무 작고 연소 시간도 너무 짧았다. 더구나 EDB 방법으로는 대형 모터를 제조하는 것 자체가 어렵고 위험했다. 따라서 DB를 사용하는 로켓모터의 지름은 60~70cm를 거의 한계로 여겼고, 사거리가 300km 이상인 고체로켓은 복합추진제(Composite Propellant: CP) 또는 개선된 DB를 사용했다.

개선된 DB에는 폴리부타디엔Polybutadiene처럼 탄성이 좋은 결합제Binder를 DB에 첨가하고 HMX나 RDX 같은 고성능 화약을 첨가하여 DB의 성능을 개선한 EMCDB(Elastomeric-Modified Cast Double-Base)와 DB에 과염소산암모늄(Ammonium Perchlorate: AP)과 알루미늄(Aluminium: Al)을 첨가한 CMDB(Composite-Modified Double-Base) 추진제가 있다.

복합추진제는 결정 상태의 산화제와 분말 형태의 연료를 인조고무나 플라스틱 결합제로 결합한 주조방식으로 제조한다. AP 결정은 대표적인 산화제이며 알루미늄 금속 분말은 중요한 연료이고 액상인 HTPB(Hydroxyl Terminated Polybutadiene)는 애용되는 결합제다. 추진제는 결합제의 교차결합으로 단단히 굳게 하거나, 경화제를 미량 첨가한 뒤 오븐에서 경화시켜 탄력 있는 고무 형태로 변형한다. 일반적인 복합추진제에는 60~72%까지 결정 상태의 AP 산화제와 최대 22%의 알루미늄을 연료로 첨가하고, 나머지는 결합제와 가소체로 채운다.

DB 경우와 마찬가지로 복합추진제도 니트로글리세린 같은 활성 가소체와 HMX 같은 고에너지 화약을 첨가하여 비추력을 높이는 방법이 개발되었고, 이중 한 가지는 앞서 소개한 EMCDB와 같다.[11]

---

11) HMX는 High Melting eXplosive 또는 Her Majesty's eXplosive의 약자라고 하지만 어느 것이 정설인지는 분명치 않다.

조지 서튼George Shutton과 오스카 비블라즈Oscar Biblarz의 『*Rocket Propulsion Elements*』에 따르면 거의 모든 복합추진제의 해면고도 비추력은 260~265초 사이에 있고 밀도 또한 1.78~1.80g/cm³으로 거의 동일하다.[12] 가장 성능이 좋을 것으로 추정되는 DB/AP-HMX/Al 조성을 가진 복합추진제의 경우에도 이론적인 해면고도 비추력은 270~275초 사이일 것으로 추정된다.

추진제 발전에 힘입어 스페이스셔틀Space Shuttle에 부착된 2기의 고체로켓 부스터SRB처럼 거대하고 강력한 고체로켓모터를 개발하게 되었다. 고체연료의 밀도가 액체연료에 비해 훨씬 크고 매초 연소되는 추진제 양도 액체추진제에 비해 많기 때문에 같은 크기의 로켓 추력은 고체로켓이 훨씬 강력하다. 이러한 주장은 SRB와 새턴-V의 F-1 엔진의 추력을 비교해보면 쉽게 확인할 수 있다. 미국에서 가장 강력했던 액체로켓엔진 F-1의 해면고도 비추력은 263초이고 해면고도 추력은 693톤이다. 세계에서 가장 강력하고 효율적인 RP-1/LOX 엔진 RD-170의 해면고도에서 추력 770톤과 해면고도 비추력 309초와 비교해도 SRB 1기의 1200톤 가까운 추력은 어떤 액체로켓엔진보다도 1.6배 가까이 강력하다는 것을 알 수 있다.

고체로켓엔진은 관습적으로 고체로켓모터라고 한다. 고체로켓은 장기간 저장이 가능하고 발사를 결정하면 거의 즉시 발사할 수 있으며 동급의 액체로켓에 비해 크기가 작아 운용이 수월하고, 생산비와 운용비가 저렴하기 때문에 주로 SLBM과 ICBM으로 사용되었지만, 지금은 이륙 시 강력한 추력이 필요한 대형 우주발사체의 부스터 로켓으로 사용하는 것이 대세다. 하지만 고체로켓 기술 개발이 늦은 소련/러시아에서는 고체로켓 대신 액체로켓, 특히 저장 가능한 자동점화 추진제를 사용하는 액체로켓을 선호한다.

---

12) George P. Sutton and Oscar Biblarz, *Rocket Propulsion Elements*, 7th Edition (John Wiley & Sons, Inc., New York, New York, 2001) p. 479.

제 2 장

고체로켓의 모터 구조

1. 액체로켓과 고체로켓의 차이점

액체로켓의 구조는 〈그림 1-1〉에서 보듯이 연료 탱크, 산화제 탱크, 연료 및 산화제 펌프, 연소실 및 노즐 그리고 이러한 구성요소들을 장착하고 각종 스트레스에서 주요 부품을 보호하며 엔진에서 발생하는 추진력을 로켓에 전달하는 로켓의 뼈대, 외피, 연결부, 유도조종장치, 전선 파이프 등 다양한 부품으로 구성되어 있다. 액체로켓에서 가장 큰 부피를 차지하는 구성품은 추진제 탱크이며, 로켓 무게의 대부분을 차지하는 것도 추진제다. 로켓 크기에 비해 연소실의 크기는 거의 무시해도 될 만큼 작다. 2원-추진제 액체로켓의 연료와 산화제는 각각 다른 탱크에 저장되고, 로켓이 작동하는 동안에는 각각의 펌프에서 분무기 플레이트Injector Plate로 공급된다. 연료와 산화제는 각각의 분무기에서 따로따로 연소실로 분무되고 고르게 섞이면서 연소된다.

그러나 고체로켓의 구조는 〈그림 1-2〉에서 보듯이 액체로켓과는 많이 다르다. 고체로켓에서는 액체로켓의 대부분을 차지하는 추진제 탱크가 따로 없다. 액체로켓에서 추진제 탱크와 연소실의 자리는 그레인이라는 성형 가공한 고체연료가 차지한다. 고체로켓에서는 더블베이스 추진제 또는 복합추진제로 성형 가공한 그레인이 견고하고 단열이 잘된 케이스 안에 장착되어 있다. 단열 케이스와 케이스 내벽에 밀착된 그레인과 그레인 안의 공동Cavity이 액체로켓의 외피, 추진제가 가득 찬 탱크, 펌프, 파이프 시스템, 분무기 및 연소실 부분에 해당한다. 그밖에 유도조종장치, 노즐 및 구조물 등은 고체로켓이나 액체로켓이나 거의 같다. 그러나 추진제가 액체냐 고체냐에 따라 네 가지 면에서 크게 차이가 있다.

첫째로 액체로켓과 고체로켓은 추진제를 탑재하는 방법이 서로 다르다. 파워가 큰 액체로켓에 주로 사용하는 2원-추진제는 각각 연소되지 않는 액체연료와 액체산화제로 구성되어 있다. 하지만 액체연료와 액체산화제는 화학적 성질뿐만 아니라 물리적인 성질도 서로 배타적인 것이 보통이다. 순수하게 정제된 경유인 RP-1은 주로 우주발사체의 제1단이나 부스터의 연료로 사용되며, 산화제로는 보통 액체산소 LOX를 사용한다. RP-1은 상온에서는 액체 상태(液狀)를 유지하며 온도가 내려가도 어느 특정 온도에서 액체가 고체로 되는 빙점이 따로 존재하지 않는다. 상온에서 액상인 RP-1이 온도가 내려가면 −48.33°C와 −75.93°C 사이에서 서서히 젤리 상태로 변한다.[13] 다시 말해 온도가 −48.33°C 이하이면 파이프가 막히거나 펌프 성능이 떨어지므로 그 이하로 온도가 내려가면 안 된다. 한편, RP-1과 함께 사용하는 LOX는 −183°C에서 끓고 −219°C에서 고체로 변한다. 따라서 RP-1과 LOX는 연소실 안으로 들어갈 때까지 분리되는데, 이때 열교환이 안 되도록 차폐해야 한다. 우주발사체 상단

13) Fundamental Boiling and RP-1 Freezing Experiments,
http://ntrs.nasa.gov/archive/nasa/casi.ntrs.nasa.gov/20020018567_2002014397.pdf

로켓의 추진제로 가장 효율적인 연료인 액체수소 LH_2와 산화제인 LOX의 상황은 더욱 심각하다. LH_2가 어는 온도는 -259.14℃이고 끓는 온도는 -252.87℃다. 따라서 액체산소와 액체수소는 한데 섞이면 안 될 뿐만 아니라 액체수소가 끓지 않고 액체산소가 얼지 않도록 별도의 열 차단 조치가 필요하다. 장기 저장이 가능한 대표적인 추진제 UDMH와 NTO는 서로 접촉하면 별도로 점화하지 않아도 저절로 연소가 시작되는 자동점화 추진제이기 때문에 미리 섞이거나 접촉하면 큰 폭발이 일어난다. 더구나 UDMH는 맹독성 발암물질이고 NTO는 부식성이 강해 취급에 각별히 주의해야 한다. 이러한 이유로 액체로켓 추진제는 각각의 연료 탱크와 산화제 탱크를 따로 실을 수밖에 없다.

반면, 고체로켓은 연료와 산화제, 결합제를 미리 고루 섞은 뒤 케이스에 충전하고 가열해 경화시키거나 또는 필요에 따라 단단한 고무처럼 경화된 추진제를 그레인으로 가공한 뒤 케이스와 결합하는 방법으로 로켓모터를 제조한다. 자동차 타이어 고무처럼 딱딱하지만 탄성이 좋아 일반적인 조건에서는 형태와 치수의 변동 없이 10~20년 이상을 보존할 수 있다.

액체추진제는 UDMH/NTO 같은 저장이 가능한 추진제가 아니면 사용하기 전에 주입하는 것이 원칙이다. 100% NTO 대신 27% NTO와 HNO_3 73%의 혼합물인 AK-27을 사용하는 로켓도 많이 있다. 은하Unha-2는 추진제로 UDMH/AK-27을 사용하는 것으로 알려졌으나[14] TM-185/AK-27로 가정하는 로켓 분석가들도 있다.[15] TM-185/AK-27은 저장이 가능한 연료이지만 자동발화성이 아니라 별도의 자동점화 추진제를 사용하는 점화장치가 필요하다.

둘째는 고체로켓과 액체로켓의 연소실 개념과 연소방법이 완전

14) http://www.b14643.de/Spacerockets_1/Rest_World/Unha-2/Design/Unha.htm

15) http://www.ucsusa.org/assets/documents/nwgs/Wright-Analysis-of-NK-launcher-3-18-09.pdf

히 다르다. 고체추진제는 자체 연소에 필요한 연료와 산화제로 구성되었기 때문에 별도의 추진제 탱크나 펌프 또는 파이프가 필요없고, 분무기나 연소가 일어나는 별도의 연소실도 필요 없다. 그러나 액체로켓엔진을 작동하려면 연료와 추진제가 만나서 연소하는 별도의 연소실이 필요하고, 펌프와 파이프를 이용해 높은 압력으로 연료와 산화제를 연소실로 보내야 한다. 분무공에서 가느다란 물줄기 형태 또는 가스 제트 형태로 연소실 안으로 뿜어진 산화제와 연료는 서로 부딪치고 부서져 안개처럼 변하면서 증발하여 연소가 안정적으로 일어나고, 생성된 연소가스는 노즐로 빠져나가 추진력을 일으킨다.

한편, 그레인의 점화는 노출된 표면에서 시작되고 연소가 진행됨에 따라 연소가 일어나는 그레인의 노출면(이하 연소면)은 그레인의 내부로 파고들면서 노즐과 연소면과 케이스로 둘러싸인 공간이 점점 늘어난다. 이렇게 계속 늘어나는 케이스 안의 빈 공간은 '연소실'이라고도 할 수 있다. 그레인의 한 끝에서 시작하여 거의 같은 면적을 가진 연소면이 다른 쪽 끝으로 진행하는 연소방식을 '엔드 버닝End Burning' 방식이라고 한다. 연소되는 면적과 압력 및 추력이 엇비슷하게 일정하여 연소시간 동안 그 변화가 ±15% 미만에 머물 경우를 '중립연소Neutral Burning'라고 하며, 엔드 버닝도 중립연소의 한 예다.

매초 그레인이 연소되는 양은 연소면적에 비례한다. 따라서 높은 추력을 내려면 그레인 안쪽에 표면적을 넓게 유지하도록 그레인을 설계해야 한다. 이렇게 설계한 그레인은 중심선에 수직인 그레인의 단면적이 별처럼 보인다고 해서 '스타Star'라고 한다. 〈그림 3-2〉는 몇 가지 간단한 스타 모양과 시간에 따른 연소실 압력을 보여준다. 어떤 스타 모양이든 상관없이 점화기에 그레인의 노출된 표면적이 점화되면 연소반응이 추진제 표면에서부터 추진제 안쪽으로 전파되

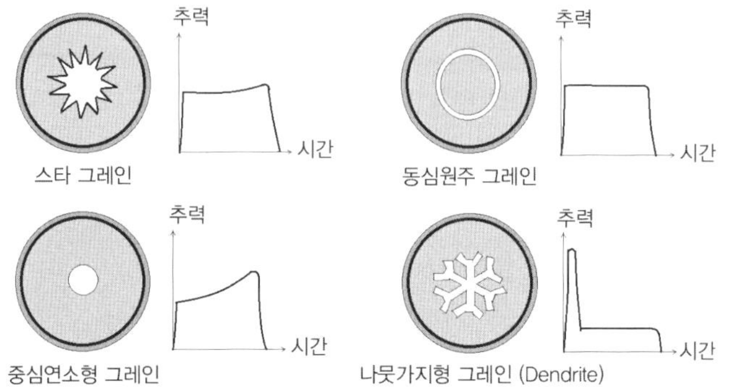

그림 3-2 스타 디자인 모양. 그레인의 개략적인 구조와 시간별 추력 변화를 보여준다.

고 추진제가 거의 모두 연소될 때까지 이러한 현상은 지속된다. 〈그림 3-2〉의 윗줄 그림에서 첫 번째와 두 번째 그림의 스타는 연소가 진행되는 동안 연소면의 총넓이가 거의 일정하게 설계된 중립 스타고, 세 번째 그림은 처음에는 연소면적이 작지만 연소될수록 계속 커지다가 연소가 종료되는 그레인이다. 네 번째 그림은 마치 나뭇가지 모양으로 초기 연소면적을 아주 크게 설계한 것이 특징이다. 점화 직후 매우 강력한 추력이 발생하지만 연소가 진행되면서 연소면이 하나로 합쳐지고 면적이 급격히 줄어들면서 추력도 상대적으로 급격히 줄어들지만 스타 그레인의 마지막 단계처럼 거의 일정한 값을 갖도록 설계한 그레인이다. 급가속 후에 지속적인 추력이 필요한 로켓에 사용되는 그레인이다.

셋째는 엔진의 연소종료 방법이 다르다. 액체로켓은 이론적으로는 연소실로 공급하는 연료나 산화제를 차단함으로써 언제든지 엔진 작동을 중지시킬 수 있다. 하지만 고체로켓은 한번 점화된 그레인에서 연료나 산화제를 제거하여 연소를 중단할 수 없다. 따라서 그레인의 연소를 중지하려면 파괴적인 방법으로 케이스를 열어 연소실의 압력을 급격히 내리는 것이 임의로 연소를 중단하는 유일한 방법이다.

넷째는 TC의 냉각방법이 다르다. 2원-추진제를 사용하는 액체로켓의 연소온도는 3000°C 이상이다. RP-1/LOX 경우 연소온도는 3300°C로 이러한 온도에서 기계적인 강도를 유지할 수 있는 물질은 찾기 힘들다.[16] 연소실과 노즐 목을 3000°C 이상의 온도에서 보호하기 위해 특별한 냉각기술이 필요했고, 그 결과 개발한 방법이 필름냉각과 복열냉각 방법이다. 필름냉각에서는 연소실 내벽을 따라 연료를 조금씩 분출하고 증발시켜 저온의 가스층을 만들어 벽을 따라 흐르게 함으로써 고온의 연소가스가 연소실 벽으로 직접 전달하는 열을 상당 부분 막아준다. 그러나 대형 엔진에서는 필름냉각만으로는 감당할 수 없이 열이 많이 발생할 뿐 아니라 아까운 연료의 낭비가 크다. 대형 엔진에 적합한 방법으로 고안된 냉각방법이 바로 복열냉각 방법이다. 복열냉각에서는 연료를 분무기로 보내기 전에 연소실과 노즐의 냉각 코일이나 냉각 채널을 먼저 통과하게 하여 연소실과 노즐의 열을 흡수하여 냉각시킨 후 분무기를 통해 연소실로 뿜어 넣는다. 연소실과 노즐 벽에 흡수된 열은 외부로 버려지지 않고 연소실에 다시 투입되어 재사용된다. 그러나 에너지 재사용률은 매우 낮아 I_{sp}는 작게는 0.1% 많게는 1.5% 정도 증가하는 것으로 알려졌다.[17] 하지만 복열냉각의 주목적은 TC의 냉각이지, 냉각으로 손실된 에너지를 거둬들이는 것은 아니다. 액체로켓에서는 필름냉각과 복열냉각을 단독 또는 함께 사용함으로써 효과적으로 연소실과 노즐을 보호하고 있다.

그러나 냉매가 없는 고체로켓에서는 필름냉각이나 복열냉각은 사용할 수 없다. 현대적 고체추진제의 연소온도는 3100°C 이상 3700°C로 오히려 액체추진제의 연소온도보다 높은 반면에 복열냉각 같은

16) George P. Sutton and Oscar Biblarz, *Rocket Propulsion Elements*, 7th Edition (John Wiley & Sons, Inc., New York, New York, 2001) p. 188.

17) ibid., p. 316.

효율적인 냉각방법을 사용할 수도 없다. 고체로켓모터에서 쓸 수 있는 방법은 융제냉각 방식과 복사냉각 방식의 두 가지로 제한된다. 모든 대형 고체로켓은 융제냉각 방식을 사용하고 상단 모터나 자세 제어용 소형 스러스터는 거의 모두 복사냉각 방법을 사용한다. 물질이 초고온에 노출되면 표면부터 녹고, 타고, 증발하는 현상이 일어난다. 이러한 현상을 융제현상이라고 하며, 물질 표면에 흡수된 열량의 대부분은 물질을 녹이고 증발시키는 데 사용되고, 증발된 융제물질 가스는 빠른 속도로 주변으로 흩어져 고온의 연소가스가 직접 케이스 내면이나 노즐 내면에 닿는 것을 막아주는 역할도 한다. 고체로켓의 노즐 구조는 힘을 받는 알루미늄 또는 강철로 된 구조Housings 위에 융제물질 라이너Ablative Liners를 단단히 접착하여 제작한다. 융제물질층은 열이 알루미늄이나 철제 하우징에 도달하여 기계적 특성을 망치지 않도록 넉넉한 두께를 사용한다. 이렇게 제작한 열 차단 시스템은 지금까지 모든 대형 모터에 성공적으로 사용되고 있다.

2. 고체추진제 모터의 연소종료 방법

탄도탄이나 우주발사체의 로켓엔진 또는 로켓모터는 단 한 가지 목적을 가지고 있다. 로켓에 탑재한 페이로드를 원하는 시간에 원하는 위치에서 원하는 속도(속력과 방향)를 갖도록 해주는 것이다. 탄도탄의 사거리와 정확도는 모터가 정지하는 순간의 속도와 위치로 결정되고, 인공위성이나 우주발사체의 궤도 역시 연소종료 시점의 위치와 속도로 결정되기 때문이다. 사거리가 수천 킬로미터인 장거리 탄도탄이나 우주발사체의 연소종료 고도에서 대기는 아주 희박하여 진공이나 다름없다. 장거리 로켓이나 우주발사체의 엔진이 작동을 멈춘 뒤 로켓에 작용하는 힘은 중력뿐이므로 이후의 로켓궤도는 엔진 종료시점의 위치와 속도를 초기조건으로 하는 '케플러 궤도Kepler Orbit'가 된다.

케플러 궤도는 궤도상 두 점의 위치와 두 점 사이를 이동하는 데 걸리는 시간에 따라 궤도가 유일하게 결정된다는 특성이 있다.[18] 궤도가 유일하게 정해지면 두 점 중의 한 점을 초기위치로 택하고 이 점에서 속도(초기속도)를 계산할 수 있다. 다시 말해, 초기위치에서 이렇게 정한 초기속도(속력과 방향)를 갖도록 하면 궤도를 따라 움직이는 물체(질점)는 정해진 시간 뒤에 케플러 궤도 위의 두 번째 점을 지나가게 된다. 케플러 궤도는 타원Ellipse, 포물선Parabola, 쌍곡선Hyperbola 같은 원추곡선Conic Sections 중의 하나이지만, 탄도탄의 궤도나 지구위성의 궤도는 타원이다. 따라서 연소종료위치를 초기위치로 잡고, 표적위치를 두 번째 점으로 택해 두 점 간의 비행시간을 정해놓으면 연소종료된 로켓(또는 페이로드)은 연소종료위치와 표적위치를 지나는 케플러 궤도를 따라 비행하게 되며 정해놓은 시간에 표적점을 지나간다.

연소종료된 로켓이 표적점을 지나가도록 연소종료위치에서 연소종료속도를 정하는 것을 로켓의 '표적조준Targeting'이라고 한다. 표적점이 지표에 있는 궤도는 '탄도탄 궤도'가 되며, 지표면과 만나지 않는 타원이나 쌍곡선 상에 있다면 연소종료된 로켓은 위성이나 지구인력권을 탈출하는 우주탐사체의 궤도로 진입한다는 의미가 된다. 그러나 최저 고도가 100km 미만이면 공기저항 때문에 위성은 곧 추락하게 되므로 실제 인공위성 궤도의 최저 고도는 이보다 더 높게 정해야 한다.

원하는 케플러 궤도에 로켓의 페이로드를 정확히 진입시키려면

---

18) 이것을 '람베르트 정리Lambert Theorem'라고 한다. Richard H. Battin, *An Introduction to the Mathematics and Methods of Astrodynamics, Revised Edition* (AIAA, Inc., Reston, VA, 1999) p. 276. 자세한 내용은 5부를 참조하기 바란다.

연소종료위치와 연소종료속도Burnout Velocity를 정밀하게 조정해야 하는데 이러한 역할을 맡은 부품이 바로 '유도조종(Guidance & Control: G&C)'장치다. G&C의 임무 가운데 하나는 예정된 위치에서 예정된 속도가 되도록 로켓을 유도하는 것이며, 또 다른 임무는 이러한 조건이 만족될 때 엔진의 연소를 즉각 중단하는 것이다. 로켓의 추진제가 모두 소진할 때까지 기다려서 얻을 수 있는 속도 v_{cap}는 필요한 사거리를 비행하거나 궤도 진입에 필요한 속도 v_{orb}보다 항상 크다고 가정한다. 다시 말해, 로켓은 어느 정도 여유가 있도록 충분한 양의 추진제를 탑재하는 것이 관례다. 추진제가 소진되어 연소가 종료할 때까지 기다리면 속력이 지나치게 커져 필요한 속도에 이르자마자 연소를 강제로 중단해야 한다. 추진제가 액체일 때는 연료펌프를 중지해서 연소를 종료할 수 있지만, 고체로켓에서는 이미 점화된 그레인을 다 타기 전에 비非 파괴적으로 연소를 종료시킬 마땅한 방법이 없다. 고체로켓의 연소종료속도를 원하는 대로 얻을 수 있는 방법은 크게 세 가지가 있다.

첫 번째 방법은 연소를 중지해야 할 고체모터 윗부분에 다섯 곳 또는 여섯 곳에 미리 구멍을 낸 뒤 다시 막아놓고, 연소종료속도에 이르러 '파이로테크닉스Pyrotechnics'를 사용해 연소실 윗부분에 구멍을 내면 연소가스가 방출되므로 연소실 안의 압력이 급감해 연소가 종료됨과 동시에 역逆추진력을 만들어 추진 로켓의 속력을 급감시키는 것이다. 이러한 방법을 '추력 중단 포트(Thrust Termination Port: TTP)' 방법이라고 한다. 모터의 속도를 더 급격히 줄이기 위해 TTP에 노즐을 설치하면 더욱 강력한 역추력 효과를 얻을 수도 있다. 미리 필요한 곳에 구멍을 내고 노즐을 장착한 후 다시 막아 놓음으로써 모터가 정상적으로 작동하는 동안 TTP가 연소실 벽의 일부로서 역할을 하지만, TTP를 열어야 할 시점에는 메운 구멍을 파이로테크닉스로 다시 뚫어 TTP를 열어놓는다. 이와 같은 방법은 미국 해군이

'폴라리스Polaris' SLBM을 개발하면서 고안했고, 그 후 미 공군도 '미니트맨Minuteman' ICBM을 개발하면서 같은 방법을 사용했다. 선형작약Linear Charge을 사용하면 미리 구멍을 뚫을 필요가 없지만, 이 방법을 사용하려면 상당한 경험과 많은 실험을 거쳐야 제대로 된 TTP를 만들 수 있다.[19]

두 번째 방법은 최근 들어 가장 즐겨 사용하는 '에너지 관리 조종기법(General Energy Management Steering: GEMS)'이라는 연소종료속도 조절 방법이다.[20] GEMS는 강제로 연소를 중단하는 대신 탑재한 연료가 소진되는 순간에 로켓이 예정된 위치와 속도에 도달하도록 궤도를 조정하는 방법이다. 이 방법은 TTP 같은 가스 분출구가 필요 없기 때문에 SLBM처럼 로켓의 '길이가 중요한Length Critical' 로켓 설계에 편리하게 적용할 수 있다. 여분의 속력으로 취약한 추진단계에서 요격을 피하기 위한 지그재그 궤도를 택할 수 있게 하고, 하드웨어 대신 소프트웨어로 일관되게 처리할 수 있다는 이점이 있어 러시아는 토폴-M과 같은 최신 ICBM에도 적용하고 있다.

세 번째 방법은 폴라리스Polaris-A3에서 사용했던 방법으로 폴라리스-A1/A2와는 달리 TTP를 이용하지 않고, 예정된 페이로드의 연소종료속도에 가까워지면 2단 모터가 작동하는 중이라도 소형 로켓을 이용해 페이로드를 발사해 분리하는 방법이다. 무유도 다탄두(Multiple Reentry Vehicle: MRV) 3기를 탑재하는 2단 고체로켓인 A3에는 탄두를 다치지 않게 TTP를 설치할 공간이 없었다. 탄두 3기로 도시 같은 넓은 표적을 커버하는 것이 A3의 임무였고, 따라서 탄두 각각

---

19) 파이어로테크닉스는 적은 양의 화약을 포함한 폭발볼트Explosive Bolt 같은 장치 또는 높은 열을 발생시키는 화공품 또는 금속을 폭발시키는 장치들을 총칭하여 부르는 이름이다. 선형작약은 길이를 따라 'ㄱ' 자로 접은 두 개의 금속면을 '╓'과 같이 붙인 후 가운데 빈 공간을 플라스틱 화약으로 채운 것으로 한쪽 끝의 화약을 기폭시키면 길이를 따라 화약이 폭발하면서 '꺽쇠' 모양의 안쪽으로 제트가 분출되며 쇠를 무 자르듯 절단하는 장치로 기둥을 자르거나 철판을 잘라내는 데 사용하는 화약장치다.

20) Paul Zarchan, *Tactical and Strategic Missile Guidance* (AIAA, Inc., 2002) pp. 281-283.

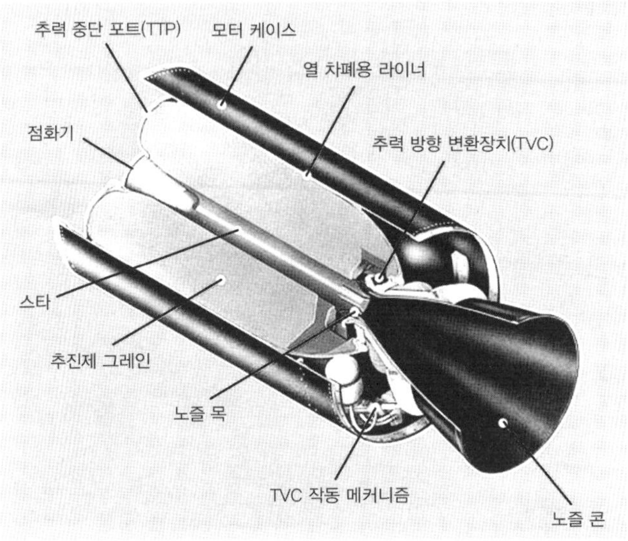

그림 3-3 고체로켓모터의 구조

의 정확도가 크게 중요하지 않았다. 다만 탄두 3기의 상대적인 분포만이 문제였기 때문에 이러한 방법을 사용할 수 있었다. 비록 A3에서는 성공적으로 사용되었지만, 이러한 방법은 페이로드 속도 조절 방법으로는 그리 바람직하지 않았으므로 미국과 소련이 초창기에 한두 번씩 사용한 이후 다시 사용하지는 않았다.

3. 고체로켓 TC의 구조

고체로켓의 TC는 특히 간단하다. 〈그림 1-1〉과 〈그림 3-3〉에서 보듯이 TC는 그레인과 그레인을 둘러싼 케이스 및 점화장치와 노즐로 구성되었다. 액체로켓과 비교해 고체로켓은 구조가 간단하고, 사용이 간편하고 관리하기가 수월하다. 역사적으로 고체로켓 TC에는 움직이는 부품이 없었지만, 현대식 고체로켓에서는 추력 방향을 바꾸기 위해 노즐을 회전시키는 '추력 방향 변환장치(Thrust Vector Control: TVC)'를 장착하거나 고고도에서 비추력을 높이는 수단으로 접이식 노즐을 사용한 로켓에서는 TVC나 접이식 노즐을 움직이는 기계장치들이 필요하다. 그러나 이러한 장치들은 어차피 현대식 액체로켓에 모두 장착되어 있기 때문에 로켓이 사용하는 추진제와는 무관하다.[21]

액체로켓의 연료 탱크, 산화제 탱크, 추진제 펌프, 파이프 시스템, 분무공, 연소실을 대체한 고체로켓의 그레인과 케이스에 대해 좀 더 자세히 살펴보기로 하자. 고체로켓의 연소가스에 노출된 케이스의 내면과 그레인의 연소면은 액체로켓에서 연소실 벽의 역할을 한다. 모든 그레인은 복사선에 대해 불투명하도록 설계해야 하고, 그레인은 자유표면에서 연소가 시작된다. 만약 그레인이 복사선을 투과한다면 연소면뿐만 아니라 그레인 내부에서도 연소가 시작될 수 있으므로 매우 위험한 상황이 벌어질 수 있다. 케이스는 강철, 알루미늄과 티타늄 같은 금속 소재나 FRP(Fiber-Reinforced Plastic) 소재를 사용하며, 특히 고온의 가스나 복사선이 직접 케이스와 접촉하지 않도록 세심한 주의를 기울여야 한다. 연소면에서 생성된 고온가스는 축 중앙의 빈 공간을 채워 압력을 올리고 공간을 따라 흐르며 팽창하여 노즐로 빠져나간다. 따라서 〈그림 3-3〉에서 짐작할 수 있듯이 연소는 축 부분의 스타부터 시작되고 추진제는 복사선에 불투명하므로 일반적인 스타 모양에서는 추진제가 모두 연소될 때까지 고온의 가스가 케이스 내면과 직접 접촉할 일은 없다. 물론 대부분의 그레인은 열전달을 하지 않는 물질이지만, 연소가 끝날 무렵이면 상당한 열이 케이스에 전달될 수도 있고, 공기마찰로 뜨거워진 케이스가 내부의 그레인을 가열할 가능성을 없애기 위해 보통 코팅

21) 액체로켓에서는 고체로켓과 달리 노즐이 아닌 엔진 전체를 회전시키는 방법을 사용하는 점이 다르다.

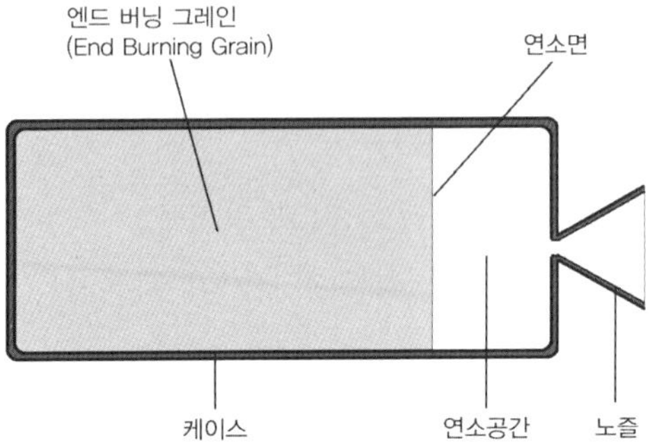

그림 3-4 엔드 버닝 그레인으로 설계한 고체로켓모터

을 세 겹으로 하는 것이 상례로 되어 있다.

〈그림 3-4〉의 엔드 버닝 그레인과 같은 설계에서는 원주형 그레인의 밑면부터 연소되는 설계이기 때문에 처음부터 케이스 내면이 고온의 가스에 그대로 노출된다. 연소온도는 고체추진제의 종류에 따라 차이가 크지만, DB의 연소온도는 2276℃이고 DB/AP-HMX/Al의 연소온도는 3727℃(4000K)이며 대부분의 주요 추진제의 연소온도는 그 사이에 있다. 물론 AN/Polymer(Ammonium Nitrate/Polymer) 같은 추진제는 연소온도가 1277℃로 비교적 낮지만 비추력이 180~190초밖에 되지 않아 추진제가 아닌 고체연료 가스 발생기에 주로 쓰이기 때문에 고려 대상이 아니다. DB만 빼고 거의 모든 추진제의 연소온도는 3100℃ 이상이며 이러한 고온에 노출되고도 고압에 견디는 소재는 없을 뿐 아니라 고체로켓에는 필름냉각이나 복열냉각에 사용할 액체연료나 액체산화제도 없다. 대안으로 떠오른 것이 융제현상을 이용한 열 차폐방법이며, 지금까지 성공적으로 사용하고 있다.

그레인의 바깥 면이나 연소가 되지 않아야 하는 그레인 면은 연소가 되지 않는 고분자물질로 코팅하여 더 이상 연소되지 않도록 연소방지층Inhibitor을 만든다. 그레인 내면에도 연소방지 코팅을 이용해 초기 연소면적을 조절할 수 있다. 케이스와 그레인 사이에 열전도가 아주 작은 접착제 성분으로 만든 '열 차단막Internal Thermal Insulator'을 입힌다.

열 차단막 물질로는 EPDM(Ethylene-Propylene Diene Monomer Rubber)에 실리카나 아라미드 섬유소를 첨가하여 마모에 대한 저항을 높인 융제냉각 소재를 사용한다. 추진제를 그레인으로 주조하기 전에 연소되지 않는 끈끈한 고분자Polymer 형태의 물질을 케이스 내면에 미리 도포하여 추진제가 케이스와 잘 접촉하도록 하며, 신축성이 좋은 물질을 택해 열팽창계수가 몇 배 차이가 나는 케이스와 그레인 외면에 틈이 생기지 않으면서도 그레인이 축 방향으로 팽창할 수 있게 해준다. 이러한 코팅을 '라이너Liner'라고 한다.

액체로켓과 마찬가지로 고체로켓에서도 노즐은 연소가스를 한 방향으로 가속하여 추력을 발생한다. 고체와 액체추진제의 연소온도가 비슷하여 노즐 내면을 통한 열전달도 크지만, 고체추진제 연소가스에는 알루미늄과 같은 금속연료가 녹아서 생긴 미세한 응축물질이 섞여 있기 때문에 액체로켓에 비해 노즐의 마모가 훨씬 크다.

제3장

고체추진제 그레인

1. 고체추진제가 갖춰야 할 특성

수천 종에서 5종류만 살아남은 액체추진제와는 달리, 수백 년을 흑색 화약 한 가지로 버티다가 DB가 개발되었고, 그 후 각종 복합화약이 개발되었다. 1942년 캘리포니아 공과대학교Caltech.의 테오도르 폰 카르만Theodore von Kármán 교수의 로켓 연구팀이 아스팔트 결합제를 사용한 복합추진제를 도입한 뒤, 사이어콜Thiokol 사는 폴리설파이드 결합제Polysulfide Binder를 개발했다. 아스팔트 대신 폴리설파이드를 사용함으로써 복합추진제의 비추력이 210초로 증가했지만, 아직도 미 해군이 개발하려는 사거리가 2400km 이상인 고체로켓 함대탄도탄(Fleet Ballistic Missile: FBM)에 필요한 비추력 230초에는 한참 못 미쳤다.

미 해군이 잠수함에 탑재하기 위해 개발한 IRBM을 완성하려면 세 가지 기술적인 문제를 해결해야 했다. 첫째로 1Mt 폭발력을 가진 탄두와 재돌입체(Reentry Vehicle: RV)를 합한 질량이 408kg(900lbs)을 넘지 않아야 했다.[22][23] 둘째는 비추력 I_{sp}가 최소한 230초가 되는 고체추진제를 개발해야 했으며, 셋째는 당시 주피터Jupiter IRBM을 위해 개발하던 최첨단 관성유도장치보다 무게가 1/6 정도로 가벼운 관성유도장치가 필요했다. 이상 해결해야 할 세 가지 문제 외에도 추력 벡터 변환장치Thrust Vector Control와 추력 중단 포트 TTP 및 노즐 소재도 개발해야 했다.

칼텍의 '자살특공대'로 알려진 폰 카르만 교수와 그의 여섯 제자들은 1942년 '에어로제트 사Aerojet Corporation'라는 로켓 연구 및 생산 회사를 설립했다.[24] 1954년 에어로제트 사는 폴리우레탄(Polyurethane: PU)을 사용해 비추력이 높은 복합추진제를 개발하기 위한 긴급 프로젝트를 추진했고, 그 다음해 말에는 사이어콜의 폴리설파이드 복합추진제보다 성능이 우수한 폴리우레탄 계통의 복합추진제를 개발하는 데 성공했다. 1950년대에는 결합제의 양대산맥인 폴리우레탄 계열과 폴리부타디엔(Polybutadiene: PB) 계열이 등장했으며, 그 가운데 HTPB(Hydroxyl-terminated Polybutadiene)는 지금도 사용되고 있다.

이때까지는 추진제에 5% 미만의 알루미늄 가루를 섞으면 비추력이 조금 증가한다는 것을 알고 있었고, 그보다 많은 량의 알루미늄을 섞으면 효과가 줄어든다는 이론이 있었기 때문에 아무도 그 이상의 알루미늄을 추진제에 섞으려고 시도하지 않았다. 그러나 '애트랜틱 리서치(Atlantic Research Corporation: ARC) 사에서 미 해군 병기국(Bureau of Ordnance: BuOrd)과 계약을 맺고 추진제를 연구하던 찰스 헨

22) Graham Spinardi, *From Polaris to Trident* (Cambridge University Press, 1994) p. 55. 실제로 생산된 W-47의 세 가지 모델은 325~333kg 사이 값을 가졌다.

23) 재돌입체(RV: Reentry Vehicle)는 극고속으로 대기권 비행을 할 때 공기마찰로 생기는 초고온에서 페이로드를 보호하는 케이스를 일컫는 말이다.

24) 데오도르 폰 칼만 교수는 미국 로켓 연구 및 생산기반을 구축한 헝가리 출신의 유체역학자로 캘리포니아 공과대학에 '제트추진연구소(JPL: Jet Propulsion Laboratory)'를 세우고 '에어로제트 사Aerojet Corporation'라는 로켓엔진 연구 및 생산회사를 설립했다. 그는 미 공군을 창설한 헨리 아널드Henry Arnold 장군을 도와 미 공군을 과학 군으로 변모하는 데 큰 공헌을 했고, 그의 제자들은 미국의 로켓 산업의 주춧돌이 되었다.

더슨Charles B. Henderson 그룹은 1955년 초에 이때까지의 관행을 깨고 15%에서 20% 정도의 알루미늄 분말을 추진제에 첨가했다. 그들은 지상 연소시험을 통해 비추력이 상당히 증가한다는 것을 보여주었다.[25] 추진제 연소온도가 충분히 높으면 알루미늄이 산화되면서 에너지를 대량으로 방출하여 연소가스의 엔탈피를 높여주고, 그 결과 비추력이 증가한다는 것을 발견한 것이다. ARC의 발견은 곧 해군 병기국에 보고되었고, 병기국의 기술담당자는 이와 같은 사실을 에어로제트 사의 복합추진제 개발 책임자인 칼 클라거Karl Klager에게 요약 보고했다. 새로운 발견에 힘입은 에어로제트 사는 폴리우레탄 결합제를 사용한 복합화약에 알루미늄을 다량 첨가하고 연소실 압력을 54기압으로 유지할 때 비추력이 평균적으로 235초인 복합추진제를 개발했다.

에어로제트 사는 고운 가루 형태의 알루미늄을 많이 함유한 추진제가 비추력을 높이는 것과 동시에 불안정 연소도 억제하는 것을 발견했다. 에어로제트 사는 미 해군 최초의 SLBM인 폴라리스Polaris-A1의 제1단과 제2단 모터를 모두 제작했고, 에어로제트 모터의 해면고도 비추력은 231초로 측정되었다. 알루미늄을 17% 이상 첨가한 복합추진제를 사용한 2단-고체로켓 폴라리스 탄도탄의 사거리는 1900km였고, 길이는 8.5m, 무게는 12.7톤이었다. 알루미늄은 폴리설파이드 결합제와 함께 사용하면 장기간 저장 시 화학반응이 일어나 폭발성 가스를 생성하는 것이 확인되었고, 알루미늄을 포함한 추진제의 연소가스는 연기가 많이 나고, 녹아버린 알루미늄이 노즐 목같이 틈이 있는 곳에 쌓여 굳는 것이 발견되었다.

AP/Al/PU 추진제를 폴라리스 A1에 성공적으로 사용한 이후 연료, 산화제, 결합제 및 가소제를 다양하게 조합함으로써 여러 가지 복합추진제가 개발되었고, 여기에 알루미늄 분말 같은 금속분말 연

---

25) Mike Gruntman, *Brazing the Trail* (AIAA, Reston VA, 2004) pp. 258-260.

료를 15% 이상 첨가해 복합추진제의 비추력을 대폭 높이게 되었다.

조지 서튼George P. Sutton은 그의 저서 『*Rocket Propulsion Elements*』에서 다음과 같은 특성을 되도록 많이 갖춘 추진제가 가장 바람직한 고체추진제라고 했다.26)

- 연소에너지가 클 것
- 연소된 가스의 평균 분자량이 작을 것
- 장기간 저장이 가능할 것
- 밀도가 높을 것
- 온도, 습도 등 대기조건에 둔감할 것
- 충격과 열에 둔감할 것
- 열팽창률이 적을 것
- 그레인 생산과 가공이 쉬울 것
- 원료 조달이 수월하고, 가격이 저렴할 것
- 그레인은 복사선에 불투명할 것
- 연소가 안정적이고 예측이 가능할 것
- 독성이나 환경유해 성분이 없을 것 등

연소에너지가 크면 연소가스의 온도와 압력이 높아 추진제 단위 질량당 높은 추력을 얻을 수 있고, 평균 분자량이 작으면 작을수록 같은 압력차에서 더 높은 배출속도를 얻을 수 있어 비추력이 그만큼 증가한다.27)

고체추진제는 연료, 산화제, 접착제 및 가소제(可塑劑, Plasticizer) 등으로 이루어지며, 열 경화된 추진제는 시간이 흐르면 화학적 변화

26) George P. Sutton and Oscar Biblarz, *Rocket Propulsion Elements*, 7th Edition (John Wiley & Sons, Inc., New York, New York, 2001) pp. 480–481.

27) 이상적인 경우 최대 가스 배출속도 $v_{e\,max}(= I_{sp}\,g_0 = \sqrt{2\gamma R T_c / [\overline{M}(\gamma - 1)]})$는 평균 분자량 $\overline{M}$이 작을수록 커짐을 알 수 있다. 여기서 g_0는 지표상에서 중력가속도 9.8066m/s^{2}으로 나타낸다.

로 플라스틱 성질이 바뀌어 틈이 생기거나 성능이 떨어질 수도 있다. 그레인에 금이 가거나 케이스와 그레인 사이에 틈이 생기면 폭발 위험성이 높아지므로 장기간 동안 화학적 변화가 적게 일어나는 것이 안전상 중요하다. 추진제의 밀도가 높을수록 정해진 로켓 케이스 안에 더욱 많은 양의 추진제를 충전할 수 있어 총질량과 구조물 질량의 비율인 질량비가 커지고 로켓의 Δv를 높인다. 추진제는 성분에 따라 습기를 흡수하여 변질될 수 있고, 연소속도는 점화되기 전의 그레인 온도에 민감할 수 있다. 이러한 추진제 성질은 관리와 운용을 까다롭게 할 수 있다. 더구나 HMX/RDX 니트로글리세린 같은 화약을 다량 첨가한 개선된 DB 추진제는 열 또는 충격으로 추진제가 폭발할 수도 있으므로 이 경우 운용관리에 많은 위험이 따른다. 따라서 성능과 안전 사이에 선택을 강요받는 상황을 되도록 피해야 한다. 추진제의 열팽창률이 너무 크면 모터가 작동 중에 케이스와 접합이 깨져 고온의 연소가스가 스며들어 로켓이 폭발하거나 번스루가 생길 수 있다. 아무리 성능이 좋은 추진제라도 원료 공급이 힘들거나 제조 단가가 너무 높으면 로켓 한 기당 적게는 10톤에서 많게는 수백 톤에 달하는 추진제를 다량으로 공급하기가 힘들거나 가격이 높아진다.

만약 그레인이 복사선에 대해 투명하면 연소되는 면에서 발생한 복사선이 추진제 깊숙이 침투하여 온도를 올려 연소 특성을 바꾸는 것은 물론, 그레인 내부에서도 연소가 시작되어 예측할 수 없는 연소가 일어나거나 폭발할 수도 있다. 따라서 그레인을 제조할 때는 복사선 투과를 막아주는 물질을 소량 섞어주는 것이 보통이다. 무엇보다도 중요한 것은 모터 안에서 추진제의 연소는 안정적이고 예측 가능한 상태로 일어나야 로켓을 유도조종하는 것이 가능하다.

끝으로, 추진제는 환경에 악영향을 주는 물질을 생성하면 안 된다. 미국과 소련의 냉전이 한창일 때는 크게 신경 쓸 여유가 없었지만, 지금은 추진제의 생산에서 사용에 이르기까지 전 과정에서 독성과 환경유해물질이 발생하지 않도록 법으로 제한하고 있다. 물론 위에서 열거한 조건들을 모두 갖춘 추진제는 없겠지만, 최대한으로 많은 조건을 갖출 수 있는 추진제가 개발되어왔다.

2. 고체추진제의 현재

현재 사용되는 대표적인 고체로켓 추진제 특성을 〈표 3-1〉에 정리했다.[28] 알루미늄 분말과 매우 강력한 화약 중의 하나인 HMX는 연료로 쓰이는 첨가제이며,[29] 여기서 AN(Ammonium Nitrate)과 AP는 복합추진제의 산화제다. PBAN(Polybutadiene Acrylonitrile), CTPB(Carboxyl Terminated Polybutadiene), HTPB 및 PBAA(Polybutadiene Acrylic Acid)는 폴리부타디엔 계열의 연료 겸 결합제이고, PU는 폴리에스터 계열의 연료 겸 결합제다.

〈표 3-1〉에는 나와 있지 않지만 또 다른 나이트라민 계열의 고성능 화약인 RDX와 저폭화약 NQ(Nitroguanadine)도 HMX와 함께 연기 없는 추진제 조성에 사용되며, 고에너지 가소제로 니트로글리세린도 필요에 따라 사용하고 있다. 더블베이스의 각 성분과는 달리 복합추진제에서는 연료와 산화제가 따로 있다. 추진제가 완전히 연소되려면 연소 뒤에 어느 한 성분이 남거나 모자라면 안 되기 때문에 연료와 산화제를 적정량으로 배합하는 것이 중요하다.

산화제와 연료 성분은 고운 가루로 만들어 액상의 결합제에 넣어 잘 섞은 뒤에 열을 가하거나 경화제를 사용하여 경화Cross-Link시켜 고무 같은 고체로 만든다. 이 과정에서 연소속도나 물리적 성질을

---

28) George P. Sutton and Oscar Biblarz, *Rocket Propulsion Elements*, 7th Edition (John Wiley & Sons, Inc., New York, New York, 2001) p. 479.

29) HMX는 Cyclotetramethylene Tetranitramine이라는 TNT보다 1.9배 이상 강력한 화약이다.

추진제 타입	I_{sp} (sec) 범위	연소 온도 (°K)	밀도 (g/cm^3)	금속 함량 (%)	연소속도 (cm/sec)	위험성 분류	제작방법
DB	220-230	2277	1.61	0	0.127-3.048	1.1	사출
DB/AP/Al	260-265	3607	1.80	20-21	0.508-2.540	1.3	사출
DB/AP/HMX/Al	265-270	3727	1.80	20	0.508-3.048	1.1	용매 주조
PU/AP/Al	260-265	3167	1.78	16-20	0.508-2.286	1.3	주조
PBAN/AP/Al	260-263	3227	1.78	16	0.635-2.540	1.3	주조
CTPB/AP/Al	260-265	3167	1.78	15-17	0.635-5.080	1.3	주조
HTPB/AP/Al	260-265	3167	1.86	4-17	0.635-7.620	1.3	주조
PBAA/AP/Al	260-265	3167	1.78	14	0.635-3.302	1.3	주조
AN/Poymer	180-190	1277	1.47	0	0.152-1.270	1.3	주조

표 3-1 현재 사용 중인 대표적인 고체추진제 특성
위험성 분류가 1.1인 추진제는 폭발Detonation 가능성이 있는 물질이고, 분류가 1.3이면 폭발 가능성이 없는 물질로 보면 된다. 〔George P. Sutton and Oscar Biblarz, *Rocket Propulsion Elements*,7th Edition (John Wiley & Sons, Inc., New York, New York, 2001) p. 479의 Table 12-1.〕

조절하기 위한 물질을 첨가하는 것이 가능하다. 맨 처음 복합추진제의 결합제로 사용된 물질은 아스팔트였다. 비록 비추력이 185초밖에 안 되었지만, 폰 칼만이 연구소장으로 있던 캘리포니아 공과대학의 구겐하임 항공연구소(GALCIT)에서 처음으로 제조한 아스팔트-과염소산칼륨Asphalt-Potassium Perchlorate 추진제는 복합추진제의 시작이었다. GALCIT를 이어받은 제트추진연구소JPL의 찰스 바틀리Charles Bartley는 사이어콜Thiokol에서 개발하여 비행기 연료 탱크 '밀봉제(密封劑, Sealer)'로 사용하던 LP-2라는 '폴리설파이드Polysulfide' 액상 폴리머를 아스팔트 대신 사용했다.30)

30) 고체추진제 역사에 대해 좀 더 알고 싶은 독자는 다음에 소개하는 2개의 리뷰를 참고하기 바란다.
* J. D. Hunley, 'The history of solid-propellant rocketry - What we do and do not know,' 35th AIAA/ASME/SAE/SEE Joint Propulsion Conference and Exhibit (June 20-24, 1999, Los Angeles, CA);
* W. S. Kennedy, S. M. Kovacic, and E. C. Rea, 'A Guide to Solid Propellant

바틀리 팀은 폴리설파이드 추진제를 직접 모터 케이스에 부어서 주조함으로써 그레인을 케이스에 접착했고, 이러한 그레인은 그 후 '주조접착식 그레인Case Bonded Grain'이라고 한다. 이와 더불어 과염소산칼륨을 과염소산암모늄 AP로 대체함으로써 비추력이 증가하고 매연도 적은 JPL118이라는 복합추진제를 개발했다. JPL118은 AP 산화제, 폴리설파이드 바인더와 약간의 경화제를 사용하여 제조하며, 복합추진제로는 처음으로 해면고도 비추력이 198초를 넘어섰다. 물론 JPL118은 아직도 DB의 230초에 비해서는 성능이 많이 떨어지는 추진제였지만, 1954년경 에어로제트 제너럴 사Aerojet General Co.는 AP와 PU를 사용하여 비추력이 235초에 이르는 주조접착식 그레인을 생산했다.

바틀리는 엔드 버닝 추진제가 처음에는 빠르게 진행되지만, 나중에는 늦어지는 현상을 발견했고, 엔드 버닝의 문제점을 제거하고 시간에 따른 추력을 조절하기 위해 〈사진 3-2〉에서 보는 것과 같은 스타 설계Star Design를 도입했다. JPL 연구자들은 엔드 버닝 대신 그레인의 단면이 별 모양Star Shaped으로 보이는 공동을 가진 그레인을 설계하고, 공동의 내면을 점화하여 그레인을 연소하는 방법을 고안했다. 공동이 별 모양인 그레인을 제조하려면 추진제를 케이스에 충전하기 전에 별 모양의 주조용 심쇠Mandrel를 설치해야 한다. 주조 후에 그레인을 손상하지 않으면서 심쇠를 뽑아내기 위해 처음에는 '바륨 그리스Barium Grease'를 사용했으나 그리스는 접촉한 추진제에 변화를 줄 뿐 아니라 그레인 내부로 파고들어 연약한 부분을 만드는 것으로 확인됨에 따라 심쇠를 뽑아내는 새로운 방법으로 심쇠 표면을 테플론으로 코팅을 하는 방법을 도입했다.

한편, 사이어콜은 가압경화Pressurized Curing 프로세스를 개발하여 그

Rocketry-Thiokol_Rocket_Basics,'
http://www.rockets4schools.org/education/Thiokol_Rocket_Basics.pdf.

사진 3-2 ATK(Alliant Techsystems) Inc.에서 제작한 고체로켓모터.
별 모양이 보인다. ATK Inc.는 1990년 허니웰Honeywell Inc.의 자회사로 설립되었으나 1995년 굴지의 고체로켓 회사 허큘리스Hercules Inc.를 사들였고, 그 후 사이어콜Thiokol을 사들여 최대의 고체로켓 공급자로 떠올랐다.

레인 안에 생기는 빈 공간이나 틈이 생기는 것을 방지하게 되었고, 이로써 대형의 주조접착식 복합추진제 그레인을 제작할 수 있는 길이 열리게 되었다. 이제 남은 것은 비추력을 장거리 탄도탄에 적합한 수준으로 끌어 올리는 방법을 찾는 것뿐이었다.

〈표 3-1〉은 순수한 DB와 가스발생기용 저에너지 추진제를 제외한 모든 고에너지 고체추진제 조성은 14% 이상의 알루미늄 금속 분말을 연료로 포함하고 있음을 보여준다.[31] 1954년 애틀랜틱 리서치 사(Atlantic research corporation: ARC)의 키츠 럼블Keith Rumbel과 찰스 헨더슨은 그때까지 이론적인 알루미늄 함량의 상한값으로 알려진 5%보다 높은 알루미늄을 포함한 추진제를 연구했다. 그들은 산소 함유량이 높고 연소온도가 2700°C가 넘을 때 PVC(Polyvinyl Chloride)에 12% 이상의 알루미늄 분말을 섞으면 비추력이 훨씬 높아진다는 것을 알아냈다.[32] 이후 알루미늄 분말은 모든 변형된 DB나 복합추진

31) AN/Polymer가 대표적인 가스 발생용 저에너지 추진제다.

32) 알루미늄은 2700°C 이상의 온도에서는 연소되며 많은 열을 방출해 '연소실'의 압력을 높여 연소가스를 훨씬 빠른 속도로 노즐을 통해 가속한다. Derek Damon Farrow, 'A Theoretical and Experimental Comparison of Al as an Energetic Additive in Solid Rocket Motors', Master's Thesis, University of Tennessee, 2011.

제에 사용되었다. 그러나 AN/Polymer는 연소온도가 너무 낮고 순수한 DB에는 잉여 산소함량이 없어 그냥 알루미늄만을 섞어넣을 수는 없다.

알루미늄 분말은 추진제의 비추력을 높이는 것 외에 연소의 불안정성을 제거하는 역할도 한다. 알루미늄 분말의 용량을 조절하면 파괴적인 불안정 연소를 일으키는 '고주파횡파High Frequency Transverse Wave'를 효과적으로 감쇄하는 것도 발견되었다.[33] 알루미늄은 복합추진제의 연료로 사용되지만, 6에서 60μm 사이의 구형 분말로 분쇄된 알루미늄과 AP를 DB에 추가함으로써 복합추진제와 DB가 결합된 형태의 CMDB(Composite-modified Double Base)라는 강력한 추진제를 개발했다. 알루미늄은 연소되어 연소열을 높여주고 추진제의 밀도를 증가시키며 연소온도를 높여준다. 이러한 효과는 모두 비추력 I_{sp}를 높여주는 역할을 한다. 그러나 산화된 알루미늄은 액상의 방울 상태로 생겼다가 가스의 온도가 내려가면 고체의 알루미나 가루로 바뀐다.

액상의 산화알루미늄 방울들은 노즐 틈이나 연소실 내벽에 부착되어 여러 가지 부작용을 일으킬 수 있다. 알루미늄 분말을 14% 이상 첨가하면 I_{sp}가 크게 증가하는 것을 알았지만, 이러한 금속분말 연료와 가루 형태인 AP 산화제 결정을 충격에 강하고 화학적으로도 안정된 고무 형태의 그레인으로 제작하기 위해서는 적절한 결합제 개발이 무엇보다 중요했다. 결합제는 복합추진제의 고형 알갱이 성분의 연료와 산화제를 결합시키는 접착제다. 현재 복합추진제의 결합제 원료로 주로 쓰이는 원료는 폴리에테르Polyethers, 폴리에스테르와 폴리부타디엔과 같은 모노머Monomers 또는 프리폴리머Prepolymers다.

이런 결합제는 연소과정에서 산화하면서 열을 발생하기 때문에 연료 역할도 한다. 고체 성분의 연료를 산화제 성분과 섞은 뒤 심

33) http://www.aerospaceweb.org/question/propulsion/q0246.shtml

쇠를 장착한 케이스에 채우고 경화시키면 딱딱한 고무와 같은 성질을 가진 그레인이 생성된다. 결합제의 주성분인 폴리머 선택에 따라 그레인의 신뢰도, 기계적 성질, 제조 과정의 복잡성, 노화Aging 및 생산비가 좌우된다.[34] HTPB, CTPB, PBAN, PBAA 그리고 PEG(Polyethylene Glycol)는 잘 알려진 결합제다. 특히 HTPB는 다른 결합제보다 더 많은 88%에서 90%의 고체 성분(AP와 Al)을 결합시킬 수 있고, 허용하는 온도 범위 내에서 우수한 물리적 성질을 가지기 때문에 최근에 가장 선호하는 결합제로 떠올랐다.

복합추진제가 보편화되어 DB의 NG 가소제에 탄성폴리머Elastomeric Polymer를 첨가해 DB의 물리적 성질을 개선한 추진제가 EMCDB이며, DB에 TMETN(Trimethylolethane Trinitrate)이나 BTTN(Butanetriol Trinitrate)을 가소제로 첨가한 후 Al과 AP를 더 첨가함으로써 CMDB 추진제를 얻는다. EMCDB나 CMDB는 원래는 DB였지만 복합추진제처럼 변형되었고, 물리적 성질이나 I_{sp}가 많이 개선되었다. 〈표 3-1〉에서 보듯이 현대식 복합추진제와 개선된 DB의 해면고도 I_{sp}는 거의 모두 260~270초 사이에 있다.

화약을 추진제에 첨가해 고에너지 추진제나 무연 추진제를 개발하는데, 이러한 목적으로 사용되는 화약에는 크리스털 형태의 고성능 폭약 RDX와 HMX 및 섬유상의 고체 NC 또는 액상의 NG 등이 있다. 이것들은 연소되면서 많은 열을 방출하지만, 어떤 조건에서는 열 또는 충격으로 폭발을 일으킬 수도 있다. RDX(Research Department Explosive)는 사이클로나이트Cyclonite라고도 하고 HMX 또한 옥토젠Octogen이라고도 한다.[35] HMX는 처음에는 RDX 생산과정에서 8~12% 정도의 부산물로 생되었지만, RDX보다도 훨씬 강력한 화약이다. HMX와 RDX는 둘 다 연료와 산화제가 균형 잡힌 물질로,

---

34) 노화Aging란 시간에 따라 기계적·화학적 성질이 변화하는 현상을 말한다.

35) HMX의 또 다른 이름은 'Her Majesty's Explosive' 또는 'High Melting Explosive'다.

여기에 산화제나 연료를 추가하면 반응 온도와 비추력을 낮추는 결과가 나온다. 따라서 HMX나 RDX를 결합시키기 위해 결합제를 첨가하려면 AP와 같은 산화제도 같이 첨가해야 성능이 떨어지지 않는다.

HMX와 RDX는 DB, CMDB와 복합추진제의 성능을 높이기 위해 최대 추진제 무게의 60%까지 첨가할 수 있지만, HMX 함량이 높은 추진제는 폭발성 추진제 '1.1 등급(Class 1.1)'으로 분류되어 생산, 가공, 운송, 관리 등 모든 면에서 화약과 같은 규정에 따라 취급해야 한다. HMX나 AN으로 조성이 변형된 CMDB는 거의 연기가 나지 않는다. 연소가스에 어떠한 고체 덩어리도 남지 않기 때문이다. Al을 포함한 추진제의 연소가스는 알루미나 가루를 포함하고 이것이 빛을 반사하거나 흡수하여 연기를 만들고 공기 중의 수증기를 응고시키는 핵이 되어 비행운을 만들기도 한다.

3. 모터 케이스

그레인에는 주조접착식 그레인Case-bonded Grain과 카트리지 충전식 그레인Cartridge-loaded Grain의 두 종류가 있다. 주조접착식 그레인은 모터 케이스 안에 주조용 추진제를 부어 경화시키고 케이스에 접착시켜 제조하며, 카트리지 충전식 그레인은 모터 케이스가 아닌 주조 금형으로 주조한 뒤 가공하거나 아니면 사출 성형된 추진제를 가공해 케이스에 넣고 조립한다.

시간이 흐르면 그레인에는 서서히 노화현상이 일어나는데, 지나치게 노화된 카트리지 충전식 그레인은 주조접착식 그레인에 비해 교체하는 것이 수월하다. 카트리지 충전식 그레인은 전술형 미사일과 같은 작은 미사일에 주로 사용하며, 생산비가 낮고 그레인 검사가 쉽다. 반면, 주조접착식 그레인은 성능이 좀 우수하고 플랜지나 받침대가 필요 없고, 단열재도 카트리지 충전식 그레인에 비해 적게 써도 되므로 좀 더 많은 추진제를 충전할 수 있지만, 생산이 까다롭고 가격도 비싸다. 최근에는 전술형 미사일도 케이스 주조접착식 그레인으로 대체하는 추세에 있다.

모터 케이스는 그레인을 담아두는 케이스이면서 동시에 연소 중에 발생하는 고온고압 상태를 견디도록 설계한 압력용기다. 모터 케이스는 로켓모터 자체의 구조물인 동시에 로켓 전체의 정적·동적 하중을 지탱하는 주 구조물이다. 따라서 모터 케이스 설계는 연소의 열 및 압력과 하중을 견디게 설계되어야 하지만, 동시에 로켓 전체의 중량이 너무 무거워지지 않도록 소재나 치수 선정은 적정선에서 타협할 수밖에 없다.

그레인이 연소할 때 생기는 내부 압력은 모터 케이스를 밀어내는 장력Tension과 이에 따른 방사 방향의 진동Radial Vibration을 일으킨다. 반면, 연소가스가 노즐을 통해 가속하고 그 반작용으로 발생하는 추력은 모터 케이스에 축 방향의 스트레스Stress를 주면서 축 방향의 진동을 일으킨다. 모터 케이스에 장착된 노즐과 TVC가 작동하면 모터 케이스는 추력, 굽힘Bending과 전단응력을 한꺼번에 받는다. 다단로켓인 경우 모터 케이스는 추력과 상단 무게에서 스트레스를 받고, 로켓이 비행 중에는 기동과 공기저항에서 오는 굽힘과 전단응력을 계속 받는다. 이처럼 스트레스, 굽힘 및 전단응력은 관련된 축 방향과 횡 방향의 진동을 일으킨다. 여기에 횡 방향의 공력Aerodynamic Force도 작용한다.

로켓이 필요한 이유가 페이로드를 특정한 장소로 운반하든가 또는 필요한 궤도에 진입시키는 데 있으므로 같은 추력을 내는 로켓모터로 더 무거운 페이로드를 운반하든가, 아니면 더 멀리 운반하기 위해서는 연료 무게를 구조물의 무게로 나눈 질량비가 되도록 커야 한다. 모터 관점에서 본다면 케이스는 냉각을 원활하게 하고 압력을 충분히 견디도록 무겁더라도 되도록 두꺼운 케이스를 사용하는 것이 유리하고, 기체 관점에서도 케이스는 물론 연결부, 공력 핀, 기타 힘을 받는 구조물을 튼튼하게 설계/제작해야 한다. 그러나 로켓의 궁극적인 목적이 페이로드 운반이므로 구조물의 무게를 되도록 줄이고 페이로드나 연료를 더 많이 탑재하는 것이 필요하다. 따라서 고체로켓 구조물 무게의 대부분을 차지하는 모터 케이스와 엔진 및 노즐은 연소실의 온도와 로켓에 가해지는 각종 하중에 견딜 수 있는 최소한의 무게를 갖도록 제작할 수밖에 없다.

로켓이 작동하는 무대는 대기권과 우주공간이다. 주변 환경에 적합한 소재는 로켓모터 내외의 온도, 압력, 정적·동적 스트레스, 화학적 부식, 방사선, 진공 등을 고려하여 선택해야 한다. 현재 주로 사용하는 모터 케이스 소재는 고장력 금속, 유리섬유 강화플라스틱(Filament-wound Reinforced Plastics: FRP)과 금속을 FRP로 보강하는 경우 등 세 가지로 나눌 수 있다. 고장력 금속은 고장력 강철, 알루미늄 합금 또는 티타늄 합금 등을 주로 사용한다. FRP에 사용되는 대표적인 필라멘트 물질로는 유리섬유(E-Glass), 아라미드 섬유(Aramid Fibers: Kevlar49), 탄소섬유 등이 있고, 결합제로는 에폭시Epoxy를 사용한다. 탄소섬유를 이용한 모터 케이스 질량(추진제 제외)은 유리섬유 FRP로 만든 케이스 무게의 50%이고 아라미드 FRP 무게의 65%밖에 안 된다. 장력이 제일 큰 물질은 탄소섬유 FRP고, 다음이 고장력 강철합금, 그다음이 유리섬유 FRP이지만, 단위질량당 장력을 비교하면 유리섬유 FRP가 티타늄 합금과 고장력 강철합금보다도 우수한 것으로 나온다.[36] T_{TS}/ρ가 큰 물질을 사용하면 그만큼 모터 케이스 등 구조물의 무게를 줄일 수 있어 로켓의 전반적인 성능이 향상된다. 여기

36) George P. Sutton and Oscar Biblarz, *Rocket Propulsion Elements*, 7th Edition (John Wiley & Sons, Inc., New York, New York, 2001) p. 542.

서 T_{TS}/ρ는 밀도당 장력Tensile Strength을 의미한다. 얇은 금속 케이스 위에 FRP로 보강한 모터 케이스도 성공적으로 사용되고 있다.

반면, 고장력 합금이나 티타늄 합금 케이스는 FRP에 비해 여러 가지 유리한 조건들을 가지고 있다. 로켓이나 모터를 제작하고 운반하고 저장하는 과정에서 FRP 케이스보다 좀 거칠게 취급해도 되며 온도가 1000°C 가까이 올라가도 강도가 별로 줄어들지 않기 때문에 단열 부담이 그만큼 줄어든다. 금속 케이스의 밀도가 FRP보다 훨씬 크며 단열층이 얇아도 되고 FRP보다 부피가 훨씬 작기 때문에 실질적으로 더 많은 추진제를 탑재하는 것이 가능하다. 마레이징강Maraging Steel인 경우 장력은 2068MPa이지만 마레이징강보다도 나중에 개발된 HY강High Yield Steel의 장력은 마레이징강과 비슷하지만 찢어지지 않는 성질이 강한 강철이기에 모터 케이스를 제작하는 데는 적절한 소재로 판단된다.

FRP는 질긴 섬유질로 만든 필라멘트를 필요한 형태로 정확한 패턴으로 감고 에폭시수지로 접착시켜 만든다. FRP의 장점은 가볍다는 것이지만, 온도가 180°C 이상이 되면 플라스틱이 물러지는 약점이 있다. 따라서 삽입물이나 죔쇠 등 보강재를 써서 하중을 받쳐줄 구조물을 장착할 수 있게 하는 것이 필요하다. FRP는 열팽창계수가 크고 열전도가 낮아 케이스 두께에 따른 온도 차가 많이 난다. 더구나 필라멘트를 결속해주는 에폭시수지는 100~180°C에서 기능을 잃는다.

모터의 모양에 따라 추진제와 총질량의 비율인 추진제 질량비가 달라지는 것도 케이스 설계를 할 때 고려해야 할 사항이다. 구형 모터인 경우 추진제 단위부피당 가장 적은 케이스 중량을 갖게 되며 따라서 추진제 질량비가 가장 크다. 로켓의 추진제 질량비는 0.74에서 0.94까지 다양하지만, 상단 로켓으로 사용되는 고체로켓은 보통 구형으로 설계하여 추진제 질량비를 크게 한다. 지름이 작은 원통형 모터 케이스 경우 실제 케이스 두께를 아주 얇게 할 수 없어 추진제 단위부피당 케이스 물질 질량이 클 수밖에 없다. 따라서 작은 모터일수록 구형 모터가 유리하다.

4. 고체추진제 연소속도

로켓모터의 설계와 성능은 추진제의 연소속도, 연소면적, 그레인 형상 및 추진제 물질의 연소 특성 등에 따라 결정된다. 그레인의 연소면Burning Surface은 면과 수직한 방향으로 움직이고, 연소면이 움직이는 속도를 연소속도Burning Rate라고 한다. 그레인의 표면이 연소되면서 고체가 가스로 변하고 그레인 내부의 추진제가 연소에 계속하여 노출되므로 연소면은 항상 연소면에 수직으로 그레인 안에서 움직인다. 연소속도는 $\dot{s}$로 표시하며 단위는 cm/sec 또는 mm/sec로 표시한다. 연소속도는 물론 추진제 조성에 따라 달라진다. 추진제 양의 3% 미만의 촉매를 첨가하거나, 산화제 입자 크기를 줄이거나 또는 산화제 양이 많으면 연소속도가 증가한다.[37)]

이외에도 결합제와 가소제를 고에너지 물질로 대체하여 연소열을 높이고, 그레인 안에 금속선을 삽입해도 연소속도는 증가한다. 그러나 이러한 추진제 조성과 그레인 제조방법과 상관없이 연소실의 압력 p_0와 온도 T_0를 높이면 연소속도가 올라가고, 연소되기 전의 그레인 온도를 높여주어도 $\dot{s}$가 증가하며, 연소면에 평행으로 흐르는 연소가스 흐름이 증가하거나 그레인이 가속이나 스핀으로 스트레스를 받아도 연소속도가 증가한다.

고체로켓모터의 설계와 제작의 성공 여부는 상당 부분 선택한 추진제가 예상되는 모든 환경에서 연소속도의 변화를 얼마나 정확히

37) 소량의 FeOOH를 섞으면 연소율이 높아진다.

예측할 수 있는가에 달려 있다. 실물 모터를 이용해 추진제 성능을 시험하는 것이 바람직하지만, 추진제 개발에 필요한 수많은 시험을 모두 실물 모터를 사용하는 것은 경제적으로나 시간상으로 현실성이 없다. 개발 중인 추진제가 요구 성능을 만족할 수 있는지 초기에 판단하는 것이 중요하다. 이러한 판단에 바탕이 되는 데이터를 간편하고 경제적으로 얻을 수 있는 방법으로 '크로퍼드 버너Crawford Burner'와 '탄도 평가용 모터(Ballistic Evaluation Motor: BEM)'를 사용하는 것이 관례로 되어 있다.

크로퍼드 버너 방법은 작은 압력용기 안에서 외부를 연소억제제Inhibitor로 코팅한 장터국수 크기의 추진제 가닥을 엔드 버닝으로 연소시키는 것이다. 추진제 가닥 안에는 일정 거리마다 와이어를 꽂아 연소면이 와이어 위치를 지나가는 시간을 기록함으로써 연소속도 $\dot{s}$를 측정한다. 압력용기 안에 고압의 비활성가스를 주입하여 연소실 압력 하에서 연소속도를 시뮬레이션 하는 것도 가능하다. 이 방법은 추진제를 개발할 때 수시로 필요한 데이터 생산에 자주 사용된다. 그러나 크로퍼드 버너 시험으로 측정한 연소속도는 항상 실물 로켓 연소실 안에서 측정한 연소속도보다 4~12% 정도 작게 나온다. 실제 로켓 연소실의 온도와 압력을 제대로 시뮬레이션 할 수 없기 때문이다.

BEM 방법은 실제 모터를 작게 줄인 축소 모터를 사용해 추진제 성능을 평가하는 방법이다. 하지만 이 방법 역시 실제 모터보다는 약간 작은 연소속도를 보인다. 연소실 안에서 연소하는 현상이 축소 모델에서는 그대로 재현되지 않기 때문이다. 크로퍼드 방법과 BEM 시험은 조성의 연소속도에 대한 데이터를 측정하기 위한 것이라기보다는 가능성이 없어 보이는 추진제 조성을 미리 골라내는 방법으로 보는 것이 옳다. 적은 양의 추진제 샘플로도 가능성이 없는 조성을 미리 골라낼 수 있기 때문에 실제 모터를 이용한 값비싼 지상 연소시험은 성공 가능성이 높은 조성에만 행함으로써 개발 기간과 예산을 크게 절감할 수 있다.

물론 실제 사용할 추진제 조성에 대한 데이터는 실물 크기의 모터를 사용한 지상 연소시험과 비행시험을 통해 얻는다. 실물 크기의 모터 연소시험에서는 연소실 내의 온도, 압력 및 첨가제를 바꿔가면서 $\dot{s}$과 함께 필요한 파라미터들을 측정한다. 연소속도 $\dot{s}$는 여러 가지 파라미터의 함수이고, 연소에서 단위시간당 생산되는 고온 가스량 $\dot{m}_p$를 결정한다.[38]

$$\dot{m}_P = A_b \rho_g \dot{s} \qquad (3\text{-}1)$$

여기서 A_b와 ρ_g는 각각 그레인이 연소되고 있는 면적과 연소되기 전의 추진제 밀도, $\dot{s}$는 연소속도다. 연소속도는 별도로 지정하지 않는 한 연소 전의 그레인 온도 20.85°C와 압력 6.895MPa(68.048기압)에 대한 것으로 가정한다.[39] 아래첨자 'g'는 연소 전의 그레인에 대한 물리량을 의미한다. 그레인 온도 T_g가 바뀌면 연소에너지양은 변하지 않지만, 연소속도가 바뀌고 결과적으로 에너지 방출속도도 바뀐다. 거의 모든 추진제에 대해 연소속도는 0.5cm/sec에서 7.5cm/sec 사이에 있다. 연소속도를 더 높이기 위해 와이어나 연소속도를 증가시키는 촉매를 사용해도 7.5cm/sec 이상의 높은 속도를 얻는 것은 상당히 힘든 것으로 알려지고 있다.

대형 로켓모터를 개발하고 시험할 때는 그레인 전체가 같은 온도가 되도록 시험 전에 여러 시간 동안 특정 온도로 그레인을 유지하는 것이 일반적인 절차다. 예를 들어 추운 겨울에 야외에서 고체로켓을 발사하려면 몇 시간 전부터 전기담요로 감싸 그레인을 적정온

38) $\dot{m}$은 모터가 안정되게 작동할 때 노즐을 통해 단위시간당 배출되는 가스량과 같다.
39) 1기압의 압력(1atm)은 0.101325MPa(megapascal)에 해당된다.

도로 유지해줘야 한다. 반면, 지하 사일로에서 일정한 온도로 유지되는 고체로켓 ICBM은 이러한 예열이 필요 없다. 그러나 항공기에서 발사하는 로켓의 그레인의 온도를 일정하게 유지할 수가 없으므로 상당히 넓은 온도 대역에서 일관된 성능을 유지하는 것이 중요하다.

연소실의 온도 T_0는 화학반응 속도를 바꾸지만, 연소 전의 그레인 온도 T_g는 그레인의 연소속도를 좌우한다. T_g가 높아지면 연소속도가 커져 그레인이 소진하는 데 걸리는 시간이 짧아진다. 대부분의 복합추진제로 제작된 그레인은 온도 구간 $-54°C < T_g < 71°C$에서 연소실 압력은 20~30% 정도 늘어나고 연소시간은 20~30% 정도 짧아진다. T_g가 올라가면 연소속도가 커지고 단위시간당 생산되는 가스량 $\dot{m}_P$가 늘어나 연소실의 압력도 높아진다. 반면, 연소속도가 커지면 그레인이 소진되는 시간은 $\dot{s}$에 반비례하여 줄어든다. 다시 말해, 연소전의 그레인 온도 T_g가 변화하면 연소속도와 연소실 압력은 크게 바뀌지만, 총 충격량은 거의 변하지 않는다.

매초당 연소되는 추진제 양은 매초당 연소실 내의 그레인 공동을 채우는 연소가스의 질량 변화와 매초 노즐을 통해 빠져나가는 가스 질량의 합과 같다.

$$\dot{m}_P = A_b \rho_g \dot{s} = \frac{d}{dt}(\rho_0 V_0) + A_t p_0 \left\{ \frac{2}{\gamma+1} \frac{\gamma \overline{M}}{RT_0} \right\}^{\frac{(\gamma+1)}{2(\gamma-1)}} \tag{3-2}$$

여기서 ρ_0, T_0과 V_0은 각각 연소실 공동Cavity 내의 연소가스 밀도, 온도 및 공동의 부피를 나타낸다. 첨자 t는 노즐 목에서 잰 양을 뜻하고 γ는 단열지수를 나타낸다. 액체로켓엔진에서는 V_0은 연소실의 부피며 시간에 따라 변하지 않으므로 식 (3-2)의 우변에서 첫 번째 항은 0이지만, 고체로켓에서는 연소가 일어나 가스로 채워지는 그레인의 연소면과 연소실 벽으로 이루어진 공간 내의 부피 V_0은 연소실 내의 가스 부피와 같고 연소가 진행됨에 따라 계속 커진다.

$\dot{m}_P$가 결정되면 액체로켓엔진에서와 마찬가지로 고체모터의 추력은 비추력 I_{sp}로 $F = \dot{m}_P g I_{sp}$로 표시할 수 있고, 노즐의 물리학도 대동소이하다.

4부

다단로켓 시스템

제 1 장

연소종료속도와 다단로켓

1. 연소종료속도

우리가 로켓을 사용하는 목적은 단 하나, 수 킬로그램에서 100톤 이상에 이르는 물체를 극초고속(8~15km/s)으로 가속하고 통제하는 것이다. 로켓을 우주발사체로 사용하거나 또는 ICBM과 같은 탄도탄으로 사용하는 경우 제일 중요한 것은 엔진의 연소가 종료될 때 도달할 수 있는 속도다. 우리가 구한 추력에 대한 관계식 (1-4) 또는 (1-8)과 뉴턴의 운동방정식을 이용해 로켓의 연소종료속도Burnout Velocity: v_{bo}를 구해보자.

중력도 대기도 존재하지 않는 우주공간에서는 로켓에 작용하는 힘은 추력 F뿐이다. 계산의 편리를 위해 $p_e = p_a (= 0)$라고 가정하기로 한다. 이러한 이상적인 상황에서 로켓은 추력이 미는 방향으로 직선운동을 한다. 1단으로 구성된 로켓이 점화되어 연소가 종료될 때까지 가속하여 도달할 수 있는 속도증분 Δv는 치올코프스키가 처음으로 유도한 것으로 알려져 있다.[1] 방정식 (1-8)에서

$\dot{m}_P = -\dot{m}$ 임을 이용하면 다음과 같은 속도방정식을 얻는다.[2]

$$dv = -v_e \; dm/m$$

이 방정식은 쉽게 적분되며 로켓이 연소종료 된 후 속도와 점화 이전의 속도 차이를 의미하는 속도증분 델타브이 Δv 는 다음과 같이 표현할 수 있다.

$$\Delta v = v_e \ln(m_{\in ial}/m_{final}) \tag{4-1}$$

여기에서 $m_{\in}ial$ 은 초기질량으로 로켓이 점화되기 전의 질량, m_{final} 은 연소가 끝난 후의 로켓 질량이다. 초기질량 $m_{\in ial}$ $(=m_P+m_s+m_L)$ 은 추진제 질량 m_P, 구조물 질량 m_S 와 '유효탑재물(페이로드Payload)' 질량 m_L 의 합이고, $m_{final}(=m_s+m_L)$ 은 추진제가 모두 소진되고 난 후의 로켓 질량과 페이로드 질량의 합이다. 물론 m_{final} 에는 연소가 종료된 뒤에도 남아 있는 잔여 추진제가 포함될 수밖에 없지만, 이러한 잔여 질량은 구조물 질량의 일부로 생각하기로 한다. 구조물 질량에는 페이로드를 제외한 기체, 엔진, 파이프, 노즐, 밸브, 추진제 탱크, 유도조종장치와 볼트 너트 등 추진제가 아닌 모든 것의 질량이 포함된다. 잘 만든 1단 로켓이라면 구조물의 무게는 추진제 무게의 7~10% 내외가 될 것으로 본다.

앞으로 로켓을 이야기하면서 자주 보게 될 물리량이 바로 속도증분 Δv 와 질량비Mass Ratio MR이다. 질량비는 $MR = m_{final}/m_{\in}ial$

---

1) Tsiolkovsky rocket equation, http://en.wikipedia.org/wiki/Tsiolkovsky_rocket_equation

2) 추진제가 연소되어 매초 $\dot{m}_P$ 만큼의 가스가 로켓 밖으로 빠져나간다는 것은 매초 로켓의 질량 m이 $\dot{m}_P$ 만큼씩 줄어든다는 뜻이다.

로 정의하며 속도증분은 $\Delta v = v_e \ln(1/MR)$와 같이 표현할 수 있다. 질량비는 대수함수로 Δv에 기여하지만, Δv는 비추력 I_{sp} $(= v_e/g)$에 직접 비례하므로 비추력의 중요성을 알 수 있다.

수식 (4-1)은

$$
\begin{aligned}
m_{\in ial} &= m_{final}\, e^{\Delta v/v_e} \qquad (4\text{-}2) \\
&= m_{final}(1 + 1.71828183\ldots)^N
\end{aligned}
$$

로 바꿔 쓸 수 있다. 여기서 자연대수의 기수Base e(=2.71828183...)를 1+1.71828183...으로 나누어 썼다. $N(=\Delta v/v_e)$을 기간(달수)으로 보고 1.71828183...을 이자로 생각한다면 식 (4-2)는 마치 N달 동안 매달 m_{final}씩 입금하는 '적금상품'에서 N달 후에 받을 금액과 똑같다. 특이한 점은 매달 이자가 171.828%보다도 크다. 식 (4-2)가 적금상품에 대한 공식을 의미하는 경우는 은행에 매달 m_{final}을 입금하면 N달 후에는 $m_{\in ial}$이라는 금액을 받게 되어 고객이 엄청난 수익을 올리겠지만, 로켓 상품에 대한 식이라면 m_{final}이란 질량에 속도 Δv를 주기 위해서는 m_{final}보다 엄청 큰 이륙질량 $m_{\in ial}$을 가진 로켓을 만들어야 한다는 뜻이므로 오히려 아주 비싼 대가를 치러야 한다는 의미다. 자연은 로켓 설계자들에게 결코 자비롭지 않을 뿐 아니라, 사실 엄청난 사채놀이를 하고 있다.

로켓을 위성 또는 행성 탐사체의 발사체로 사용하든가 또는 탄도탄으로 운용하든지에 상관없이 '미션Mission' 요구에 따라 페이로드 질량 m_L과 미션속력 Δv가 고정된다. 이때 이륙질량에 가장 큰 영향을 주는 요소는 식 (4-2)에서 e의 지수인 $\Delta v/v_e$의 값이고, 그 다음이 구조물의 질량Structural Mass m_s의 값이다. v_e는 e의 지수 값을 늘렸다 줄였다 하므로 이륙질량에 가장 민감하게 작용한다. 이러한 이유로 굳이 비추력 I_{sp}가 큰 추진제를 개발하고, 노즐 확장비 A_e/A_t를 크게 유지하도록 노력하는 것이다. 가격이 저렴하고 안전한 추진제는 몇 가지로 한정되어 있고, 화학로켓엔진 설계 기술도 거의 한계에 이르렀기 때문에 I_{sp} 값을 늘리는 것에도 한계가 왔다. RD-170에서 파생된 단일 연소실을 가진 RD-191 엔진은 해면고도에서 I_{sp} 값이 310.7초이고 진공 중에서는 I_{sp} 값이 337초나 되므로 이미 RG-1/LOX를 추진제로 사용하는 I_{sp} 값의 현실적인 한계에 이르렀다고 본다.[3] 따라서 RD-191을 사용한 로켓의 Δv를 더욱 늘이는 방법은 로켓의 질량비 $MR(= m_{final}/m_{\in}ial)$ 값을 줄이는 방법이지만, RD-191을 사용하는 앙가라 1.1의 제1단 '유니버설 로켓Universal Rocket' 자체의 질량비 $m_s/(m_s + m_P) = 0.071$ 또한 한계에 이르렀다고 본다.

2. 왜 다단로켓이 필요한가?

로켓의 사용 목적은 페이로드를 미션에 필요한 속도로 가속하는 데 있다. 속도 $\vec{v}$는 빠르기를 뜻하는 속력 v와 움직이는 방향을 동시에 의미하는 벡터량이다. 처음부터 미션이 요구하는 방향으로 가속해주면 로켓의 연료가 소진되기 전에 가장 빠른 속력에 도달하겠지만, 현실 세계에서는 중력과 대기가 존재하므로 처음부터 발사 방향을 미션에 필요한 방향으로 잡을 수도 없을 뿐 아니라 설령 그렇게 한다 해도 최적의 궤도는 아니다. 로켓의 연소종료속도Burnout Velocity를 결정하는 요인은 로켓엔진의 추력, 중력, 공기저항 등이다.

로켓엔진이 작동하는 동안 로켓은 추력에 의해 가속되어 속력이 급격히 증가하지만, 중력과 대기는 로켓의 속력을 줄이는 역할을

3) http://en.wikipedia.org/wiki/RD-191

한다. 중력은 로켓을 지구 중심으로 끌어당겨 위로 올라가는 로켓의 속력을 줄이며 대기는 공기저항Air Drag으로 로켓의 속도를 감속한다. 중력에 따른 감속 현상을 공기마찰에 비유하여 중력저항Gravity Drag이라고 한다. 이 외에도 궤도 수정을 위한 조종 역시 '조종 감속Steering Loss'을 일으킨다.

추력에 따른 증속이 최대가 되는 방향은 로켓의 속도 방향이고, 중력저항이 최대가 되는 로켓의 속도 방향은 중력과 반대 방향일 때다. 그러나 공기저항은 항상 속도의 반대 방향으로 작용하며 속력의 제곱과 대기밀도에 비례하고, 10~15km 고도에서 기체에 미치는 동압Dynamic Pressure이 최대가 되는 맥스Max Q가 된다. 공기저항을 최소화하려면 속력이 작은 상태에서 대기권을 수직으로 빠져나가야 하는데, 이는 중력저항이 최대가 되는 방향이다. 로켓의 상승궤도Ascent-Trajectory는 중력저항과 공기저항의 합이 최소가 되도록 선택해야 최적의 궤도가 되겠지만, 현실에서는 중력저항과 공기저항 사이에서 적절히 타협해 상승궤도를 정하는 것이 최선의 방법이다.

로켓을 고도 200km의 저궤도 우주발사체로 이용할 경우 중력저항, 공기마찰, 조종저항 및 지구 자전효과를 감안한 로켓의 관성계에 대한 실제 속도 7.79km/s가 미션 속력이 된다. 다시 말해 연소종료속도 v_{b0}는 7.79km/s가 되므로 저궤도에 위성을 진입시키는 로켓의 Δv는 7.79km/s 더하기 중력저항, 공기저항 및 조종저항에 따른 감속분과 지구 자전효과를 더하거나 뺀 값이 되어야 한다. 여기서 우리의 관심은 실제로 사용 가능한 추진제로 제작한 1단 로켓Single Stage Rocket이 이러한 미션 속력을 낼 수 있는지 알아보는 것이다.

최적화된 상승궤도를 따라 LEO(Low Earth Orbit)에 진입할 때 중력과 공기마찰 및 조종에 따른 속력 손실은 대략 다음과 같이 추정할 수 있다.[4]

4) Ulrich Walter, *Astronautics*(Wiley-VCH Verlag GmbH & Co. KGaA, Weinheim, 2008) p. 129.

	감속 요인	감속(km/s)
Δv_g	중력에 의한 감속	$\geq$ 1.0
Δv_a	공기저항에 의한 감속	$\geq$ 0.4
Δv_s	조종을 위한 추력 손실에 의한 감속	$\geq$ 0.05
Δv_r	지구 자전효과 (발사 방향에 따라 증속 또는 감속 효과)	$\sim -0.463\cos(\phi_l)$

표 4-1 중력, 공기 및 조종에 따른 속력 손실과 지구 자전에 따른 속력 이득을 보여준다.

〈표 4-1〉에서 지구 자전으로 인한 관성계(또는 지구 중심)에 대한 속력 증가효과 Δv_r은 정동 쪽으로 발사한다고 가정한 값이다. 만약 정서 쪽으로 발사를 한다면 $\Delta v_r = 0.463\cos(\phi_l)$가 되었을 것이다. 여기서 ϕ_l은 위도를 나타낸다. 앞으로 자주 사용하게 될 양이므로 중력 손실분 Δv_g, 공기마찰 손실 Δv_a 및 조종 손실분 Δv_s를 합쳐 $\Delta v_{ags} = \Delta v_a + \Delta v_g + \Delta v_s$라고 하기로 한다. 〈표 4-1〉의 최젓값은 최적화된 궤도에 대한 추정 값이기 때문에 실제 사용하는 궤도프로그램에 대해서는 Δv_a, Δv_g 및 Δv_s 값이 이보다 많이 클 것으로 판단한다. Δv_{ags}는 고체로켓이냐 액체로켓이냐에 따라서도 상당히 달라지고, 기체의 크기 및 공기저항 계수에 따라 달라지기 때문에 Δv_{ags}의 실제 값은 $1.5 < \Delta v_{ags} < 2.1$ 사이에 있을 것으로 추정할 수 있다. 이러한 이유로 연소종료속도 v_{bo}가 7.79km/s가 되려면 $\Delta v_{\leq O} = v_{bo} + \Delta v_{ags}$ 관계에 의해 $9.3\text{ km/s} < \Delta v_{\leq O} < 9.9\text{ km/s}$가 됨을 알 수 있다. 이는 지구 자전효과를 고려하지 않은 값이다.

만약 질량비가 0.1이라면 $\ln(1/MR)$은 2.303이 되어 Δv는 $2.303\,v_e$가 되고, v_e 값이 3.0km/s인 경우 Δv는 6.9km/s가 된다. 만약 1단 로켓으로 인공위성을 발사하려 한다면 Δv는 중력과 공기마찰로 인한 속도 손실까지 고려해 최소한 9.3km/s 이상이어야 연소종료시점에 7.8km/s 정도의 궤도속도를 얻을 수 있다. LH_2/LOX,

LH_2-Be/LOX, LH_2/불소(LH_2/F_2), LH_2-리튬/불소(LH_2-Li/F_2) 같은 고성능 추진제를 사용하면 v_e 값이 진공 중에서 4.4km/s 이상이 되어 MR 값이 0.1 내외라도 1단 로켓으로도 위성발사가 가능하다.

LH_2/LOX를 제외한 고성능 추진제들은 모두 인체나 환경에 치명적인 극독물질을 배출하므로 사용을 규제하고 있다. 지금까지 알려진 가장 강력한 화학추진제는 '3원-추진제Tri-propellant'인 액체리튬/불소/수소 추진제로 진공 중에서 비추력은 무려 542초에 이르고 $v_e(= g_0 I_{sp})$는 5.32km/s나 된다.[5] 그러나 리튬과 불소의 부식성과 불소의 독성 같은 화학적 성질 외에도 물리적 성질에 따른 관리문제 때문에 액체 리튬/불소/수소 추진제를 포기할 수밖에 없다. 액체수소는 -252°C로 냉각해야 하는 반면, 리튬은 180°C로 가열해야 액체 상태를 유지할 수 있다.

현재 가장 많이 사용하고 있는 우주발사체의 추진제는 RP-1/LOX와 UDMH/NTO 계열이다. 경유에는 유황, 올레핀Olefins 및 각종 방향족 화합물Aromatics들이 포함되어 있다.[6] 유황은 고온에서 금속을 부식하고 탄화수소를 중합Polymerize하는 한편, 올레핀 및 방향족 화합물들은 냉각용 도관에 침전물을 쌓이게 한다.[7] 경유를 로켓 추진제로 사용하기 위해서는 이 물질들을 제거해야 하고, 이렇게 정제된 경유를 미국에서는 RP-1이라고 하고 소련/러시아에서는 T-1 또는 RG-1이라 한다. RP-1은 LH_2에 비해 훨씬 경제적이고, 밀도가 LH_2에 비해 훨씬 높기 때문에 추진제의 부피당 에너지 밀도로만 따지면 RP-1/LOX가 LH_2/LOX보다 훨씬 높다. RP-1은 비교적 안전하고 가격이 싸기 때문에 현재 우주발사체의 추진제로 애용되고 있다. RP-1/LOX 추진제의 비추력 I_{sp}의 이론적인 한계는 353초이지만,

5) http://en.wikipedia.org/wiki/Liquid_rocket_propellants

6) Alkene이라고도 하며 하나 이상의 이중결합한 탄소-탄소 결합을 포함한 불포화화합물을 말한다. 에틸렌Ethylene이 가장 간단한 예다.

7) http://en.wikipedia.org/wiki/RP-1

실제 로켓에서 측정한 진공에서 비추력의 최댓값은 RD-191의 337초로 알려졌고, 해면고도에서도 311초나 된다.[8] RD-191은 이미 I_{sp}의 이론적인 상한값의 95.5% 내로 접근하고 있다.

설령 RP-1/LOX의 최대 비추력이 353초인 엔진을 개발했다 하더라도 $v_e = 3.462$km/s이므로 MR이 0.1인 1단 로켓으로 진공 중에서 낼 수 있는 최대 속도는 7.97km/s에 한정된다. 하지만 공기저항과 중력 손실을 최소인 최적의 궤도로 발사한다 해도 중력과 공기에 따른 감속이 1.5～2.1km/s에 이르기 때문에 실제 얻을 수 있는 연소종료 시의 속도(이하 연소종료속도)는 5.87～6.47km/s가 되어 인공위성 발사에 필요한 최소 속도 7.8km/s에는 많이 모자란다.

지구는 매일 한 번씩 자전을 하고, 그 결과 발사장에 정지한 물체는 이미 정동 쪽으로 관성계에 대해 매초 $0.463\cos(\phi_l)$km/s의 상대속도로 움직인다. 지구 자전효과를 이용하기 위해 로켓을 적도에서 정동으로 발사한다면 0.463km/s만큼 증속효과를 얻어 연소종료속도는 6.33～6.93km/s로 증가되지만, 위성발사에 필요한 최소 속도에는 아직도 많이 못 미친다.

현실적으로 의미가 있는 MR의 최솟값을 0.05라고 가정한다면 $\Delta v \leq 3.0 v_e$가 되고, 실제로 개발된 가장 효율적인 엔진 RD-191을 사용할 경우 해면고도에서 $v_e = 3.05$km/s이 된다. 이 경우라도 연소종료속도는 $7.03\text{km/s} \leq v_{bo} \leq 7.63\text{km/s}$가 되어 궤도속도에는 미치지 못한다. 만약 발사대가 적도에 있고, 정동 방향으로 발사를 한다면 지구 자전 속도가 로켓의 연소종료속도에 더해져 이론상으로는 위성발사가 가능할 수도 있지만, 페이로드 질량은 이륙질량의 0.5%보다 클 수는 없다. 우리나라 외나로도(북위 34.6도) 우주발사장에서 정동으로 발사한다면 지구 자전속도 0.384km/s가 더해지므로 이론적으로는 가까스로 위성발사가 가능할 수도 있다.[9] 그러나 실제로

8) RD-191, http://www.astronautix.com/engines/rd191.htm

RD-191을 사용해 설계한 '앙가라 1.2'[10]의 제1단의 공질량Empty Mass은 10톤이고 이륙질량은 140톤으로 페이로드를 싣지 않았을 경우 MR 값은 0.071로, 설령 외나로도에서 정동으로 발사한다 해도 v_{bo} 값은 최대로 6.95km/s밖에 되지 않아 1단만으로 위성을 발사하는 것은 현실적으로 불가능하다. 여기에 페이로드 질량을 더하면 MR 값은 더욱 커질 것이다.

하지만 RD-191 엔진의 질량만 해도 2.29톤인 것을 고려하면 연료탱크, 산화제 탱크, 파이프, 터보펌프, 동체 등 기타 모든 구조물을 7.51톤으로 제작했다는 것은 대단한 기술력이라고 할 수 있다. 0.07은 MR의 최소 한계로 봐도 무방하고 LH_2/LOX보다 낮은 비추력을 가진 추진제를 사용한 1단 로켓으로 위성을 궤도에 진입시키는 것은 불가능하다고 결론 내릴 수 있다. 현실적으로 LH_2/LOX보다 I_{sp}가 낮은 추진제를 사용하는 1단 로켓으로 페이로드를 궤도에 올리려는 'SSTO(Single Stage To Orbit)' 프로젝트는 사실상 무의미하다.

RP-1/LOX나 UDMH/NTO처럼 성능, 안전 및 경제성이 확인된 추진제를 사용하여 제작한 1단 로켓으로는 위성발사가 이론적으로 거의 불가능함을 살펴보았다. 물론 LH_2/LOX같이 비추력이 큰 추진제를 사용해 1단 로켓으로 궤도에 진입할 수 있는 로켓을 개발하는 것이 원리적으로는 가능하지만, 경제적으로 감당하기 힘들뿐 아니라 이보다 훨씬 쉽고, 안전하고, 경제적인 방법이 있으므로 아직 LH_2/LOX를 사용하는 1단 로켓으로 위성발사를 시도한 적은 없다. 그러나 경제성은 제쳐놓더라도 에어로스파이크 엔진에 LH_2/LOX를 사용하는 SSTO 개념은 상당히 매력적이라고 할 수 있다.

---

9) 외나로도의 위도는 34˚ 28′이다.

10) 이 원고를 쓸 당시에는 앙가라 1.1을 앙가라 패밀리의 첫 번째 모델로 선전했으나 2014년 러시아가 두 번 발사한 로켓은 앙가라 1.2였다. 따라서 앙가라 1.1보다는 앙가라 1.2 데이터를 제시하는 것이 합리적이라 생각했다.

3. 다단로켓의 구성

제1장 2절에서 설명한 것처럼 현실적으로 1단만으로 구성된 로켓으로는 우주발사체나 ICBM에 필요한 델타브이를 낼 수가 없다. 그래서 고안한 것이 다단로켓 개념이다. 다단로켓Multi-stage Rocket은 2기 또는 그 이상의 로켓으로 구성된 '단段' 또는 '스테이지Stage'로 구성된 로켓을 의미한다. 각 단은 자체 엔진과 추진제 및 조종장치를 갖추고 있으며 단의 배치방법에 따라 '직렬식 다단로켓(Serial Staging 또는 Tandem Staging)'과 '병렬식 다단로켓Parallel Staging'으로 구별한다.

직렬식 다단로켓의 맨 밑에는 제1단 로켓이 있고, 제1단 위에 제2단을 얹어놓고, 그 위에 제3단을 얹는 형식으로 필요한 만큼 단을 추가할 수 있다. 제1단의 연소가 종료되면 제1단 로켓에 관련된 질량은 작은 화약장치의 도움으로 제2단에서 떨어져 나가고, 제2단의 엔진이 점화된다. 잘 설계된 직렬식 다단로켓에서는 하단의 무게가 그 위에 장착된 모든 단의 무게보다 크다. 따라서 추진제가 고갈된 하단 로켓이 투하된 뒤에는 상단의 낮은 추력으로도 가벼운 상단 로켓을 빠르게 가속할 수 있다. 그러나 직렬식 다단로켓에서 엔진은 제1단부터 순차적으로 작동할 수밖에 없기 때문에 하단 엔진이 작동하는 동안 모든 상단 로켓은 추력에 보탬이 되지 않는 것은 물론이고, 가속을 방해하는 짐이 되는 것도 사실이다.

반면, 병렬식 다단로켓에서는 주 로켓 또는 '코어 로켓Core Rocket'이라는 주 로켓이 하나가 있고 나머지 로켓은 모두 부스터 로켓Booster Rocket이라고 하며, 코어 로켓에 나란히 결합되고 지상에서 이륙할 때는 부스터와 코어가 동시에 점화된다. 보통 코어 로켓의 추진제 탱크는 부스터 로켓의 추진제 탱크보다 훨씬 크다.[11] 부스터

11) ICBM 개발 초기에는 같은 액체로켓을 약간만 변형하여 부스터 로켓과 코어 로켓으로 같이 사용하되 코어 로켓의 연료통을 훨씬 크게 했지만, 현재는 단시간 동안 큰 힘을 낼 수 있는 고체로켓을 사용하는 것이 관례로 되고 있다.

로켓의 추진제가 소진되고 투하된 뒤에도 코어 엔진은 계속 작동하여 필요한 속도가 될 때까지 로켓을 가속한다. 병렬식 다단로켓의 부스터를 '제0단Stage 0'이라고 하기도 하며 코어 로켓을 '제1단Stage 1' 또는 '주 엔진(Main Engine 또는 Sustainer)'이라고도 한다. 부스터와 코어 엔진은 같이 점화되므로 코어 로켓의 추진제는 대기의 밀도가 짙은 저고도를 빨리 빠져나가는 데 실질적으로 제 몫을 다하고 있다. 부스터의 추진제가 고갈되면 부스터 로켓들은 투하되고 코어 로켓엔진은 가벼워진 코어 로켓을 높은 속도로 가속한다. 부스터로 고체로켓이나 액체로켓을 모두 사용할 수 있지만, 고체로켓을 사용할 경우에는 추진제의 밀도가 높아 훨씬 작은 로켓으로도 강력한 추력을 낼 수 있어 로켓의 전체 크기가 작아지는 이점을 가지고 있다.

병렬식 다단로켓과 직렬식 다단로켓 개념을 융합한 형태로 다단로켓을 구성할 수도 있다. 제1단에는 코어 로켓에 부스터 로켓을 병렬로 연결하지만, 코어 로켓 자체는 직렬식 다단로켓으로 구성할 수 있다. 사실 경제적이고, 가장 효율적인 현대식 우주발사체는 거의 모두 이런 방향으로 개발되고 있다. 우주 개발에 필요한 발사체에 대한 요구는 다양할 수밖에 없다. 100kg에서 1톤 미만의 과학위성을 LEO에 올리는 데 필요한 로켓, 1~10톤의 실용위성을 저궤도 및 중궤도에 올릴 수 있는 로켓, 5톤 이상을 정지궤도(Geostationary Orbit: GEO)에 진입시킬 수 있는 우주발사체가 필요하다. LEO에 10톤 위성을 올릴 수 있는 로켓으로 LEO에 1톤짜리 위성을 발사하기에는 너무 아깝다. 설령 이러한 대형 로켓을 이용해 1톤급 위성 5기를 한꺼번에 발사해서 경제성을 높일 수 있다 해도 이런 조건에서 자신들의 위성을 발사하려는 다섯 고객을 찾기란 쉽지 않을 듯싶다. 그렇다고 페이로드 용량이 2톤짜리, 4톤짜리, 10톤짜리, 20톤짜리 로켓을 따로따로 개발할 수도 없다. 우리는 우주 개발에도 경제성이 중요해진 시대에 살고 있다. 이러한 딜레마를 해결하는 방안으로 나온 우주발사체 개념이 로켓의 구성단위를 규격화하는 설계개념Modular Design Concept이다.

규격화된 로켓은 코어 로켓과 코어 로켓에 쉽게 탈부착할 수 있는 부스터 로켓으로 구성된다. 코어 로켓은 그 자체로도 수요가 많은 경량급 LEO 페이로드를 궤도에 진입할 수 있도록 설계한다. 러시아에서 현재 개발 중인 '앙가라 1.2' 로켓이 좋은 예다. 앙가라 1.2는 직렬식 2단-로켓이다. 제1단은 해면고도 추력이 195.8톤인 RD-191로 추진되는 로켓이고, 제2단은 진공 추력이 2톤인 RD-2000 엔진으로 추진되는 브리즈Breeze-KM이다. 앙가라 1.1은 부스터 로켓 없이 2톤의 페이로드를 지상 200km LEO에 진입할 수 있다. 여기에 코어 로켓과 똑같은 부스터 2기를 코어 로켓 양 옆에 부착함으로써 14.6톤의 페이로드를 200km LEO에 진입시킬 수 있는 앙가라 A3으로 변신할 수 있고, 4기의 부스터를 장착하면 앙가라 1.2는 앙가라 A5로 변신해 24.5톤을 LEO에 진입시킬 수 있다.[12] 앙가라 패밀리를 개발하고 있는 흐루니체프 사Khrunichev State Research and Production Space Center의 야망은 여기에 그치지 않고, 앙가라 1.2에 6기의 부스터를 장착해 제3단 로켓을 추가함으로써 LEO에 40.5톤 또는 정지궤도에 9톤을 진입할 수 있는 앙가라 A7V를 개발하려 한다.

이러한 규격화 로켓Modular Rocket 개념은 앙가라 패밀리에 한정된 것이 아니고 현재 사용되거나 개발되는 대형 로켓은 대부분 이러한 개념을 바탕으로 설계되고 있다. 미국에서는 아틀라스-V, 델타-IV, '팰컨Falcon 9'이 규격화된 로켓으로 개발되었다.

아틀라스-V의 코어 로켓은 제1단에 RD-170을 반으로 쪼개 재설계한 2개의 연소실을 가진 RD-180 1기를 사용하고, 제2단에는 LH_2/LOX를 추진제로 사용하는 RL-10A를 사용한다. 아틀라스-V의

12) 앙가라 패밀리를 개발하고 있는 '흐루니체프' 사는 코어 로켓과 부스터로 사용하는 로켓을 '유알엠(URM: Universal Rocket Module)'이라고 한다.

코어 로켓 1단을 '공통 코어 부스터(Common Core Booster: CCB)'라고 한다. 코어 로켓에는 보통 5기까지 고체로켓 부스터(Solid Rocket Booster: SRB)를 부착하여 페이로드를 조절할 수 있다. 그러나 중량급 위성발사를 위한 '아틀라스-V HLV(Heavy Lift Vehicle)' 모델은 코어 로켓에 CCB 2기를 병렬로 추가하여 제1단을 3기의 CCB로 구성하는 대신 SRB는 생략한 모델로 LEO에 29.4톤의 페이로드를 진입시키는 것이 가능하다. 미국의 또 다른 규격화된 로켓 패밀리로 개발된 델타-IV는 코어 로켓의 제1단과 부스터가 RS-68 엔진으로 추진되는 같은 로켓을 사용하며 이러한 로켓을 공통 부스터 코어(Common Booster Core: CBC)라고 한다. 같은 방법으로 사용하는 로켓의 이름을 아틀라스-V에서는 CCB라고 하고 델타-IV에서는 CBC라고 한다.

최소한의 의미 있는 페이로드를 자체 힘만으로 궤도에 올릴 수 있는 코어 로켓을 개발하고, 다양한 우주 임무에 적합한 추력을 얻기 위해 코어 로켓의 제1단계 로켓과 같은 로켓을 필요한 개수만큼 모듈 식으로 제1단에 장착한다. 다시 말해, 이러한 발사체들은 경제성과 운용의 융통성을 위한 설계개념으로 직렬식 다단로켓과 규격화된 부스터를 사용해 구성한 병렬 로켓의 결합으로 볼 수 있다.

제2장

직렬식 다단로켓

1. 다단로켓의 델타브이

〈사진 4-1〉에서 보는 것과 같이 다단로켓에서 맨 처음 점화되는 로켓(제1단 로켓)과 거기에 탑재된 모든 로켓을 합쳐서 1번 로켓이라 하고, 제1단 엔진이 소진되고 난 후 엔진, 연료 탱크, 파이프, 기체 등 제1단에 관련된 모든 구조물을 투하하고 남은 로켓 전체를 2번 로켓 등으로 번호를 매기기로 한다. 여기서 1번 로켓, 2번 로켓 등으로 정의된 로켓은 제1단 로켓, 제2단 로켓 등과는 다른 개념임을 유의해야 한다.

제1단 로켓은 다단로켓에서 제1단에 사용하는 로켓 자체만 의미하고, 제2단 로켓은 제2단 엔진을 사용하는 로켓만을 의미하는 데 비해, 1번 로켓이라 함은 다단로켓 전체를 지칭하고, 2번 로켓은 로켓 전체에서 제1단 로켓만 제외한 나머지 로켓을 지칭하며, k번 로켓은 제1단에서 제k-1단까지 모든 로켓을 제거한 나머지 로켓을 지칭한다. 다른 말로 표현하면, 1번 로켓은 제1단 엔진으로 가속되는

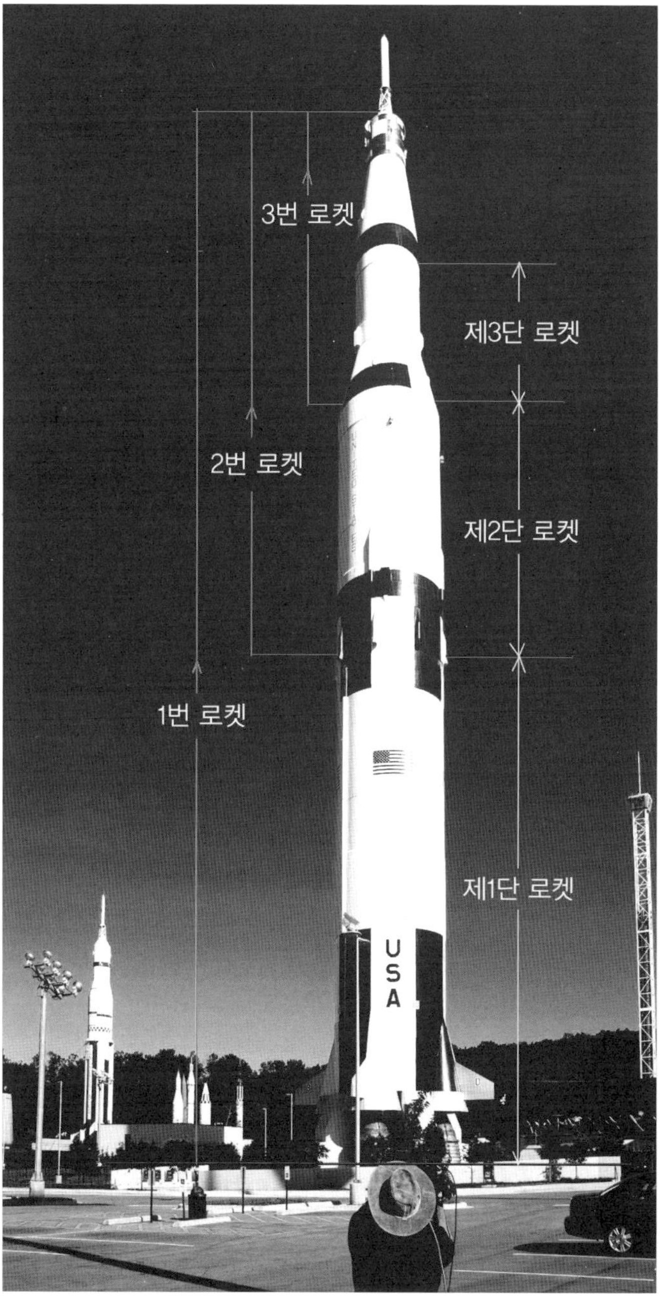

사진 4-1 새턴-V 사진을 이용해 우리가 편의상 정의한 1번, 2번, 3번 로켓과 제1단 로켓, 제2단 로켓 및 제3단 로켓 등을 정의했다.

모든 제1단, 제2단, 제3단 등으로 구성된 다단로켓 전체를 의미하고, 2번 로켓은 제1단 로켓이 투하된 후 제2단 엔진으로 가속되는 나머지 다단로켓 전체를 지칭한다. k번 로켓은 제k-1단까지의 모든 로켓이 연소되고 투하된 뒤 제k단 엔진으로 가속되는 제k단 로켓과 그 위에 탑재된 모든 상단 로켓을 의미한다. 이러한 구별은 다단로켓의 속도증분을 설명하는 데 필요하다. 앞으로 다단로켓의 연소종료속도와 '페이로드 질량비Payload Ratio' 등 로켓의 성능을 설명하는 데 필요한 파라미터를 정의하자. μ_k는 k번 로켓의 연소 후의 질량 $M_{k\,final}$을 연소 전의 질량 M_k로 나눈 것으로 k번 로켓의 질량비라고 한다. m_k는 일반적으로 제k단 로켓의 질량이고, 제k단 로켓은 k번 로켓을 추진한다.

다단로켓에서 각 단의 로켓 엔진이 작동하기 전후의 속도증분 $\Delta v_i (i=1,2,3,...,N)$와 직렬 다단로켓의 최적화를 다루기 위해 필요한 기호들을 정리하면 다음과 같다.

$$m_k = m_{sk} + m_{pk},\ k = 1, 2, ..., N$$: 제k단 질량

$$M_0 = \sum_{k=1}^{N} m_k$$: 다단로켓 질량(페이로드 제외),

$$M_1 = m_L + M_0$$: 이륙질량

$$M_k = m_k + M_{k+1} = \sum_{j=k}^{N} m_j + m_L,\ k \le N,$$

$$M_{N+1} = m_L$$: 페이로드 질량

$$M_{k\,final} = m_{sk} + M_{k+1},$$

: k번 로켓의 연소 후의 질량

$$\omega_k = M_{k+1}/M_k,$$

$$\mu_k = M_{k\,final}/M_k = (1-\epsilon_k)\omega_k + \epsilon_k,$$

$$\epsilon_k = m_{sk}/m_k,$$

$$\Omega = m_L / M_1 = \prod_{k=1}^{N} \omega_k \ ,$$

$$\beta = \frac{m_L}{M_0} = \Omega / (1 - \Omega). \qquad : \text{페이로드 질량비}$$

(4-3)

제k단의 질량 m_k는 제k단의 구조물 질량 m_{sk}와 추진제 질량 m_{pk}의 합이고, k번 로켓의 질량 M_k는 제k단 질량 m_k와 제k단의 '페이로드'에 해당하는 k+1번 로켓의 질량 M_{k+1} 합으로 표시된다. $M_{k\,final}$은 k번 엔진이 소진된 후 k번 로켓의 질량으로 M_k에서 k번째 로켓의 추진제 질량 m_{pk}를 뺀 값과 같다.

μ_k는 k번 로켓의 연소 전후의 질량비Mass Ratio로 k번 로켓의 연소 후 질량을 연소 전의 k번 질량으로 나눈 값으로 정의하고, ϵ_k는 제k단의 비활성 구조물의 질량 m_{sk}를 m_k로 나눈 값으로 정의하며 제k단의 구조물 질량비Structural Mass Ratio라 한다.

식 (4-3)에서 '오메가Ω'는 로켓에 탑재한 페이로드 질량 m_L을 $M_1(=M_0+m_L)$으로 나눈 값이고, β는 페이로드 질량 m_L을 M_0로 나눈 값으로 정의했다. 여기에서는 앞으로 M_0는 로켓질량Rocket Mass이라 하고 M_1은 이륙질량Launch Mass이라고 하기로 한다.

N번 로켓의 페이로드 M_{N+1}은 실제로 미션에서 필요한 페이로드인 인공위성, 우주탐사체, 또는 탄두의 질량 m_L을 의미한다. 앞으로 설명에 필요한 물리량들을 식 (4-3)에서 모두 정의했다. 이렇게 정의한 물리량들을 이용해 직렬식 다단로켓의 연소종료속도 Δv와 페이로드 질량비 β를 구하고, Δv 또는 β를 극대화하는 조건을 구함으로써 로켓 성능을 미션에 맞게 최적화하는 법을 살펴보기로 한다.

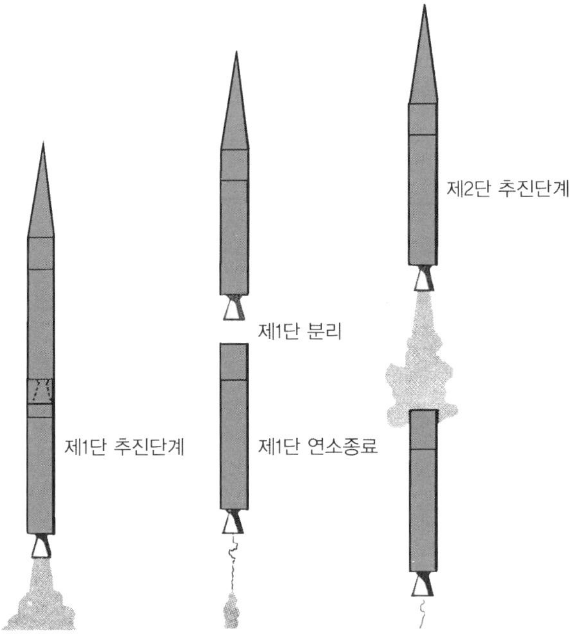

그림 4-1 직렬식 2단-로켓의 단 분리과정(Staging)

다단로켓의 작동방법은 다음과 같이 설명할 수 있다. 제1단이 점화되면 1번 로켓이 가속되고, 제1단 로켓이 연소종료될 때 1번 로켓의 속도증분을 Δv_1이라고 하자. 〈그림 4-1〉에서 보는 것처럼 제1단 로켓의 추진제가 소진된 후 제1단 로켓을 투하하고 제2단 로켓을 점화한다. 이때 2번 로켓은 이미 Δv_1이라는 속도로 날고 있기 때문에 제2단 로켓이 연소종료 되는 순간 2번 로켓의 속도는 Δv_2 만큼 더 빨라져 2번 로켓의 관성좌표계(지구 중심)에 대한 속도는 $\Delta v_1 + \Delta v_2$가 된다. 이와 같은 과정을 반복하여 제k 단k th-Stage 로켓의 추진제가 소진되면 k번 로켓의 속도는 다시 Δv_k만큼 증가한다. 이어서 제k 단과 관련된 엔진, 추진제 탱크, 기체, 연결부 등 모든 구조물을 투하하고 연이어 k+1단의 엔진을 점화한다. 이와 같은 과정은 마지막 로켓이 연소종료될 때까지 반복된다. 이상의 결과를 종합하여 다음과 같은 다단로켓에 대한 총 속도증분인 Δv를 얻을 수 있다.

$$\Delta v = \Delta v_1 + \Delta v_2 + \cdot \cdot + \Delta v_N \ , \qquad (4\text{-}4)$$
$$\Delta v_k = v_{ek} \ln(1/\mu_k).$$

식 (4-4)로 정의된 Δv는 N단 로켓이 중력도, 공기저항도 없는 빈 공간에서 각 단을 순차적으로 점화하고 분리하며 가속하여 얻을 수 있는 최대 속도증분을 의미한다. 이러한 환경에서 직진운동할 때 로켓의 연소종료속도 v_{bo}는 Δv와 같다. 다단로켓의 이러한 성질은 1단 로켓으로는 이룰 수 없는 높은 속도를 얻게 해준다.

그러나 현실 세계에는 중력에 따른 감속도 있고, 공기저항에 따른 감속도 있으며, 방향을 바꾸기 위한 추력 방향 변환에 따른 조종감속도 있다. 더구나 이러한 감속 요인은 각 단의 엔진이 작동하는 고도와 비행경로각Flight Path Angle에 따라 다르다. 다단로켓의 최종 연소종료속도 v_{bo}는 Δv에서 공기저항, 중력에 따른 감속 또는 로켓이 방향 전환을 하려고 소모한 속력 변화인 조종 감속을 고려한 각 단 로켓의 실질적인 속도증분의 합으로 정의된다.

관계식 (4-4)의 의미를 좀 더 살펴보기 위해 각 단의 로켓엔진이 모두 같은 분사속도 $v_e(=v_{ek})$를 가진다고 가정하자. 이 경우 연소종료속도 v_{bo}는 다음과 같이 표현할 수 있다.

$$v_{bo} = \sum(\Delta v_i - \Delta v_{i\,ags}) = v_e \ln(1/\Gamma) - \Delta v_{ags} \ ,$$
$$\Gamma = \mu_1 \mu_2 \ldots \mu_N \ ,$$
$$\Delta v_{ags} = \sum \Delta v_{i\,ags} \ , \qquad (4\text{-}5)$$
$$\Delta v_{i\,ags} = \Delta v_{i\,g} + \Delta v_{i\,a} + \Delta v_{i\,s} + \Delta v_{i\,others}.$$

여기서 N은 다단로켓의 순차적으로 작동하는 로켓-단Rocket Stage의 수이고 $\Delta v_{i\,ags}$는 제i단 로켓이 작동하는 환경에서 중력, 공기 및 조종에 따라 발생한 속력 손실을 나타내는 양이다. 여기서 아래첨자 'g', 'a' 및 's'는 각각 중력저항, 공기저항 및 조종저항을 의미고, 'i'는 i번 로켓을 나타낸다. 앞에서 1단Single Stage으로 구성된 현대식 로켓의 ϵ의 값은 0.1 내외의 값을 가진다고 말한 바 있다. 2단Two Stage이나 3단Three Stage으로 된 다단로켓의 경우 질량비는 2개 또는 3개 질량비의 곱으로 표시되므로 다단로켓의 질량비는 쉽게 0.04 미만이 될 수 있다. 그러나 1단 로켓으로 이러한 질량비를 얻는 것은 불가능하다.

편의상 N=3인 경우를 예로 들어보자. $\mu_1=0.294$, $\mu_2=0.294$ 및 $\mu_3=0.294$로 제작하는 것은 비교적 수월하다고 판단한다. 이 경우 $\mu=0.0254$가 된다. 따라서 3단-로켓이 소진되고 난 후 로켓의 속도는 $v_{bo}=3.67v_e$가 되어 $\epsilon=0.1$인 1단으로 된 로켓의 연소종료속도 $2.30v_e$의 1.6배가 됨을 알 수 있다. 다단로켓의 각 단의 엔진이 추진제를 소모하면 쓸모없어진 구조물을 떼어버려 다음단계 로켓이 가속해야 할 질량을 줄여줌으로써 훨씬 큰 속도 Δv를 얻을 수 있다. 로켓은 모든 부품을 차례대로 버리는 것으로 맡은 임무를 완수한다. 그러나 다단로켓의 단수를 늘리는 데에는 한계가 있다. 다음 장에서 보듯이 4단 이상의 다단로켓은 효율이 급격히 떨어져 현실적으로 N=4가 한계로 보인다. 몇 단 로켓을 사용해야 할지는 미션에서 필요한 Δv와 β 및 미션 여건에 따라 미리 결정할 수 있지만, 로켓 각 단의 구성비를 정하는 문제는 Δv 또는 β가 최댓값을 갖는 조건에 따라 해결할 수 있다.

2. 직렬식 다단로켓의 최적화

대부분의 경우 미션 요구에 따라 페이로드 m_L과 Δv 및 N은 미리 정해진다. 따라서 주어진 예산 안에서 동원할 수 있는 기술과 사용할 수 있는 소재素材를 파악하는 것이 로켓 설계의 시작이다. 각 단의 노즐에 대한 배출가스 분사속도 $v_{e\,k}$와 구조물 질량비 ϵ_k는 소재와 기술 능력에 따라 정해진다. 물론 기술과 소재에 따라 ϵ_k가 변하지만, 안전이 허용하는 범위 안에서 ϵ_k 값이 최소가 되는 방법을 찾는 것이 효율적인 로켓 설계의 첫 단계다. ϵ 값이 작은 로켓 중의 하나는 풍선형 추진제 탱크를 가진 아틀라스 E ICBM 겸 우주 발사체다.[13][14] 로켓의 마지막 엔진이 연소종료될 때 구조물 질량이 1kg 적어지면, 1kg의 페이로드를 더 실을 수 있고, 페이로드가 같으면 더 큰 Δv 값을 얻을 수 있다. 이러한 문제점을 해결하기 위해 아틀라스를 개발하던 컨베어Convair 사의 '찰리 보사르트Charlie Bossart'는 아주 얇고 가벼운 강철로 만든 풍선형 추진제 탱크를 제안했다.[15] 아틀라스 E의 추진제 탱크 겸 미사일 동체인 스테인리스 철판의 평균 두께는 0.508mm지만, 로켓엔진이나 페이로드를 장착하고 미사일을 취급하는 데 필요한 견고한 부위Hard Point는 좀 더 두껍게 보강되었다. 하지만 동체가 너무 얇기 때문에 추진제를 채우지 않았을 경우 빈 로켓의 무게도 지탱하기 버거워 0.34기압의 질소가스로 가압을 해줘야 찌부러지지 않았다. 이와 같이 만든 아틀라스 E의 구조물 질량(공질량)은 8.1톤이고 탄두를 제외한 이륙중량은 121톤으로 ϵ 값은 0.067이 된다.

아틀라스나 앙가라 1.1에서 보았듯이 로켓 설계자들은 ϵ_k 값을 줄

---

13) Atlas E, http://www.astronautix.com/lvs/atlase.htm

14) Chuck Walker with Joe Powell, *Atlas: The Ultimate Weapon by those who built it* (Apogee Books Pub., 2005) p. 18.

15) ibid., pp. 49-50.

이기 위해 온갖 아이디어를 짜내고, v_{ek} 값을 늘리기 위해 엄청난 투자를 해왔다. 그러나 각 단의 구조물 질량비 ϵ_k와 연소가스 배출속도 v_{ek}는 사용 가능한 추진제와 구조물의 소재 및 가공기술로 결정되는 문제이기에 임의로 최적화할 수 있는 양이 아니다. 설계자들은 기술과 경제사정 및 안전 등을 고려하여 상황에 알맞은 ϵ_k와 v_{ek} 값을 택할 것으로 본다.

직렬식 다단로켓의 최적화 문제를 생각해보자. 주어진 ϵ_k와 v_{ek}를 가지고 다단로켓을 설계한다 해도 k번 로켓의 질량과 k+1번 로켓의 질량비인 ω_k를 어떻게 취하느냐에 따라 Δv와 β 값은 크게 달라진다. 미션에서 필요한 파라미터는 실제로 Δv와 β이기 때문에 이것들 중 하나의 값이 주어질 때 다른 하나의 값이 최대가 되도록 설계변수를 정하는 과정을 설계변수 최적화Optimization라고 할 수 있다. 최적화 과정에서 변수로 다루는 양은 사실 k번 로켓과 k+1번 로켓의 질량비 ω_k와 단의 개수 N뿐이다. 그러나 N은 변수라기보다는 미션에 충분한 Δv에 도달할 수 있게 하는 가장 작은 정수이므로 엄밀히 최적화 변수는 아니다. 물론 2단만으로 미션 수행이 가능하더라도 3단으로 설계하는 것이 수월한 경우도 있다.[16]

그러나 페이로드 질량이 커지면 Δv는 줄어들고, 반대로 Δv가 커지면 페이로드 질량이 줄어드는 관계에 있으므로 Δv와 β를 동시에 극대화할 수는 없다. 그러나 어느 하나가 주어지면 그 값으로 다른 하나의 값이 최대가 되도록 ω_k를 구하는 것은 가능하다. 다시 말해, 주어진 β, ϵ_k 및 v_{ek}에 대해 식 (4-4)로 정의한 Δv 값이 최대가 되는 단 구성비 ω_k를 구하거나 주어진 Δv, ϵ_k 및 v_{ek}에 대해 식 (4-3)으로 정의한 β 값이 최대가 되는 ω_k를 구하는 것을

16) 강력한 제1단 엔진이 있으면 2단-로켓으로 수행 가능한 미션도 덜 강력한 제1단 엔진으로는 3단-로켓으로 설계해야 미션 수행이 가능한 경우도 종종 있다.

직렬식 다단로켓의 최적화라고 한다. 첫 번째 경우는 고정된 페이로드 질량 m_L을 싣고 연소종료속도 Δv가 가장 큰 다단로켓을 설계하는 것이고, 두 번째 경우는 Δv 값이 정해졌을 때 가장 무거운 페이로드를 탑재할 수 있는 다단로켓을 설계하는 것이다.

수식 (4-3)에서 β값이 극대가 되는 조건은 Ω가 극대가 되는 조건과 같음을 알 수 있다. 이 때문에 β를 극대화하는 조건은 Ω를 극대화하는 $\omega_k (k = 1, 2, \ldots, N)$ 세트를 찾는 것과 같다. Δv를 ω_k의 함수로 표시하면,

$$\begin{aligned}\Delta v &= -\sum_{k=1}^{N} v_{e\,k} \ln\left(\frac{M_{k\,final}}{M_k}\right)\\ &= -\sum_{k=1}^{N} v_{e\,k} \ln\left(\frac{m_{sk} + M_{k+1}}{M_k}\right)\\ &= -\sum_{k=1}^{N} v_{e\,k} \ln\left(\omega_k + \frac{m_k}{M_k}\frac{m_{sk}}{m_k}\right)\\ &= -\sum_{k=1}^{N} v_{e\,k} \ln\left(\omega_k + \frac{M_k - M_{k+1}}{M_k}\epsilon_k\right),\end{aligned}$$

$$\Delta v = -\sum_{k=1}^{N} v_{e\,k} \ln\left[(1-\epsilon_k)\omega_k + \epsilon_k\right] \tag{4-6}$$

와 같이 표현할 수 있다. 이제 주어진 β 값으로 Δv를 극대화하는 $\omega_k (k = 1,2,\ldots,N)$를 구하는 경우와 주어진 Δv 값을 유지하면서 β 값을 극대화하는 $\omega_k (k = 1,2,\ldots,N)$를 구하는 경우를 함께 풀어보도록 하자. 어떤 양을 주어진 조건에서 극대화하는 적절한 방법이 바로 '라그랑주 승수Lagrange Multiplier' 방법이다.

주어진 Δv에 대해 β를 극대화하는 경우와 주어진 β에 대해 Δv를 극대화하는 경우 두 가지가 있다.

$$\aleph = -\sum_{k=1}^{N} v_{ek} \ln\left[(1-\epsilon_k)\omega_k + \epsilon_k\right] - \lambda\left(\ln\Omega - \sum_{k=1}^{N} \ln\omega_k\right)$$

$$\aleph = \sum_{k=1}^{N} \ln\omega_k - \lambda'\left\{\Delta v + \sum_{k=1}^{N} v_{ek} \ln\left[(1-\epsilon_k)\omega_k + \epsilon_k\right]\right\}$$

Δv를 극대화하는 조건과 β를 극대화하는 조건은 다 같이 '알레프 $\aleph$'를 ω_k로 미분하고 0으로 놓은 식 $\partial\aleph/\partial\omega_k = 0(k = 1, 2, \ldots, N)$으로 ω_k에 대한 두 세트의 N개 방정식으로 표현할 수 있지만, $\lambda' = \lambda^{-1}$로 놓으면 두 세트의 방정식은 같아져 따로 생각할 필요가 없다. β 값이 주어지고 Δv를 극대화하는 조건과 Δv 값이 주어지고 β를 극대화하는 조건은 다음과 같다.

$$\omega_k = \frac{M_{k+1}}{M_k} = \frac{\epsilon_k \lambda}{(1-\epsilon_k)(v_{ek}-\lambda)} \qquad (4\text{-}7)$$

여기서 λ는 라그랑주 승수로, 앞으로 구해야 할 상수다.

한편, Δv 값은 식 (4-6)에 식 (4-7)로 결정된 ω_k 값을 대입함으로써 다음과 같은 표현식을 구할 수 있다.

$$\Delta v = -\sum_{k=1}^{N} v_{ek} \ln\left(\frac{\epsilon_k v_{ek}}{v_{ek}-\lambda}\right) \qquad (4\text{-}8)$$

Δv 값이 주어지면 식 (4-8)을 λ에 대해 풀 수 있고, 이 값을 식 (4-7)에 대입하면 β 값을 최대로 하는 ω_k 값을 구할 수 있다. 반면, 미리 주어진 $\beta(=\Omega/(1-\Omega))$ 값에서 λ 값을 구하는 식은 다음과 같다.

$$\Omega = \prod_{k=1}^{N} \frac{\epsilon_k \lambda}{(1-\epsilon_k)(v_{ek}-\lambda)}$$

(4-9)

식 (4-9)를 풀어 얻은 λ 값을 식 (4-7)에 대입하면 Δv를 가장 크게 만드는 질량비 ω_k 값을 얻을 수 있다. ϵ_k와 v_{ek}가 각 단마다 다른 경우에는 λ를 수치적인 방법으로 구할 수밖에 없지만, ϵ_k와 v_{ek}가 모든 단에 대해 같은 값을 가지는 경우에는 λ를 β의 함수로 쉽게 풀 수가 있다. 이렇게 구한 λ 값을 식 (4-8)과 (4-9)에 대입함으로써 M_k와 M_{k+1}의 비 ω_k를 모든 k에 대해 구할 수 있다.

3. 유니폼 스테이징

'유니폼 스테이징Uniform Staging'이라고 해서 모든 단이 똑같은 로켓을 사용한다는 의미가 아니라 모든 단이 같은 구조물 질량비 $\epsilon_k = \epsilon$과 똑같은 가스 배출속도 $v_{ek} = v_e$를 갖는 경우를 뜻한다. 이 경우 ω_k는 모두 같은 값 ω를 가진다. 즉, k번 로켓과 k+1번 로켓의 질량비는 k 값에 상관없이 모두 같을 때 Δv가 최대치를 갖는다는 뜻이다. 이 경우에

$$\lambda = v_e \frac{(1-\epsilon)\Omega^{1/N}}{\epsilon + (1-\epsilon)\Omega^{1/N}},$$

$$\Omega = \frac{\beta}{1+\beta},$$

$$\omega = M_{k+1}/M_k = \left(\frac{\beta}{1+\beta}\right)^{1/N},$$

$$\Delta v = -N v_e \ln\left[\epsilon + (1-\epsilon)\left(\frac{\beta}{1+\beta}\right)^{1/N}\right]. \qquad (4\text{-}10)$$

식 (4-10)를 분석하면 몇 가지 흥미로운 사실을 이끌어낼 수 있다. 그 첫 번째가 각 단의 질량 m_k를 로켓의 총질량 M_0과 페이로드 질량비 β의 함수로 구하는 것이다. 식 (4-10)의 M_{k+1}/M_k 정의에서

$$M_k = \omega^{k-1} M_1$$

임을 보일 수 있고, 이 식에서 다음과 같은 식을 얻을 수 있다.

$$\begin{aligned} m_k &= M_k - M_{k+1} = \omega^{k-1}(1-\omega)M_1 \\ &= (1+\beta)(1-\omega)\omega^{k-1}M_0 \end{aligned}$$

여기서 위 식의 두 번째 표현을 얻기 위해 $M_1 = (1+\beta)M_0$을 사용했다. $\omega = [\beta/(1+\beta)]^{1/N}$을 위 식에 대입하면 제k단의 질량은 다음과 같이 결정된다.

$$m_k = (1+\beta)^{1-k/N}\beta^{(k-1)/N}\left[(1+\beta)^{1/N} - \beta^{1/N}\right]M_0 \qquad (4\text{-}11)$$

1단 로켓인 경우는 물론 $m_1 = M_0$이라 별 의미가 없지만 2단 로켓인 경우는 Δv가 최댓값을 갖기 위해서는 제1단과 제2단의 질량이 다음과 같이 되어야 하는 것을 알 수 있다.

$$m_1 = [1+\beta - \sqrt{\beta(1+\beta)}]M_0$$

$$m_2 = [\sqrt{\beta(1+\beta)} - \beta]\, M_0$$

두 번째로 흥미로운 사실은 〈그림 4-2〉에서 보는 것처럼 $\Delta v/v_e$는 N 값이 1에서 2로 바뀔 때는 급격히 증가하지만, N 값이 커짐에 따라 증가폭은 급격히 줄어드는 것을 볼 수 있다.

식 (4-10)에서 N 값이 무한히 커질 때 $\Delta v/v_e$의 극한값을 구해보자. $N \to \infty$ 때 $\Omega^{1/N}$은 다음과 같이 다시 쓸 수 있다.

$$\Omega^{1/N} = e^{\frac{1}{N}\ln\Omega} = 1 + \frac{1}{N}\ln\Omega + \cdots .$$

위 식을 사용하여 다음과 같이 식 (4-10)로 정의한 $\Delta v/v_e$의 $N \to \infty$ 때 극한값을 구할 수 있다.

$$\begin{aligned}
\lim_{N\to\infty}\Delta v/v_e &= -\lim_{N\to\infty} N\ln\left[\epsilon + (1-\epsilon)\left(1 + \frac{1}{N}\ln\Omega + \cdots\right)\right] \\
&= -\lim_{N\to\infty} N\ln\left(1 + \frac{1-\epsilon}{N}\ln\Omega + \cdots\right) \\
&= -\lim_{N\to\infty} N\ln\left(e^{\frac{1-\epsilon}{N}\ln\Omega}\right) \\
\lim_{N\to\infty}\Delta v/v_e &= -(1-\epsilon)\ln\Omega \\
&= -(1-\epsilon)\ln\left(\frac{\beta}{1+\beta}\right) \qquad (4\text{-}12)
\end{aligned}$$

〈그림 4-2〉의 점근선은 식 (4-12)로 계산한 값이다. 이 그림에서 보듯이 2단-로켓은 ϵ과 β가 같은 경우 1단 로켓에 비해 Δv가 대폭 증가한 것을 알 수 있고, 3단-로켓도 2단 로켓에 비해 눈에 띌 만한 증가를 보이고 있지만, 4단-로켓 이상에서는 별 이득이 없어

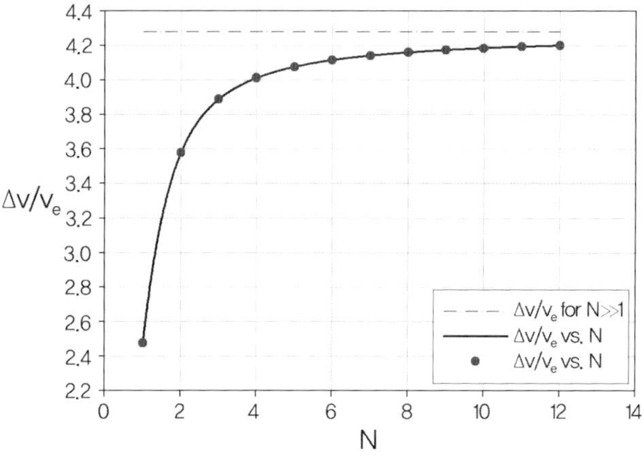

그림 4-2 다단로켓의 단 수 N이 변함에 따른 $\Delta v/v_e$의 변화. 점선(—·—·)은 N→∞ 때 식 (4-12)로 구한 $\Delta v/v_e$의 값을 표시하며 점(•)은 정수 N때 $\Delta v/v_e$ 값을 표시한다. 그림에서 사용한 파라미터 값은 ϵ=0.075와 β=0.010이다. 이 경우 점근선은 $\Delta v/v_e$=4.279로 주어진다.

보인다. 단 수가 많아짐에 따라 시스템은 복잡해지고 그에 따라 고장이 날 확률은 높아지지만, 실질적인 득도 별로 없으므로 특수한 경우가 아니면 4단 로켓 이상은 만들지 않는다.

제3장

병렬식 다단로켓

이제부터는 병렬식 다단로켓Parallel Staging의 연소종료속도를 구해 보자. 로켓 개발의 선구자 가운데 여러 가지 면에서 독일의 폰 브라운과 같은 길을 걸었던 인물은 구소련의 세르게이 코로레프였다.[17][18][19] 1단 로켓으로는 3톤 이상의 탄두를 탑재하고 사거리 8000km가 넘는 ICBM을 만들 수 없어 코로레프는 ICBM을 2단-로켓으로 설계했다. 코로레프는 직렬식 2단-로켓도 구상했으나 제1단 엔진이 연소가 종료되는 고고도의 진공상태에서도 제2단 엔진이 점화될 수 있는지 확신할 수 없었다. 차선책으로 생각한 것이 부스터 로켓 4기와 주 로켓 1기를 다발로 묶은 클러스터 로켓이다. R-7 '세묘르카Semyorka'라는 소련 최초의 ICBM은 모든 엔진을 지상에서 동시에 점화한다. 공기가 희박한 고고도에 도달한 후에는 연료가 고갈된 4기의 부스터를 투하하고, 주 엔진 1기만으로 필요한 연소종

17) 정규수, 『로켓 꿈을 쏘다』(갤리온 2010).

18) James Hartford, *Korolev: How One Man Masterminded the Soviet Drive to Beat America to the Moon* (John Wiley & Sons, Inc., 1997, New York)

19) Boris Chertok, *Rockets and People* V.1-V.4 (NASA History Series)

료속도가 될 때까지 가속한다는 개념이다. 부스터 엔진은 소련의 대형 액체로켓엔진을 독점적으로 개발한 발렌틴 글루시코가 개발한 RD-107-8D84K 엔진이다. RD-107은 RG-1/LOX를 추진제로 사용하며 해면고도에서 추력은 83톤, 진공 추력은 101.5톤, 해면고도 비추력은 256초였고 진공에서 비추력은 313초였다.[20]

〈사진 4-2〉에서 보는 R-7A의 파생형인 소유즈Soyuz 로켓에 부착된 4기의 부스터 로켓이 내는 총 추력은 332톤이다. R-7의 부스터 엔진으로 사용하는 RD-107의 노즐을 진공에서 최적화한 엔진이 RD-108-8D75K 주 엔진이다. RD-108의 해면고도 추력은 75.5톤이

사진 4-2 코로레프가 설계한 세계 최초의 ICBM R-7에서 파생된 소유즈Soyuz 발사체.
〔Russia-Moscow-VDNH-Rocket_R-7-1-GNUFDL〕

20) RG-1은 소련이 로켓 연료로 사용하는 경유로 유황과 방향족 화합물을 제거한 순수한 경유Kerosine다.

지만 진공에서는 96톤 추력을 내고 진공 중에서 I_{sp}는 315초로 알려졌다.[21] 만약 R-7을 직렬로 설계했다면 연소시간이 120초인 4기의 RD-107로 추진되는 제1단과 그 위에 RD-108 엔진으로 추진되는 제2단이 설치되고 제2단 위에 인공위성이나 탄두가 부착되었을 것이다. 코로레프는 R-7과 개량형 R-7A를 병렬식 로켓으로 설계하되 부스터 로켓보다 주 로켓의 연소시간을 훨씬 길고 부스터 로켓의 연료가 소진되면 부스터 로켓을 모두 떼어버림으로써 남은 1기의 주 로켓이 제2단 로켓의 역할을 하도록 했다. 앞서 우리는 직렬식 다단로켓의 연소종료속도 Δv를 구했다. 지금 우리가 궁금한 것은 병렬식 로켓의 연소종료속도는 어떻게 표현할 수 있는가이다.

N_B기의 부스터 로켓과 1기의 주 로켓으로 구성된 병렬식 로켓의 총 추력은 두 단계로 나눠서 생각해야 한다. 첫 단계는 부스터 로켓과 코어 로켓(주 로켓)이 동시에 점화되어 부스터 로켓의 연료가 소진될 때까지이고, 두 번째 단계는 소진된 부스터 로켓이 투하된 뒤 코어 로켓이 작동 종료될 때까지를 의미한다.

첫 단계에서는 N_B기의 부스터 로켓과 1기의 코어 로켓이 각기 다른 추진제 소모율 $\dot{m}_{P,k}$와 분사속도 $v_{e,k}$를 가진 병렬로켓의 추력 F_1은 다음과 같이 나타낼 수 있다.

$$F_1 = \sum_{k=1}^{N_B+1} \dot{m}_{P,k}\, v_{e,k} = \dot{m}_P\, \overline{v_e} = -\dot{m}\, \overline{v_e} \quad , \qquad (4\text{-}13)$$

여기서 $\dot{m}_P$는 N_B+1기의 엔진이 매초 소모하는 총 추진제 양 $\sum_{k=1}^{N_B+1} \dot{m}_{P,k}$이고, $\overline{v_e}$는 평균 분사속도 $F_1/\dot{m}_P$를 의미한다. 방정식

21) R-7A, http://www.astronautix.com/lvs/r7a.htm

(4-13)을 $m\,dv = -\overline{v_e}\,dm$과 같이 다시 쓸 수 있고, 이 식을 적분함으로써 다음과 같은 부스터 로켓과 코어 로켓에 따른 속도증분 Δv_1을 구할 수 있다.

$$\Delta v_1 = \overline{v_e} \quad \ln\left(\frac{m_{1 \in ial}}{m_{1\,booster\,burnout}}\right) \tag{4-14}$$

$m_{1 \in ial}$은 이륙중량을 나타내고 $m_{1\,booster\,burnout}$은 연료를 소진한 후 N_B기의 부스터 로켓의 공질량과 이때까지 사용하고 남은 추진제를 포함한 코어 로켓 질량의 합이다.

추진제를 소진한 N_B기의 부스터 로켓을 투하한 후의 주 로켓의 질량을 $m_{2 \in ial}$이라 하고 코어 로켓이 연소종료된 후의 질량을 $m_{2\,burnout}$이라 하면 부스터 로켓을 투하한 후 코어 로켓이 연소종료될 때까지 증가한 속도증분 Δv_2는 다음과 같이 주어진다.

$$\Delta v_2 = v_{e\,core\,rocket} \quad \ln\left(\frac{m_{2 \in ial}}{m_{2\,burnout}}\right) \tag{4-15}$$

주 로켓이 연소종료될 때 최종속도 Δv는 Δv_1와 Δv_2의 합인 $\Delta v = \Delta v_1 + \Delta v_2$로 표시된다. 이와 같은 방법으로 임의의 병렬과 직렬 조합을 가진 로켓의 연소종료속도도 구할 수 있다.

5부

관성유도

제 1 장

관성유도의 물리학

1. 로켓의 유도방법

발사된 로켓의 비행궤도는 로켓에 작용하는 힘의 종류에 따라 동력 비행구간Powered Flight Trajectory, 자유낙하 구간Free Fall Trajectory 및 재돌입궤도Reentry Trajectory 구간으로 나눌 수 있다. 로켓이 이륙하여 엔진이 연소종료될 때까지 비행구간을 동력 비행궤도 또는 상승궤도Ascent Trajectory라고 한다. 이 구간에서 로켓에 작용하는 주된 힘은 엔진의 추력이지만, 중력은 로켓을 지구 중심으로 끌어당기고, 속력이 증가함에 따라 공기저항도 속력을 감소시킨다. 로켓엔진의 연소가 종료될 시점에는 고도가 이미 수백 킬로미터에 이르고 공기밀도는 거의 0이기 때문에 공기저항은 무시된다. 따라서 고고도에서 엔진이 멈춘 로켓에 작용하는 힘은 중력뿐이며, 로켓이나 로켓에서 분리된 페이로드는 연소종료 시점의 위치와 속도를 초기조건으로 하는 자유낙하궤도를 따라 비행한다. 이러한 자유낙하궤도를 천문학이나 물리학에서는 케플러 궤도Kepler Orbit라고 한다.

탄도탄의 경우는 대부분의 표적이 지표면 가까이 있기 때문에 페이로드는 일단 대기권 밖으로 나간 후에 대기권으로 다시 들어오는 재돌입궤도Reentry Trajectory를 거쳐야 한다. 궤도를 돌던 위성이나 우주탐사선을 회수할 경우에도 지표면에 연착륙하기 위해서는 재돌입궤도를 거쳐야 하지만, 민수용 페이로드 경우에는 재돌입궤도 대신 진입궤도Entry Trajectory라고 한다. 재돌입궤도는 재돌입 속도와 중력 및 공기저항에 따라 결정된다. 이 세 가지 궤도 구간에서 로켓이나 페이로드에 작용하는 지배적인 힘이 서로 다르다. 동력궤도 상에서는 로켓의 추력이, 자유낙하궤도에서는 중력이, 그리고 재돌입궤도에서는 공기역학적 힘이 지배적으로 작용한다. 각 구간의 궤도 특성은 지배적인 힘에 따라 결정되고 다른 힘들은 섭동攝動으로 이해할 수 있다.

케플러 궤도는 무거운 한 행성이 만드는 중력장 안에서 상대적으로 무시할 만한 질량을 가진 물체가 그리는 운동궤적으로 원궤도, 타원궤도, 포물선궤도 및 쌍곡선궤도로 나뉜다. 인공위성이나 탄도탄은 모두 지구 중심을 초점으로 하는 타원을 따라 움직인다. 〈그림 5-1〉의 왼쪽 그림은 타원궤도를 도는 인공위성의 궤도를 보여주고, 오른쪽 그림은 탄도탄이 그리는 타원궤도를 보여준다. 두 그림에서 L은 로켓의 발사지점을 나타내고, 오른쪽 그림의 T로 표시된 점은 탄도탄이 겨냥하는 표적지점을 나타내고 있다.

지구 중심에서 인공위성이 그리는 타원의 근지점Perigee까지 거리는 지구 반경보다 커서 인공위성은 지표면을 만나지 않고 계속해서 타원을 따라 움직이지만, 탄도탄의 탄두가 그리는 타원궤도의 근지점까지 거리는 지구 반경보다 작기 때문에 근지점은 지표면 밑 깊은 곳에 놓이게 되고, 그 결과 탄도탄의 타원은 지표면과 두 곳에서 만난다. 적어도 이론적으로는 탄두가 그리는 자유낙하궤도가 지표면에서 표적Target을 지나는 타원궤도가 되도록 연소종료속도를 조

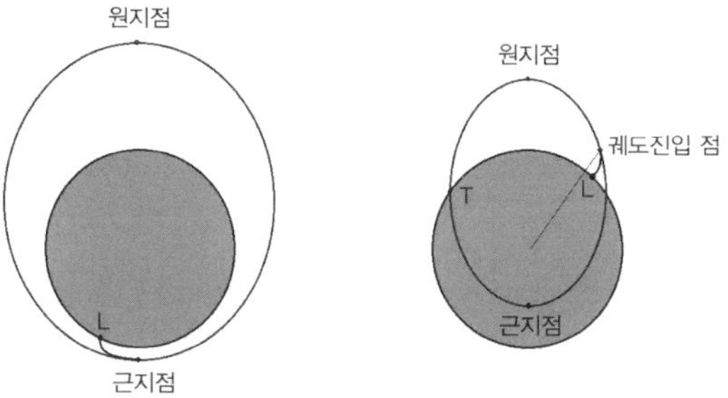

그림 5-1 인공위성 궤도와 탄도탄 궤도의 비교.
왼쪽 그림은 인공위성 궤도를 나타내고 오른쪽 그림은 탄도탄 궤도를 보여준다. L은 발사지점이고 T는 표적 점을 의미하며 L에서 근지점 또는 궤도진입 점까지는 동력 비행구간을 표시한다.

정하면 탄두는 표적에 명중한다.

위성궤도는 정해진 근지점과 원지점의 위치를 지나도록 연소종료 속도를 조정하면 원하는 타원궤도에 진입한다. 미션 궤도가 정지궤도와 같이 고고도 원궤도인 경우는 우선 저고도 원궤도인 주차궤도Parking Orbit에 진입한 후에 호만천이궤도Hohmann Transfer Trajectory를 이용하여 고고도 임무궤도로 궤도를 변경하면 연료를 아낄 수 있다.[1] 주차궤도와 호만천이궤도는 달 탐사나 화성이나 외부 행성탐사에도 연료절감 방법으로 즐겨 사용하고 있다.

로켓엔진이 작동을 멈추면 페이로드에 미치는 힘은 중력뿐이고, 연소가 종료될 때 로켓의 위치와 속도에 따라 케플러 궤도가 결정되고, 별도의 추진로켓을 사용하지 않는 한 궤도 변경은 불가능하다. 그러나 동력 비행 중에는 추력 방향을 조종하거나 자세제어 로켓Vernier Rocket을 이용해 방향과 속력을 조절할 수 있고, 특히 액체 로켓인 경우에는 추력의 방향뿐만 아니라 세기도 상당 부분 조절할

1) 호만천이궤도는 가장 적은 에너지를 사용해서 하나의 원궤도에서 다른 원궤도로 궤도 변경을 할 수 있는 궤도를 뜻한다. 자세한 내용은 이 책의 자매편인 『우주발사체와 우주임무궤도』를 참조하기 바란다.

수 있다. 따라서 미션의 요구에 따라 케플러 궤도에 진입하는 데 필요한 연소종료위치 및 종료속도를 가지도록 로켓을 유도Guidance하는 작업은 동력 비행 중에 완료되어야 한다. 〈그림 5-1〉에서 로켓의 동력 비행궤도는 굵은 선으로 표시되어 있다.

일상용어에서 '내비게이션(Navigation, 항법)'이란 배나 비행기가 출발 장소에서 목적지로 이동하는 과정에서 위치와 속도를 모니터하며 목표지점에 도달하는 항로를 선정하고, 선정한 항로를 따라가도록 배나 비행기를 조종하는 과정을 말한다. 항법은 두 가지 작업을 포함하고 있다. 첫 번째 작업은 알고 있는 기준 점에 대한 현재 위치와 현재 속도를 결정하는 것이고, 두 번째 작업은 현재 위치와 속도 정보에 근거해 항로를 조정하여 최종 목적지에 도착하도록 하는 작업이다. 1950년대 중반까지만 해도 내비게이션은 선장과 항해사(또는 기장과 항해사)가 수행하는 작업이었지만, 1942년 독일 육군의 피네뮌데 육군연구소Peenemünde Army Research Center에서 A4라는 세계 최초의 탄도탄 V2의 원형로켓을 선보임으로써 무인항법의 가능성을 보여주었다.

현재는 사람이 탑승하는 운송수단의 항법을 내비게이션이라고 한다. 유인운송수단의 항법도 항해거리의 대부분을 자동으로 수행하지만, 필요한 경우 항로를 변경하거나 속도를 변경을 할 수 있는 조종사가 '인간-고리Human-loop'로 들어 있다. 반면, 사람이 탑승하지 않는 운반체의 내비게이션은 유도라고 하는 것이 보통이다. 다시 말해 전투기, 폭격기, 여객기, 선박, 자동차 및 유인우주선의 항법은 내비게이션이라 하고 무인기, 유도탄 또는 무인우주선의 자동항법은 유도라고 하지만, 이러한 구별이 항상 명확한 것은 아니다.

지금부터 로켓의 유도에 관해 자세히 알아보기로 하자. 로켓의 유도에서 중요한 작업은 현재 로켓의 정확한 위치와 속도(움직이는 방향과 속력)를 측정하거나 계산하는 것이다. 위치 $\vec{r}$과 속도 $\vec{v}$를 알면 그 시점에서 로켓 추진이 종료될 때 로켓이 따라 움직이게 될 자유낙하궤도를 결정할 수 있다. 우리가 목표로 정한 임무궤도Mission Orbit 위의 $\vec{r}$ 점에서 로켓이 가져야 할 미션 요구속도 $\overrightarrow{v_R}$(Required Velocity)과 현재 로켓의 속도 $\vec{v}$의 차이 $\overrightarrow{v_g} = \overrightarrow{v_R} - \vec{v}$가 0이 되도록 로켓엔진의 추력 방향을 조정하면 예상되는 자유낙하궤도는 시간이 지나면서 임무궤도로 접근하고, $\overrightarrow{v_g} = 0$이 되는 순간 로켓엔진을 중지하면 로켓은 임무궤도로 진입하게 된다. 여기서 $\overrightarrow{v_g}$는 임무궤도로 진입하기 위해 현재 속도에 추가해야 할 '추가 소요 속도Velocity to be gained'를 의미한다. 다시 말해, 로켓의 유도 문제는 $\overrightarrow{v_g}$를 지배하는 방정식을 세우고 $\overrightarrow{v_g}$에 관한 해를 구한 뒤 $\overrightarrow{v_g}$가 0이 되도록 로켓을 '조종Steering'하는 문제로 요약할 수 있다.

로켓이나 항공기를 유도하기 위해 필요한 정확한 현재 위치는 레이더Radar를 이용해 측정할 수 있고, 속도는 '도플러 레이더Doppler Radar'를 이용하여 측정할 수 있다. 최근에는 항법위성 GPS(Global Positioning System)와 같은 인공위성 클러스터를 이용해 로켓의 위치와 속도를 정확히 측정하는 GPS-위성 항법도 개발했다. 그러나 이러한 방법은 모두 로켓 외부에서 보내는 정보에 의존한다는 공통점이 있다. 외부에서 받는 항법정보는 우주발사체에 적용할 때는 별 문제가 없지만, ICBM이나 군용기 등 군사적 목적으로 사용할 때는 자연조건 악화나 또는 사보타지 같은 인위적인 조작으로 정확도가 떨어지거나 아예 정보를 이용할 수 없는 경우가 생길 수 있다. 더구나 지구가 둥글기 때문에 레이더가 커버할 수 있는 영역이 상당히 제한되어 있어 필연적으로 우방국에도 레이더를 배치해야 한다. 이러한 해외기지는 국제적으로 정치·외교 문제를 끊임없이 일으킨다. 특히 잠수함처럼 대부분의 시간을 전파가 미치지 않는 곳에서 활동하는 경우에는 어려움이 더 크다. 물론 GPS는 정확도가 뛰어나고 적용범위가 선박, 자동차, 비행기, 로켓, 포켓용 등 광범위하고 수신기의 가격이 저렴하지만 방해 전파에 취약하다.

2. 관성유도의 물리학

하지만 현대식 로켓은 탄도탄과 군용 페이로드 발사를 목표로 개발되었다. 따라서 로켓 개발 초기부터 외부 정보에 의존하지 않고 로켓(또는 배나 항공기)을 유도할 수 있는 방법이 절실히 필요했다. 로켓 개발 초기부터 '블랙박스 내비게이션Black Box Navigation'이라고 더 잘 알려진 '관성항법Inertial Navigation'은 외부 정보에 의존하지 않고도 목표지점까지 항해할 수 있는 방법으로 떠올랐고, 군사용 목적에 완전히 걸맞은 항법으로 환영받았다.[2] 특히 관성항법을 로켓에 적용할 때는 '관성유도Inertial Guidance'라고 한다. 관성유도 방법에서는 자유롭게 회전하는 플랫폼에 서로 수직으로 장착한 세 개의 '자이로Gyroscopes'를 이용해 관성좌표계Inertial Coordinate System에 대해 자세가 변하지 않는 '관성플랫폼Inertial Platform'을 구성할 수 있고, 관성플랫폼의 세 축을 따라 탑재한 가속도계Accelerometers를 이용해 로켓이 가속도계에 전해주는 단위질량당 힘Specific Force을 측정할 수 있다. 가속도계의 출력과 중력법칙을 이용해 관성좌표계에 대한 로켓의 가속도를 구할 수 있고, 가속도를 시간으로 적분함으로써 관성좌표계에 대한 로켓의 속도와 위치를 구할 수 있다.[3][4][5] 그러나 가속도계

2) 관성항법에서는 출발점과 도착점의 위치 및 두 점 사이의 비행시간 외에 어떠한 정보도 필요하지 않다. 즉, 관성항법장치는 외부로부터 정보가 완전히 차단된 상태에서 자체 생산하는 회전과 가속도 데이터에서 속도와 위치 및 비행체의 자세를 계산하여 목적지로 유도한다는 의미에서 블랙박스라고 부른다.

3) 관성좌표계는 회전하거나 가속되지 않는 좌표계를 뜻하지만, 현실적으로는 태양의 중력과 공전으로 인한 원심력이 서로 상쇄된 지구 중심에 원점을 두지만 지구와 함께 자전하지 않는 고정좌표계를 지구 근방의 운동을 기술하기 위한 관성좌표계로 생각할 수 있다.

가 측정하는 선형가속도와 자이로가 측정하는 자세 변화만으로 항해하는 관성항법 또는 블랙박스 항법을 처음부터 받아들인 것도 아니었고, 관성항법 원리 자체가 그리 명확했던 것도 아니었다.

외부와 완전히 단절된 시스템에서는 어떠한 국지적 실험Local Measurement을 하더라도 중력가속도Gravitational Acceleration와 관성가속도Inertial Acceleration를 구별할 수 없다. 이것이 중력장 이론인 일반상대성원리의 기본 가정인 아인슈타인Albert Einstein의 등가원리Equivalence Principle다. 등가원리는 여러 가지 뜻을 지니고 있지만 "중력질량Gravitational Mass과 관성질량Inertial Mass을 구별할 수 없다"는 정의로 대표할 수 있다.[6] 다른 말로 표현하면 완전히 밀폐된 상자 안에서 하나의 점으로 대표되는 관측자가 일정한 가속도를 감지한다면 관측자는 이러한 가속도가 중력장 안에 상자가 고정되어서 생긴 것인지, 일정한 힘으로 끌려서 생긴 것인지 구별할 수 없다는 가정이다.[7] 그러나 밀폐된 상자를 여는 순간 관측자는 외부 환경을 관측하여 가속도의 원인이 중력인지 아니면 다른 요인인지 판단할 수 있다. 다시 말해, 로켓이 운동하는 환경에 대한 사전 지식이 없다면 가속도계가 측정한 가속도의 얼마만큼이 추력 또는 공기저항에 따른 것인지, 아니면 중력에 따른 것인지 알 수가 없다.

지상 500km 상공에 매달려 있는 엘리베이터 안에 가속도계가 장착되었다고 가정해보자. 줄에 매달려 있는 동안 가속도계가 측정한 가속도는 위쪽으로 $8.43 m/s^2$로 가속하고 있음을 가리키지만, 지구

---

4) D. G. Hoag, "Ballistic-missile Guidance" in *Impact of New Technologies on the Arms Race* (MIT Press, 1971) pp. 19-108.

5) George R. Pitman, Jr. Edited *Inertial Guidance* (John Wiley & Sons, Inc., 1962) pp. 16-46.

6) Albert Einstein, *Relativity: The Special and the General Theory* (Penguin Books, 2006) pp. 63-66.

7) 여기서 관측자가 점이라고 한 것은 측정이 국지적Local인 것을 강조하기 위함이다. 유한한 크기의 관측기기는 조석효과Tidal Effect를 측정할 수 있기 때문에 질점이 만드는 중력에 따른 가속인지, 외부에서 작용하는 관성가속인지 구별할 수 있다.

중심에 고정된 '관성좌표계'에서 보면 엘리베이터는 고도 500km 상공에 고정되어 있다.

어느 순간 엘리베이터 줄이 끊어졌다고 가정해보자. 가속계와 가속도계가 부착된 엘리베이터는 지구 중심을 향해 똑같은 가속도로 자유낙하하므로 로켓 또는 가속도계가 부착된 장착대와 가속도계 사이의 거리는 전혀 변동이 없다. 따라서 장착대는 가속도계에 아무런 힘도 작용할 수 없고 로켓에 장착된 가속도계가 측정하는 가속도는 0이 된다.[8] 그러나 엘리베이터 외부의 관성좌표계에서 보면 로켓과 가속도계는 다 같이 그 위치에서 지구 중력가속도를 가지고 지구 중심을 향해 자유낙하하고 있다. 다시 말해, 지구 중심에 회전하지 않고 고정된 좌표계에서 관측하면 엘리베이터는 중력에 따라 가속되어 떨어지는 시스템이다. 외부와 완전히 단절된 엘리베이터 안의 관측자는 아무런 힘도 느끼지 않으므로 별도 달도 없는 우주한 공간에 떠 있는지, 아니면 중력 중심을 향해 자유낙하하고 있는지 알 수 없다.[9] 밖의 사정을 알 수 없는 엘리베이터 안의 관측자는 가속도계의 출력만으로는 관성계에 대한 엘리베이터의 운동을 기술할 수 없다.

실제로 1940년대 말 저명한 이론물리학자이며 미 공군 과학자문위원회(Science Advisory Board: SAB)의 유도조종 분야 위원이었던 '조지 가모프George Gamow'는 등가원리에 거스르는 관성항법은 불가능하다고 이의를 제기했다. 가모프 외에도 영국 국방전략에 막강한 영향

---

8) 엄밀한 의미에서 가속도계가 측정하는 량은 가속도가 아니라 시험 질량Test Mass에 작용하는 단위질량당 힘Specific Force이다.

9) 저자는 '점'이라는 단어를 강조했다. 중력은 항상 물체를 중력을 만드는 천체의 중심 방향으로 끌어당기기 때문에 서로 떨어진 두 점 사이에서 정밀측정을 하면 두 점에서 힘의 방향에 차가 나는 것과 거리에 따른 힘의 변화율을 감지할 수 있다. 엄밀히 말하면 등가원리는 한 점에서 측정하는 데이터로는 중력과 기타 힘을 구별할 수 없다는 뜻이지, 아주 넓은 엘리베이터 내의 이곳저곳에서 실험을 수행해도 구별할 수 없다는 뜻이 아니다. 국제우주정거장에서 초미세 중력Micro Gravity을 측정하는 실험을 생각하면 그 의미를 쉽게 이해할 수 있을 것이다.

력을 행사하던 노벨 물리학상 수상자 패트릭 블라케트Baron Patrick Maynard Stuart Blackett도 관성유도나 관성항법이 불가능하다고 주장했다.[10] 그러나 지구 주변을 비행하는 로켓에는 항상 지구 중력이 작용하고, 중력가속도는 각종 측정과 이론으로 사전에 미리 지구 중심에서 거리의 함수 $\vec{g}(\vec{r})$로 구할 수 있다고 가정하면 블랙박스 안에서도 중력가속도와 관성가속도를 분리할 수 있다. $\vec{g}(\vec{r})$을 유도컴퓨터Guidance Computer에 미리 입력한다면 비행 중에 블랙박스를 열고 중력가속도에 대한 추가 정보를 받지 않아도 각 위치에서 중력가속도를 알 수 있기 때문에 블랙박스 내비게이션은 등가원리에도 거스르지 않는다. 다시 말해, $\vec{g}(\vec{r})$ 데이터를 탑재한 블랙박스는 외부에서 정보를 받지 않아도 관성계에 대한 가속도를 정확히 알 수 있는 투명박스라고 볼 수 있다.

어느 지점에서 지구 중력 방향과 수직인 평면을 국지수평면Local Horizontal Plane이라고 한다. 국지수평면을 이루는 정지한 플랫폼 위에 두 개의 가속도계를 서로 수직으로 장착하고, 세 번째 가속도계는 플랫폼에 수직으로 장착했다고 가정하자. 플랫폼이 지표면에 고정되어 있으면 수평면 내에 장착된 가속도계는 수평 방향의 가속도를 0으로 측정하지만, 수직으로 장착된 가속도계는 플랫폼이 위쪽으로 가속되고 있다고 측정할 것이다. 관성좌표계에서 보면 가속도계의 시험 질량은 중력에 따라 밑으로 떨어지려 하지만 움직일 수 없는 플랫폼이 같은 힘으로 받쳐주기 때문에 시험 질량은 위쪽으로 힘을 받아 위로 가속되는 것으로 측정되는 상황임을 알 수 있다.

질량 M_R을 가진 로켓이 발사대에 놓여 있다고 생각해보자. 관성좌표계에 대한 로켓의 가속도는 0이고 로켓은 움직이지 않는다. 중력은 로켓을 $M_R\vec{g}$의 힘으로 아래로 당기지만 지면은 움직이지 않

10) Donald MacKenzie, *Inventing Accuracy: A Historical Sociology of Nuclear Missile Guidance* (The MIT Press, 1993) pp. 66-72.

으므로 $-M_R\vec{g}$ 만 한 힘으로 로켓을 위로 밀어 올린다. 여기서 $\vec{g}$ 는 위치 $\vec{r}$에서 중력가속도를 의미한다. 로켓엔진이 점화되어 추력 $\vec{T}$를 높여가는 경우 관성좌표계에서 볼 때 로켓에는 $\vec{T}+M_R\vec{g}$만 한 힘이 작용한다. 우주발사체나 탄도탄은 수직으로 발사되므로 $\vec{T}$는 위로 향하는 힘이고 $M_R\vec{g}$는 아래로 향하는 힘이다. 따라서 $|\vec{T}|<|M_R\vec{g}|$인 경우는 로켓은 $\vec{T}+M_R\vec{g}$의 힘으로 발사대를 누른다. 그러나 발사대는 움직일 수 없으므로 반작용으로 로켓을 위로 민다. 로켓이 지표면 아래로 내려갈 수 없게 제한하는 힘을 '억제력Force of Constraints'이라고 하며, 이 경우 억제력 $\vec{F}_{foc}$는

$$\vec{F}_{foc}=-\vec{T}-M_R\vec{g}$$

로 주어진다. 따라서 $|\vec{T}|<|M_R\vec{g}|$인 경우에는 관성계에서 보는 로켓에 작용하는 총력

$$\vec{F_R}=\vec{T}+M_R\vec{g}+\vec{F}_{foc}$$

은 0이 되어 로켓의 질량중심은 움직이지 않는다. 하지만 지면은 로켓에 $\vec{F}_{foc}$만 한 힘을 작용하고, 로켓은 가속도계에 단위질량당 힘 $\vec{F}_{foc}/M_g$을 전달하고, 가속도계는 이를 출력한다.

추력이 증가해 $T(=|\vec{T}|)$가 $M_R g$와 같아지는 순간 $\vec{T}+M_R\vec{g}=0$이 되며 로켓은 발사대에 놓인 채로 떠 있는 상태가 되고, 억제력 $\vec{F}_{foc}$도 0이 된다. 추력 T가 더욱 증가하면 $T-M_R g>0$이 되어 로켓은 가속도 $\vec{a}=(\vec{T}+M_R\vec{g})/M_R$로 발사대를 떠나 가속한다. 지면에서 이륙 후에는 땅과 로켓은 접촉이 없으므로 $\vec{F}_{foc}=0$이 되고, 로

켓은 가속하는 과정에서 중력과 추력 외에 공기저항 $\vec{F}_D$, 양력 $\vec{F}_L$ 및 방향을 바꿀 때 생기는 힘 $\vec{F}_S$ 등 다양한 힘을 받아 가속한다. 짙은 대기를 뚫고 상승하는 로켓의 가속도 $\vec{a}$를 관성좌표계에서 표현하면 다음과 같다.

$$\begin{aligned}\vec{a} &= (\vec{T} + M_R\vec{g} + \vec{F_D} + \vec{F_L} + \vec{F_S} + \vec{F_{etc}})/M_R \\ &= (\vec{T} + \vec{F_D} + \vec{F_L} + \vec{F_S} + \vec{F}_{etc})/M_R + \vec{g}\end{aligned} \quad (5\text{-}1)$$

로켓이 공기밀도가 거의 0인 고고도에서 미션 요구속도에 도달하면 로켓은 엔진을 정지하고 자유낙하궤도에 진입한다. 이후 재돌입 구간으로 들어오기 전까지는 공기저항과 양력을 포함한 비非중력 항들은 모두 0이므로 로켓에 작용하는 힘은 중력뿐이다. 다시 말해, 로켓엔진이 연소종료된 후 로켓에 작용하는 힘은 중력뿐이고, 관성좌표계에서 로켓의 가속도 $\vec{a}$는 중력가속도 $\vec{g}$와 같다.

관성항법 또는 관성유도에서는 오로지 플랫폼에 설치한 세 개의 가속도계로 측정한 데이터만 사용해서 로켓의 속도와 위치를 계산해야 한다. 따라서 발사대에 정지한 로켓이 이륙하여 엔진이 정지할 때까지 로켓 내에 장착된 관성플랫폼 위의 가속도계가 측정하는 수치가 정확히 무엇을 의미하는지 이해하는 것이 중요하다. 로켓이 발사대 위에서 점화는 했지만 추력이 로켓 무게보다 약하면 로켓은 발사대를 떠날 수가 없다. 따라서 가속도계를 받쳐주는 받침대는 정지해 있다. 가속도계의 시험 질량 m은 중력을 받아 받침대에 아래쪽으로 힘을 가하지만 움직일 수 없는 받침대는 그 반작용으로 시험 질량을 $-m\vec{g}$의 힘으로 위로 밀어 올린다. 이 경우 가속도계의 출력은 $-\vec{g}$가 된다. 로켓의 추력이 증가하더라도 $T < M_R g$인

상태에서는 받침대는 움직이지 않으므로 관성계에 대한 로켓의 가속도 $\vec{a}=0$이고 가속도계의 출력은 계속 $-\vec{g}$를 유지하지만, 추력이 더욱 증가하여 $T \geq M_R g$이 되면 로켓은 관성계에 대해 $\vec{a}$로 가속되므로 가속도계의 출력은 $\vec{A} = \vec{a} - \vec{g}$ 로 나타난다. 식 (5-1)을 $\vec{a}$에 대입하면 가속도계 출력 $\vec{A}$는 다음과 같이 표현할 수 있다.

$$\vec{A} = -\vec{g} \qquad \text{: 이륙 전}$$

$$\vec{A} = (\vec{T} + \vec{F_D} + \vec{F_L} + \vec{F_S} + \vec{F}_{etc})/M_R \qquad \text{: 이륙 후} \tag{5-2}$$

식 (5-2)의 두 번째 식에는 중력에 관련된 항이 없다.[11] 기대했던 대로 지표면을 떠난 로켓에 설치된 가속도계는 중력을 제외한 다른 모든 힘에서 생긴 가속도 $\vec{A}$만 측정할 수 있다. 엄밀히 $\vec{A}$는 가속도가 아니라 가속도계의 시험 질량에 작용하는 힘을 시험 질량의 질량으로 나눈 단위질량당 힘이다. 이제부터는 특별히 혼란한 경우가 아니면 단위질량당 힘을 굳이 가속도와 구별하지 않고 그냥 가속도라고 한다.

관성좌표계에서 가속도계(또는 로켓 자체)의 운동은 다음 방정식으로 표현된다.

$$\frac{d^2\vec{r}}{dt^2} = \frac{\vec{F}_{ng}}{m} + \frac{\vec{F}_g}{m}$$
$$= \vec{A} + \vec{g}(\vec{r}) \tag{5-3}$$

여기서 방정식 (5-1)의 좌변 항 $d^2\vec{r}/dt^2$ $(=\vec{a})$은 관성좌표계에서

11) 로켓이 이륙하면 억제력이 없어지므로 로켓과 로켓에 장착된 가속도계는 항상 같은 가속도를 받으므로 중력 때문에 힘을 교환할 일이 없다.

관측한 가속도를 나타내고, $\vec{F}_{ng}$는 중력을 제외한 다른 모든 힘을 대표하고, $\vec{A}$는 $\vec{F}_{ng}$을 m으로 나눈 값으로 가속도계 출력을 나타낸다. 식 (5-3)은 관성계에 대한 가속도를 중력가속도와 가속도계가 측정한 가속도로 분리할 수 있음을 보여준다. 이러한 결과는 등가원리에 거스르는 것은 아니다. 가속도계 자체는 중력장 안에 고정되어 있는지 중력이 아닌 다른 힘으로 가속되는지 모르지만, 관성유도를 프로그램 하는 우리는 이륙한 로켓의 가속도계의 출력이 중력을 제외한 모든 힘에 따른 관성계에 대한 가속도라는 것을 알고 있다. 따라서 지구, 달 및 태양의 중력을 위치의 함수로 유도컴퓨터에 미리 입력해 놓음으로써 로켓 운동방정식 (5-3)의 우변에 미지수는 없다.

로켓의 추력 T는 지상 연소시험과 시뮬레이션 및 비행시험을 통해 시간과 고도의 함수로 어느 정도 정확한 예측이 가능하지만, 공기저항과 양력은 대기밀도에 따라 크게 영향을 받으므로 그때그때 상당한 차이를 보일 수 있고, 상층부의 바람도 변화가 크다. $\vec{F}_{ng}$를 미리 정확히 예측하는 것은 불가능하지만, 관성플랫폼에 장착한 가속도계를 사용해 정밀 측정하는 것은 가능하고, 정확도는 가속도계와 자이로의 정확도에 좌우된다.

관성유도에서 중력가속도 $\vec{g}(\vec{r})$은 플랫폼에 탑재한 장비로 실시간으로 측정하는 물리량이 아니라 지구 중력에 대한 과학지식과 측정 데이터에 바탕을 두고 개발한 '반-경험식Semi-empirical Data'으로 다룬다. 플랫폼의 위치가 결정되면 그 위치에 해당하는 $\vec{g}(\vec{r})$ 값을 읽어들이고 새로운 속도와 위치 계산에 사용한다. 중력 데이터는 탑재 컴퓨터에 미리 입력되기 때문에 중력 데이터를 얻기 위해 외부에서 정보를 받을 필요가 없다. 다시 말해, 중력모델Geoid Model을 미리 작성해 유도컴퓨터에 입력함으로써 블랙박스를 물리적으로 열지 않고도 관성항법이 가능해졌다. 가속도계가 잴 수 없는 중력가속도는 뉴턴의 중력법칙과 측정에 기반을 둔 중력지도로 대체함으로써 가속도계 3개와 자이로 3개로 구성된 관성항법 또는 관성유도가 현실이 된 것이다. 같은 이유로 중력 분포에 대한 사전 지식이 전혀 없는 미지의 장소에서 자이로와 가속도계만으로 외부 정보 없이 관성유도를 하는 것은 원리적으로 불가능하다.

전형적인 관성유도장치에는 적어도 다음 4가지 기능을 가진 부품이 포함된다.

- 3개의 자이로스코프 : 안정화된 플랫폼 구성 및 로켓의 각 방향 회전 각속도 측정
- 안정화 플랫폼 위에 주어진 3개 방향으로 설치된 3개의 가속도계 또는 적분가속도계 : 관성계에 대한 가속도 성분 측정(중력가속도 제외)
- 컴퓨터 : 중력 데이터 저장, 중력 계산 및 궤도 계산
- 시계 : 지구 자전 및 비행시간 측정

짐발Gimbals과 자이로코프Gyroscope의 세차운동Precession 및 피드백 메커니즘을 이용해서 자이로코프와 가속도계 같은 관성감지기(Inertial Measurement Units: IMU)를 탑재한 플랫폼을 로켓의 회전운동에서 완전히 격리하여 관성계에 대해 일정한 방향을 유지하게 할 수 있다. 이와 같은 플랫폼을 관성플랫폼Inertial Platform 또는 안정화 플랫폼Stabilized Platform이라고 한다. 관성플랫폼의 이러한 성질과 관성계에 고정된 자이로의 출력에서 로켓의 자세 및 세 축에 대한 회전을 제어하고, 가속도계의 출력에서 기준좌표계의 축에 따른 가속도 또는 속도 성분을 얻을 수 있으며, 적분을 통해 속도 또는 위치를 계산하고, 그 위치에서 중력의 크기와 방향을 구할 수 있다. 관성유도되는 우주발사체는 지상의 정보나 통제를 받지 않고 목표로 정한 궤도에 정확히 진입할 수 있고, 관성유도되는 탄도탄의 탄두는 외부

의 간섭 없이 표적지점을 정확히 명중할 수 있다. 물론 IMU를 제작하는 방법과 기술 수준에 따라 정확도에서 많은 차이를 보이지만, 현재 최고의 정밀도를 자랑하는 찰스 드레이퍼 연구소Charles Stark Draper Laboratory의 3세대 자이로 TG(Third Generation Gyros)의 '자이로 표류Gyro Drift'는 1.5×10^{-5}°/hr로, 자이로 표류에 따른 오차는 무시해도 좋을 만하다.[12] 단순히 탄도탄 유도가 목적이라면 이렇게 정확한 자이로는 필요하지 않다. 자이로 드리프트가 1.5×10^{-2}°/hr인 제2세대 자이로 또한 ICBM 유도에는 충분한 정확도를 가지고 있다.

외부 정보와는 관련이 없고 사보타지에도 안전하다는 이유로 미국이나 소련/러시아는 탄도탄을 유도하는 데 관성유도를 사용한다. 그러나 표류가 작은 자이로나 초정밀 가속도계는 가격이 너무 비싸기 때문에 관성유도장치를 조금 개방하여 별의 방위를 관측하여 발사 당시 들어온 플랫폼의 수평 및 방위각의 오차를 줄임으로써 전체적인 오차를 줄이는 것이 가능하다. 관성유도장치에 '별 추적기Stellar-Tracker'를 덧붙여 제작한 천측-관성유도Stellar-Inertial Guidance장치는 지상에서 레이더를 통해 정보를 받는 시스템처럼 사보타지나 방해전파에 허술하지 않으면서도 정밀도가 높은 유도장치로 미국 해군의 트라이던트Trident-I/II와 구소련의 R-29/R-29RM/R-29RMU 및 시네바Sineva에 천측-관성유도장치를 사용하고 있다.

GPS 또는 위성-관성유도GPS-Inertial Guidance를 사용하면 훨씬 경제적이고 매우 정밀한 유도시스템을 제작할 수 있다. 그러나 전시에는 GPS가 매우 취약해 미국과 소련/러시아는 전략무기 유도장치로 GPS 사용을 피하지만, 상용위성 발사에는 이러한 제약은 별 문제가 되지 않는다.

---

12) Donald MacKenzie, *Inventing Accuracy: A Historical Sociology of Nuclear Missile Guidance* (The MIT Press, 1993), p. 187.

제2장

지구모델 및 중력장

관성좌표계에 대한 로켓의 운동은 식 (5-2)와 (5-3)으로 표현한다. 그러나 운동방정식을 풀기 전에 해결해야 할 문제가 세 가지 남아 있다. 첫째는 우리가 막연히 관성좌표계라고 말하는 좌표계를 구체적으로 정해야 하고, 둘째는 정밀한 지구모델을 설정하는 문제이며, 셋째는 지구의 정밀한 중력모델을 수립하는 것이다. 그러나 이 세 가지는 독립된 문제가 아니라 서로 긴밀하게 연관된 문제다. 첫째 문제는 지구 중심에 원점을 갖지만 별들에 대해 고정된 방위를 갖는 직교좌표계를 관성좌표계로 취함으로써 쉽게 해결된 듯 보인다. 하지만 지구 모양이 어떻게 생겼는지 구체적인 지구모델이 정해지기 전에는 지구 중심을 어디에 잡아야 하는지 알 수가 없다. 따라서 관성좌표계 문제는 지구의 기준모델 설정과 관련된 문제다.

마찬가지로 지구모델과 지구의 중력모델은 서로 연관 있을 뿐만 아니라 기준이 된 지구모델과 중력모델은 서로 정의하는 관계에 있다. 중력과 자전으로 지구의 모양이 결정되고, 국지적으로 균일하지 않은 질량분포로 국지적인 지구 중력이 바뀌었다. 지구에는 산도 있고 바다도 있고 대기도 있으며 밀도가 균일하지 않다. 이러한 균일하지 않은 밀도분포의 영향과 실제로 측정한 중력가속도를 포함한 중력모델을 구축하기 위해서는 액체 상태의 지구가 중력과 자전의 영향을 받아 굳어서 생긴 것으로 가정하고 구한 이상적인 매끈한 회전타원체를 기준모델(기준타원체Reference Ellipsoid)로 설정하는 것이 해를 찾는 출발점이 된다.

기준모델을 바탕으로 기준좌표계를 도입하고, 기준좌표계에서 표시된 실제 지표면을 설정한 후에 실제 중력모델을 구축한다. 지구중력모델Geoid은 매끈한 기준모델에 불규칙한 실제 지구의 지표면구조Topography를 입히고, 기준모델과 실제 지구의 차이를 작은 섭동 또는 작은 기복으로 다루어 실제 측정 데이터로 끼워 맞춤Least Square Fitting하여 얻는다. 초정밀 유도가 필요한 경우가 아니면 중력가속도를 ppm(Part Per Million) 이하까지 정확한 중력가속도 지도는 필요 없지만, 정확한 중력모델이 있어야 로켓을 발사할 때 정확한 수직 방향과 지구 중심 방향과의 각도 차이를 알 수 있고, 세계 곳곳의 지표면의 해면고도와 위치를 정확히 정의할 수 있다.

1. 달, 사과 그리고 만유인력

두 물체는 각각의 질량에 비례하고 떨어진 거리의 제곱에 반비례하는 힘으로 서로 끌어당긴다. 이러한 힘을 중력Gravitation이라고 하며, 중력은 T-샷 후의 골프공에도 작용하고, 발사된 포탄이나 장거리 로켓에도 작용한다. 이렇듯 중력은 질량을 가진 모든 물체에 작용하므로 '만유인력Universal Gravitation'이라고 부르게 되었다. 태양의 중력은 모든 행성을 태양 중심으로 끌어당기지만, 행성은 태양 중심을 향해 떨어지는 동시에 여기에 수직 방향의 속도를 가져 태양과 충돌하지 않고 중심에서 적절한 거리를 유지하며 계속 돌 수 있다. 이와 같은 현상은 지구와 달 사이에도 일어나고 지구와 지구 주변의 인공위성에도 일어난다.

뉴턴Issac Newton은 중력이 태양과 행성들 사이뿐만 아니라 지구와 사과, 지구와 포탄처럼 질량을 가진 모든 물체 사이에 작용하고, 중력의 세기는 두 물체의 중심 사이 거리의 역제곱과 두 물체의 질량에 비례하며 서로 끌어당긴다는 가설을 세웠다. 〈그림 5-2〉는 뉴턴이 이런 가설의 타당성을 보이기 위한 사고실험Thought Experiments에서 사용한 그림이다. 이 그림은 1728년 판 그의 저서 『*A Treatise Of The System Of The World*』에 수록되어 있다.[13]

〈그림 5-2〉처럼 대포를 수평으로 발사한다고 가정하자. 지구는 둥글기 때문에 포탄은 지구가 평평할 때보다 좀 더 먼 거리를 비행한 후에야 지면과 충돌한다. 이는 포탄의 속도가 점점 빨라져 특정한 값 v =7910m/s에 이르면 지표면이 수평선 아래로 내려앉는 거리 4.9m와 중력에 의해 포탄이 지구 중심으로 떨어진 거리가 같아질 수 있음을 의미한다.

만약 지구에 공기도 없고 산도 언덕도 없는 유리구슬 같다면 포구속도 7910m/s로 발사된 포탄은 지표면에 닿지 않고 A점과 고도가 같은 C점과 F점을 통과해 〈그림 5-2〉에서 보는 것처럼 영원히 같은 고도를 유지하며 지구 주위를 회전한다는 의미다. 다시 말해, 포탄은 지구 중심을 향해 계속 떨어지고 있지만, 지구가 둥글기 때문에 포탄은 지면과 충돌하지 않는다. A의 고도가 수백 킬로미터라고 가정하면 지구에 공기가 있든 없든, 산이 있든 없든 발사된 포탄은 지구 주변을 도는 인공위성이 된다.

〈그림 5-2〉에서 $\overline{OA}$를 지구 중심에서 달의 중심까지 거리 R이라

---

13) Isaac Newton, translated by Andrew Motte, *A Treatise Of The System Of The World(1728)* (Kessinger Publishing, 2010) p. 6.

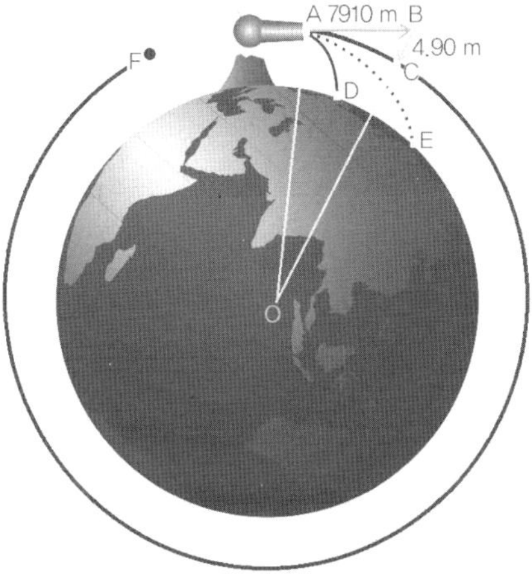

그림 5-2 뉴턴은 달이 지구 중심을 향해 계속 떨어지지만 달이 접선 방향으로 움직이는 속도가 특별한 속도가 되면 중력에 의해 떨어지더라도 달과 지구 중심 사이의 거리는 거의 일정할 수 있음을 보여주기 위해 그림과 같은 사고실험을 하였고, 그 후 이 그림은 '뉴턴의 대포Newton's Cannon'라 한다.

고 생각하고 포탄을 달이라고 생각하면 달이 한 달에 한 번씩 지구 주위를 공전하는 것을 달도 중력에 의해 지구 중심을 향해 계속 떨어지지만 중력에 수직한 방향의 속력이 달이 지구와 충돌하지 않고 돌도록 해준다고 생각할 수 있다. 이러한 관점에서 〈그림 5-2〉를 다시 그린 것이 〈그림 5-3〉이다. 중력에 관해서는 달이나 사과나 다를 바가 없다는 것이 바로 뉴턴이 달의 운동을 보는 시각이었고, 만유인력에 대한 뉴턴의 생각이었다. 뉴턴이 어떻게 만유인력의 법칙을 구했는지 알아보려면 먼저 뉴턴이 당시에 알고 있던 지식을 정리해볼 필요가 있다.

갈릴레오 갈릴레이Galileo Galilei는 실험을 통해 가속도, 속도 및 거리 간의 관계식과 중력에 의해 자유낙하할 때 떨어지는 물체의 가속도가 질량과는 상관이 없음을 밝혀냈다. 뉴턴이 『프린키피아』에서 사용한 지구 반경, 달까지 거리 및 달의 주기는 다음과 같이 요약할 수 있다.

- 일정한 가속도 a로 가속되는 물체의 속도는 시간 Δt 후에 속력은 $v = a\Delta t$가 되고 이때까지 움직인 거리는 $s = a(\Delta t)^2/2$로 주어진다.[14]
- 자유낙하할 때 속력은 질량과는 상관이 없으며 지표면에서 중력가속도는 $9.8m/s^2$이다.
- 지구 중심에서 달의 중심까지 거리는 지구 반경의 약 60.4배(385709km)다.[15]
- 지구의 장반경은 19,658,600파리-피트(=6385.9km).[16]
- 항성에 대한 달의 공전주기Sidereal Period T는 27일 7시간 43.44분.[17]

뉴턴은 요한네스 케플러Johannes Kepler의 세 가지 법칙을 알고 있었지만 케플러 법칙Kepler's Law을 사용하여 중력을 구하려 하지 않고 그의 만유인력에서 케플러 법칙을 유도했다. 사실 뉴턴은 태양과 행성 사이의 운동법칙인 케플러 법칙을 질량을 가진 모든 사물에 적용되는 운동법칙으로 확장하고자 했던 것이고, 마침내 그 일을 해냈다.

〈그림 5-3〉은 달이 지구를 향해 자유낙하하고 있는 상황을 그린 것이다. 현재 달이 있는 위치는 M이고 달은 시간 간격 Δt 동안에 접선 방향으로 $v\Delta t$만큼 이동하지만, 달은 지구 중심 방향으로 a라는 가속도로 떨어지고 있고 Δt 동안 떨어진 거리는 갈릴레오의 발견에 따라 $1/2a\Delta t^2$로 주어진다. 〈그림 5-3〉에서 다음과 같은 식을 얻을 수 있다.[18]

---

14) Galileo Galilei, *Dialogues Concerning Two New Sciences* (Cosimo, Inc., 2010, New York, New York) pp. 173-177.

15) Issac Newton, Translated by I. Bernard Cohen & Anne Whitman, *The Principia: Mathematical Principles of Natural Philosophy* (University of California Press, 1999) p. 879.

16) ibid.; 1 Paris Feet= 0.3248406m.

17) ibid.

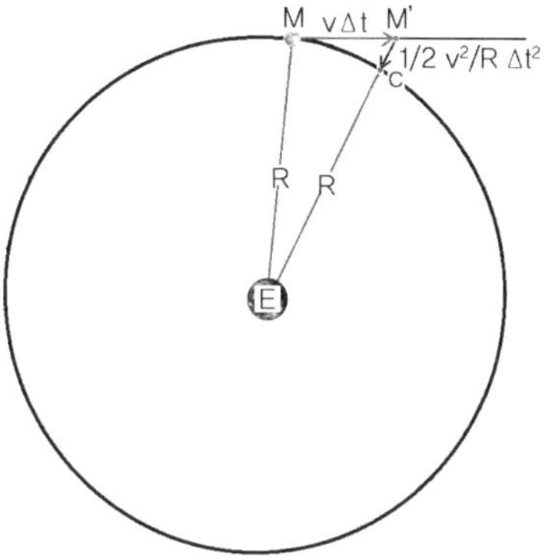

그림 5-3 달이 지구로 떨어지는 그림에서 지구가 달을 끌어당기는 인력을 구할 수 있다.

$$(\overline{M'C}+\overline{CE})^2 = \overline{MM'}^2 + \overline{ME}^2 \qquad (5\text{-}4)$$

여기서 $\overline{CE}=\overline{ME}=R$, $\overline{MM'}=v\,\Delta t$이고 $\overline{M'C}=\frac{1}{2}a\,\Delta t^2$과 $\Delta t \rightarrow 0$인 극한조건을 이용하면 지구 중심으로 끌어들이는 가속도는 다음과 같이 구해진다.

$$a = \frac{v^2}{R} \qquad (5\text{-}5)$$

달의 궤도속력 v는 달의 공전반경 R과 공전주기 T로 다음과 같이 표시할 수 있다.

$$v = 2\pi R/T \qquad (5\text{-}6)$$

뉴턴도 이미 알고 있었던 R과 T 값을 이용해 달의 궤도속도와

18) George Gamow, *Gravity* (Dover Pub. Inc., 2002, Mineola, N.Y.) pp. 37-70.

가속도는 다음과 같이 계산할 수 있다.

$$v \simeq 1.0\ \mathrm{km/s},$$

$$a \simeq 2.7\ \mathrm{mm/s^2}$$

달이 반경 R인 원궤도를 따라 돌기 위해서는 식 (5-5)로 결정되는 가속도 a로 달을 지구 중심으로 끌어당겨야 한다. 그렇지 않으면 달은 접선 방향으로 날아가기 때문이다. 다시 말해, 달이 지구 둘레를 공전하기 위해서는 지구 중심으로 끌어당기는 힘이 있어야 하고, 그 세기는 정확하게 식 (5-5)로 주어지는 값과 같은 가속도를 낼 수 있어야 한다.

바로 여기가 뉴턴의 사과가 등장하는 장면으로 추정된다. 중력이 행성과 태양같이 아주 질량이 큰 천체들 사이에서만 존재하는 힘이 아니고, 모든 질량 사이에 작용하는 만유인력이라면 당연히 지구와 사과 사이에도 힘을 미칠 것이다. 뉴턴이 흑사병Pest을 피하기 위해 어머니 과수원에서 피난생활을 하고 있을 때 사과가 떨어지는 것을 보고 만유인력을 발견했다는 설이 전설처럼 떠돈다.[19] 이러한 설의 진위는 확인할 수가 없지만, 뉴턴이 사과가 떨어지는 것을 볼 수 있는 기회는 물론 많았을 것이다.

어느 날 사과가 떨어지는 것을 보고 뉴턴이 달을 공전하게 하는 힘이나 사과를 떨어지게 하는 힘은 동일한 지구의 중력이지만, 중력의 세기는 거리에 따라 중력이 달라진다는 것을 깨닫게 한 동기가 되었을 수는 있다.

어떻든 사과는 지구 중심에서 지구 반경 R_E 만큼 떨어진 곳에서 중력가속도 981 $\mathrm{cm/s^2}$로 지구 중심을 향해 가속되고, 달은 60.4배 더

---

19) 뉴턴 머리 위에 사과가 떨어져 만유인력을 발견하게 했다는 그 사과나무의 후손 가운데 하나가 대전 대덕연구단지에 있는 '한국표준과학연구원' 앞뜰에 당당히 서 있다.

먼 곳에서 지구 중력이 만드는 가속도 0.27 cm/s^2로 지구 중심으로 떨어진다고 가정을 해보자.

지구 중심에서 R_E 만큼 떨어진 지표면에서 중력가속도와 60.4 R_E 만큼 떨어진 달의 중심에서 가속도 비는 3633(= 981/0.27)이다. 이 숫자는 지구 중심에서 달의 중심까지 거리 R을 지구 중심에서 지표면 사이 거리 R_E로 나눈 값인 60.4의 제곱 3648과 거의 같다. 다시 말해, 달의 중심과 지구 중심 또는 지구 중심과 사과 사이에는 거리의 제곱에 반비례하는 인력이 존재하는 것으로 가정할 수 있다.

갈릴레오는 이미 지상의 모든 물체는 질량에 상관없이 같은 중력 가속도를 가지고 떨어진다는 사실을 확립했다. 갈릴레오는 '자연적으로 가속되는 운동Naturally Accelerated Motion'이라는 표현으로 중력장에서 자유낙하한다는 말을 대신했다.[20] 이 같은 정황에서 지구가 사과나 달에 미치는 중력의 힘은 사과나 달의 질량 m_A 또는 M_M에 비례하고, 각 질량의 중심 사이 거리의 제곱에 반비례한다고 가정했다. 그러나 두 물체는 작용과 반작용 원리에 따라 서로 같은 힘으로 끌어당겨야 하므로 뉴턴은 중력은 지구 질량 M_E에도 비례해야 한다고 생각했다. 뉴턴은 임의의 두 질량 m_1과 m_2에 대해 다음과 같은 인력이 작용한다고 제안했다.

$$\vec{F}_{12} = -G\frac{m_1 m_2}{r_{12}^3}\vec{r}_{12} \quad : \text{만유인력} \tag{5-7}$$

r_{12}는 두 물체의 질량중심 사이의 거리를 표시하고, '-' 기호는 힘이 작용하는 방향이 두 물체의 중심사이 거리가 줄어드는 방향이

20) Galileo Galilei, *Dialogues Concerning Two New Sciences* (Cosimo, Inc., 2010, New York, New york) pp. 160-177.

라는 의미로 사용했으며 일상적인 용어로는 끌어당기는 방향을 의미한다. 여기에서 비례상수 G는 만유인력상수이며, 가장 최근의 값은 $G = 6.67384 \times 10^{-11} m^3 kg^{-1} s^{-2}$로 알려졌다. 식 (5-7)은 두 물체의 크기보다 둘 사이 거리가 충분히 크거나 또는 두 물체가 공 모양일 때 두 물체 사이의 중력은 마치 두 물체의 질량이 각각의 중심에 모여 있는 두 질점 사이의 중력과 같음을 의미한다.

뉴턴은 그의 운동방정식을 이용해 두 물체 사이에 식 (5-7)로 표현되는 인력이 존재한다면, 케플러의 세 법칙도 만족됨을 보일 수 있었다.

1. 행성은 태양을 하나의 초점으로 하는 타원궤도를 따라 운동한다.
2. 행성과 태양을 연결하는 직선은 단위시간당 같은 면적을 쓸고 지나간다.
3. 행성 주기의 2제곱은 궤도 장반경Semi-major Axis의 3제곱에 비례한다.

이로써 식 (5-7)이 모든 질량 간에 존재하는 인력임을 보임으로써 '만유인력Universal Gravitation'으로 부르게 되었다.

2. 회전타원체 지구모형

정확한 지구 모양과 크기를 결정해야 하는 많은 이유가 있겠지만, 여기에서는 관성유도와 관련한 사항만 설명하기로 한다. 로켓의 속도와 위치를 구하기 위해서는 식 (5-3)을 관성좌표계에서 적분해야 한다. 그러기 위해서는 우리가 모든 측정이나 계산을 할 때 기준좌표계로 삼는 관성좌표계를 먼저 정의할 필요가 있다. 일반적으로 지구 중심에 원점을 두고 회전하지 않는 고정된 직교좌표계를 기준좌표계로 설정한다. 기준좌표계를 설정하고 지구 중력가속도를 위치의 함수로 정하기 위해서는 먼저 기준이 되는 이상적인 지구모델을 만들어야 한다. 기준이 되는 지구모델이 결정되어야 그 중심에 원점을 둔 좌표계가 의미가 있다.

20세기 중반에서 말까지 지구의 모양과 크기에 관한 데이터의 정확도가 크게 향상되었다. 제2차 세계대전 이후 급격히 관심을 끌게 된 관성항법은 점점 더 정확한 위치정보(지구 중심까지 거리 r, 위도 θ, 경도 ϕ)와 국지수평면(Local Horizon: 중력 방향에 수직인 면)을 찾아내는 방법이 필요했다. 관성항법에서 요구하는 정보는 지표면 위의 모든 점의 위치와 각 점에서 중력가속도에 관한 데이터를 기준좌표계를 사용해 표시하는 것이다. 전후 미국과 구소련이 사활을 걸고 개발한 탄도탄을 표적에 명중시키려면 초정밀 3차원 지구모델과 중력지도가 필요했다. 탄도탄뿐만 아니라 지표면 근처를 비행하는 항공기, 바다 위를 운항하는 선박 및 바닷속을 잠행하는 잠수함에 사용하는 관성항법 또한 군사적인 필요에 따라 급속히 발전했다.

우리의 목적은 계산의 기준이 되는 좌표계와 관성항법 컴퓨터에 입력할 수 있는 지표면 및 지구 주변 자유공간에서 지구의 중력가속도를 위치의 함수 $\vec{g}(\vec{r})$로 구하는 데 있다. 지표면에서 '중력가속도'는 지구 질량에 따른 중력과 지구 자전에 따른 원심력의 복합효과로 결정된다. 만약 지구가 자전하지 않았더라면 액체 상태의 지구는 둥근 공 모양Sphere으로 응결되었겠지만, 지구는 남북 축을 중심으로 ω라는 각속도로 회전하고 있다. 따라서 지구와 함께 회전하는 구성 물질은 위도에 따라 바뀌는 원심력과 지구의 질량중심을 향하는 중력을 받아서 지금의 지구 형태로 굳어지게 된 것이다. 원심력이 가장 강한 적도 근방은 부풀어 오르고 남극과 북극 지방은 납작해져서 지구 전체 모양은 대략 납작한 회전타원체Oblate Ellipsoid를 유지하게 되었다.

:: 기준타원체의 중력 근사공식

지구가 중심에서 거리 $r(\gg R_E)$만큼 떨어진 곳에 만드는 중력 퍼텐셜Gravitational Potential은

$$U = -\int_{\infty}^{r} \vec{g}(\vec{r}') \cdot d\vec{r}' = -\frac{GM_E}{r}, \qquad (5\text{-}8)$$

$$\vec{g}(\vec{r}) = -\vec{\nabla}_r U(r) = -\frac{GM_E}{r^2}\hat{r} \qquad (5\text{-}9)$$

와 같이 정의한다. U는 단위질량당 퍼텐셜 에너지이고 $\hat{r}$은 $\vec{r}$ 방향의 단위벡터를 의미한다.

기준타원체Reference Ellipsoid가 만든 중력장을 고려하기 전에 〈그림 5-4〉에 보이는 임의 물체가 만드는 중력장을 생각해보자. P에서 s 거리에 있는 질점 dM이 P에 기여하는 중력 퍼텐셜 dU는 다음과 같이 주어진다.

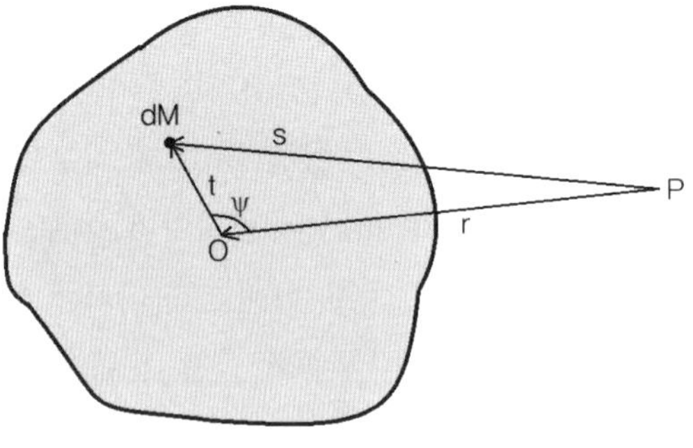

그림 5-4 임의 모형의 물체가 점 P에 만드는 중력 퍼텐셜

$$
\begin{aligned}
dU &= -\frac{G}{s}dM \\
&= -\frac{G}{r[1+(t/r)^2-2(t/r)\cos\Psi]^{1/2}}\,dM \\
&= -\frac{G}{r}\left[1+\frac{t}{r}\cos\Psi+\frac{1}{2}\left(\frac{t}{r}\right)^2(3\cos^2\Psi-1)+\cdots\right]dM \\
&= -\frac{G}{r}\left[1+\frac{t}{r}\cos\Psi+\left(\frac{1}{r^2}\right)\left(t^2-\frac{3}{2}t^2\sin^2\Psi\right)+\cdots\right]dM
\end{aligned}
\tag{5-10}
$$

식 (5-10)을 임의 물체의 부피에 대해 적분하면, 그 물체가 P점에 만드는 단위질량당 퍼텐셜 W_g는 다음과 같다.

$$
\begin{aligned}
W_g &= \int_V dU \\
&= -\frac{GM}{r}-\frac{G}{r^2}\int_V t\cos\Psi\,dM-\frac{G}{r^3}\int_V t^2dM+\frac{3}{2}\frac{G}{r^3}\int_V t^2\sin^2\Psi dM+\cdots \\
&= -\frac{GM}{r}-\frac{G}{r^3}\frac{1}{2}\left[\int_V(y^2+z^2)dM+\int_V(x^2+z^2)dM+\int_V(x^2+y^2)dM\right] \\
&\quad +\frac{3}{2}\frac{G}{r^3}\int_V t^2\sin^2\Psi dM+\cdots \\
&= -\frac{GM}{r}-\frac{1}{2}\frac{G}{r^3}(A+B+C)+\frac{3}{2}\frac{G}{r^3}I+\cdots
\end{aligned}
\tag{5-11}
$$

여기서 I는 OP-축에 대한 관성모멘트Moment of Inertia이고 A, B, C는 x, y, z 축에 대한 관성모멘트로 다음과 같이 정의된다.

$$A=\int_V(z^2+y^2)dM\,,$$

$$B = \int_V (x^2 + z^2)dM\ ,$$

$$C = \int_V (x^2 + y^2)dM\ .$$

식 (5-11)을 다음과 같이 다시 쓸 수 있다.

$$W_g(P) = -\frac{GM}{r} - \frac{(A + B + C - 3I)}{2}\frac{G}{r^3} + \cdot\cdot\cdot \tag{5-12}$$

식 (5-12)는 매우 흥미로운 결과를 보여주고 있다. 〈그림 5-4〉에서 불규칙한 모양을 가진 천체가 만드는 중력 퍼텐셜은 질량 M인 질점이 질량중심에서 P에 만드는 퍼텐셜과 불규칙한 질량분포가 주축Principal Axes에 대한 관성모멘트에 관련되는 항으로 표시된다는 것을 보여주고 있다. 관성모멘트 항은 천체의 모양이 완전한 구에서 벗어난 정도에 관련되고 $1/r^3$에 비례한다. 천체가 완전한 공 모양을 가졌다면 식 (5-12)의 두 번째 항은 0이 되어 $W_g(P)$는 $-GM/r$이 된다. 그러나 천체가 구에 가깝지만 구는 아닌 경우 $A \simeq B \simeq C \simeq I$가 되어 식 (5-12)의 두 번째 항의 계수는 작지만 무시할 수 없는 보정 항이 되는 것을 알 수 있다. 식 (5-12)를 통해 r이 어느 정도 크면 두 번째 항의 효과는 첫 번째 항에 비해 아주 작아지고 천체의 모양에 그리 민감하지 않다는 것을 알 수 있다.

우리의 관심은 천체의 질량중심에 대해 거리는 r이고 주축Principal Axes과 만드는 각이 (ϕ, ψ, ζ)인 장소에서 퍼텐셜 값을 구하는 데에 있다. 주축에 대한 P점 위치 벡터의 방향 코사인Directional Cosine을 $l = \cos\psi$, $m = \cos\phi$, $n = \cos\zeta$라고 하자. $\hat{r}$을 $\vec{r}$ 방향의 단위벡터라 하면 $\hat{r} = l\vec{i} + m\vec{j} + n\vec{k}$이므로 $l^2 + m^2 + n^2 = 1$이 된다. 여기서

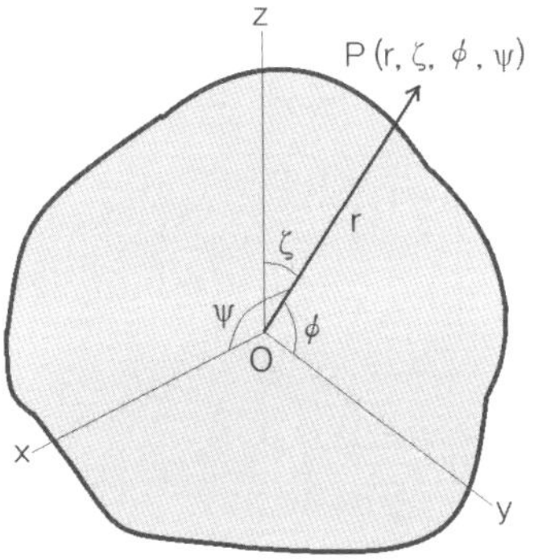

그림 5-5 x, y, z는 천체의 주축Principal Axes을 나타내고 ζ, ϕ, ψ는 천체의 질량중심에서 관측점까지의 $\vec{r}$이 각 축과 만드는 각이다.

$\vec{i}, \vec{j}, \vec{k}$는 각각 x, y, z 축 방향의 단위벡터다.

실제 지구는 z-축에 대해 회전대칭을 가진 회전타원체Spheroid; Ellipsoid of Revolution 모양이므로 $A = B(\neq C)$가 되고 I는 다음과 같은 관계식을 만족하는 것을 알 수 있다.21)

$$I = A + (C - A)\cos^2\zeta \tag{5-13}$$

식 (5-13)을 식 (5-12)에 대입하고 1/r의 4차 항 이상을 무시하고 얻은 근사적인 중력 퍼텐셜을 $U_g(r)$이라고 하면 다음과 같이 위도에만 관련되는 회전타원체의 중력 퍼텐셜을 얻을 수 있다.

$$U_g(r) = -\frac{GM}{r} + \frac{G(C-A)}{r^3}\left(\frac{3}{2}\cos^2\zeta - \frac{1}{2}\right) \tag{5-14}$$

21) $\vec{r}$-축에 대한 관성모멘트 텐서 $I = \hat{r} \cdot \overleftrightarrow{I} \cdot \hat{r}^T$ 및 $n = \cos\zeta$를 사용하면 $I = l^2A + m^2B + n^2C$이 됨을 알 수 있다.

관습적으로 C-A 대신 적도반경 R_{eq}를 이용해 $J_2 M R_{eq}^2$로 표시하므로 회전하지 않는 타원체의 중력 퍼텐셜 U_g를 파라미터 J_2와 R_{eq}로 다음과 같이 다시 쓸 수 있다.

$$I = A + (C - A)\cos^2\zeta$$

$$U_g(r) = -\frac{GM}{r}\left[1 - \left(\frac{R_{eq}}{r}\right)^2 J_2 P_2(\cos\zeta)\right] \tag{5-15}$$

$$J_2 = \frac{C - A}{M R_{eq}^2}$$

식 (5-15)에서 P_2는 2차 르장드르 다항식 $P_2(\cos\zeta) = (3\cos^2\zeta - 1)/2$를 의미한다.

웨이 첸Wei Chen과 웬빈 쉔Wen Bin Shen은 지구 중력모델 EGM2008을 바탕으로 실제 지구의 관성모멘트 텐서Principal Inertia Moment Tensor를 계산했고, 그가 계산한 주축에 대한 관성모멘트 값은 〈표 5-1〉에 정리했다.[22] 〈표 5-1〉의 A, B 값과 R_{eq}=6387137m을 사용하면 $J_2 = (C - A)/MR_{eq}^2$의 값은 다음과 같다.

주축에 대한 관성모멘트	시스템	EGM2008
A	기조력이 없을 때	$(8.0100829 \pm 0.0000084) \times 10^{37}$ kg m^2
B	"	$(8.0102594 \pm 0.0000084) \times 10^{37}$ kg m^2
C	"	$(8.0364807 \pm 0.0000084) \times 10^{37}$ kg m^2

표 5-1 지구 주 관성모멘트 값

22) Wei Chen and WenBin Shen, New estimates of the inertia tensor and rotation of the triaxial nonrigid Earth, *Journal of Geophysical Research: Solid Earth (1978-2012)* Volume 115, Issue B12, December 2010.

$$J_2 = 1.086541782 \times 10^{-3} \tag{5-16}$$

식 (5-15)의 ζ는 위도가 아니라 여위도(餘緯度, Co-latitude)를 나타내는 각이다. 여위도 대신 위도 θ를 사용하는 것이 관례이므로 $\zeta = \pi/2 - \theta$를 식 (5-15)에 대입하여 다음 식을 얻는다.

$$U_g(r) = -\frac{GM}{r}\left[1 - \left(\frac{R_{eq}}{r}\right)^2 J_2\, P_2(\sin\theta)\right] \tag{5-17}$$

지구는 z-축에 관해 회전대칭성을 가지므로 중력 퍼텐셜은 경도 Longitude에는 상관이 없지만, 지구가 구형에서 벗어나는 정도인 J_2항은 위도 θ에 예민하다. 식 (5-17)은 회전타원체 모양의 질량이 만드는 중력을 관성계에 고정된 관측자가 측정하는 중력 퍼텐셜로 이해하면 된다.

지표면, 수중 또는 대기권에서 지구와 함께 회전하는 관측자에게는 식 (5-17)이 중력 퍼텐셜의 전부가 아니다. 지표면에 구속된 물체는 지구 자전축을 중심으로 $\vec{\omega}$의 각속도로 회전하므로 질점은 중력뿐만 아니라 원심력도 함께 받기 때문에 수면에 수직한 방향은 $\vec{g}_g = -\vec{\nabla} U_g(\vec{r})$과 원심력 $-\vec{\omega} \times (\vec{\omega} \times \vec{r})$이 합쳐진 방향이 된다.

〈그림 5-6〉에서 점 P의 위치는 $\vec{r}(= r\,\hat{r})$로 표시되고 지구는 z-축을 중심으로 $\vec{\omega}(= \omega\,\hat{\omega})$로 자전하는 타원체로 그렸다. $\hat{r}$과 $\hat{\theta}$는 각 방향의 단위벡터를 표시한다. 관성좌표계에 있는 관측자가 측정하는 가속도 $\vec{a}_I$와 지구에 고정된 회전하는 관측자가 측정하는 가속도 $\vec{a}_r$은 다음과 같이 연결된다.

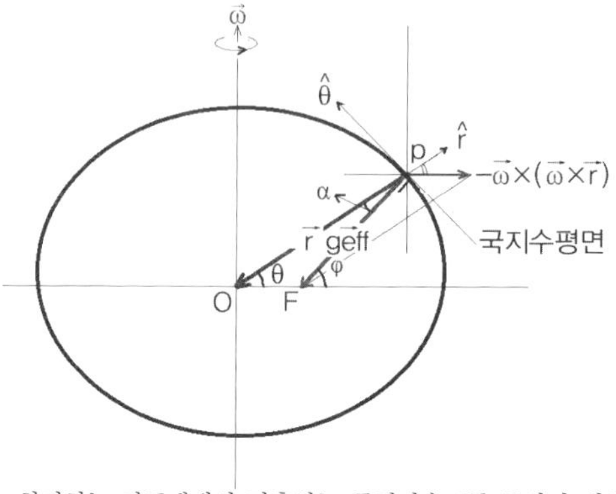

그림 5-6 회전하는 좌표계에서 관측하는 중력가속도를 구하기 위한 변수
그림에서 φ는 국지수평면을 기준으로 정의한 '수평면 기준 위도Geodetic Latitude'를 표시하고, θ는 P 점과 지구 중심을 연결하는 선으로 정의한 보통 의미의 위도Geocentric Latitude다.

$$\vec{a}_I = \vec{a}_r + \vec{\omega}\times(\vec{\omega}\times\vec{r}) \tag{5-18}$$

관성계의 관측자가 보는 가속도는 중력에 의한 $\vec{g}_g$뿐인 데 비해 지표면의 한 점 P에 고정된 관측자가 측정하는 가속도 $\vec{g}_{eff}$는 중력과 원심력에 의한 가속도를 더한 값을 갖는다.23)

$$\begin{aligned}
\vec{g}_{eff} &= \vec{g}_g - \vec{\omega}\times(\vec{\omega}\times r) \\
&= \vec{g_g} - r\omega^2\sin\theta\,(\sin\theta\,\hat{r} + \cos\theta\,\hat{\theta}) + r\omega^2\,\hat{r} \\
&= \vec{g}_g + r\omega^2\cos^2\theta\,\hat{r} - r\omega^2\sin\theta\cos\theta\,\hat{\theta} \\
&= \vec{g}_g - \vec{\nabla}\left[-\frac{1}{2}r^2\omega^2\cos^2\theta\right] \\
&= -\vec{\nabla}\left[U_g(r) - \frac{1}{2}r^2\omega^2\cos^2\theta\right]
\end{aligned} \tag{5-19}$$

23) $\vec{\omega} = \omega(\sin\theta\,\hat{r} + \cos\theta\,\hat{\theta})$, $\vec{\nabla} f = \hat{r}\frac{\partial f}{\partial r} + \frac{\hat{\theta}}{r}\frac{\partial f}{\partial \theta}$.

$\vec{g}_{eff}$는 지구와 함께 회전하는 P 점에서 느끼는 수평면에 수직인 '실질 중력가속도Effective Gravitational Acceleration'고, $\vec{g}_g$는 지구의 질량이 P 점에 만드는 순수한 중력에 따른 가속도이며, $-\vec{\omega}\times(\vec{\omega}\times \mathrm{r})(=\vec{g}_\omega)$는 지구가 회전하기 때문에 생기는 '가상 중력가속도' 성분으로 보면 된다. 따라서 회전하는 지구표면에서 측정하는 근사적인 실질 중력 퍼텐셜 U_{eff}는 다음과 같다.

$$U_{eff} = U_g - \frac{1}{2}r^2\omega^2\cos^2\theta \tag{5-20}$$

회전타원체는 등퍼텐셜면Equipotential Surface이므로 적도와 극점에서 U_{eff}의 값이 같아야 한다는 조건에서 타원체의 편평지수Flattening $f=(R_{eq}-R_{po})/R_{eq}$가 다음과 같이 됨을 볼 수 있다.

$$\begin{cases} f \simeq \dfrac{3}{2}J_2 + \dfrac{1}{2}m \\ m = \dfrac{R_{eq}^3\omega^2}{MG} \end{cases} \tag{5-21}$$

식 (5-21)을 유도하는 과정에서 $J_2 \ll 1$과 $f \ll 1$인 사실을 이용했다.

이상에서 우리는 중력과 원심력이 균형을 이뤄 만든 지구 형상인 약간 납작한 모양의 회전타원체의 파라미터들이 만족하는 관계식을 구했다. 회전축인 z-축을 따라 지구 중심에서 극점까지 거리를 $c(=R_{pol})$라 하고 회전체가 적도면과 만나 생기는 원의 반경을 $a(=R_{eq})$라고 하자. 지구는 적도 근방이 원심력에 의해 부풀어 올랐으므로 $c < a$다.

3. WGS 84 기준타원체의 중력

WGS(World Geodetic System)는 지도 제작, 측지학Geodetics 및 항해의 표준이 되는 시스템이다. WGS는 지구의 기준좌표계, 기준타원체, 실제 지형도Topography, 평균 해수면을 나타내는 실제 등퍼텐셜곡면 Geoid으로 이루어졌다. WGS 84는 1984년도에 WGS에서 택한 표준으로 GPS 시스템의 표준좌표계로 사용되며 NIMA(National Imagery and Mapping Agency)에서 관리하고 있다.[24]

WGS 84에서 사용하는 기준좌표계는 바다와 대기를 포함한 지구의 질량중심에 원점을 두고 지구와 함께 회전하는 좌표계다. 세계시간과 좌표계 표준을 관장하는 국제기구 IERS(The International Earth Rotation and Reference Systems Service)에서 정한 기준 극 방향IERS Reference Pole을 z-축으로 정하고, IERS 본초자오선을 x-축으로 정하며, y-축은 x-축, y-축, z-축이 오른손 법칙에 맞도록 택한다.[25]

::기준타원체(Spheroid; Ellipsoid of Revolution)

관성계에 있는 관측자가 측정하는 중력가속도 $\vec{g}_g$와 지구와 함께 회전하는 관측자가 관측하는 중력가속도 $\vec{g}_{eff}$는 다음과 같이 계산할 수 있다.

$$\begin{aligned}\vec{g}_g &= -\nabla U_g \\ &= \left[-\frac{GM}{r^2} + 3\frac{GM R_{eq}^2 J_2}{r^4}\left(\frac{3}{2}\sin^2\theta - \frac{1}{2}\right)\right]\hat{r}\end{aligned}$$

---

24) NIMA TR8350.2, 3rd Edition, Amendment 1, 3 Jan, 2000.

25) DMA TECHNICAL REPORT TR8350.2-a – (Second Printing-1 December 1987) Ch.2, pp. 1-2.

$$+\left[-\frac{GMR_{eq}^2 J_2}{r^4}3\sin\theta\cos\theta\right]\hat{\theta},$$

(5-22)

$$\begin{aligned}\vec{g}_{eff} &= -\vec{\nabla}U_{eff}(r,\theta)\\ &= \left[-\frac{GM}{r^2}+3\frac{GMR_{eq}^2 J_2}{r^4}\left(\frac{3}{2}\sin^2\theta-\frac{1}{2}\right)+r\omega^2\cos^2\theta\right]\hat{r}\\ &+\left[-\frac{GMR_{eq}^2 J_2}{r^4}3\sin\theta\cos\theta-r\omega^2\sin\theta\cos\theta\right]\hat{\theta}.\end{aligned}$$

(5-23)

중력가속도는 $\vec{g}_g=-\vec{\nabla}U_g$ 또는 $\vec{g}_{eff}=-\vec{\nabla}U_{eff}$로 정의되므로 등퍼텐셜면에 수직 방향으로 작용한다. 특히 등퍼텐셜곡면 $U_{eff}(r,\theta)$는 지표면상의 임의 점(r,θ)에서 국지수평면(Tangential Surface: Local Horizon)을 정의하고 $\vec{g}_{eff}$(이하 $\vec{g}$)는 국지수평면에 수직 방향인 수직Vertical을 정의한다. 수평면 기준 위도 $\varphi(=\theta+\alpha)$는 지름 방향의 단위벡터 $\hat{r}$을 식 (5-23)에서 정의한 $\vec{g}_{eff}$에 스칼라 적을 취함으로써 구할 수 있다. 수직 방향은 〈그림 5-6〉에서 보듯이 지구 중심을 향한 $\vec{r}$ 방향이 아닌 $\vec{g}_{eff}$ 방향을 의미한다.

그러나 관성계에 고정된 관측자가 지구의 중력을 측정한다면 원심력 항이 없는 중력가속도 식 (5-22)로 표현되는 데이터를 얻을 것이다. $\vec{g}_g$ 역시 $J_2=0$이 아닌 이상 $\hat{\theta}$ 성분이 0이 아니기 때문에 $\vec{g}_g$는 지구 중심을 향하지 않는다. 식 (5-22)와 (5-23)에서 중력가속도 벡터는 지름 방향 성분 $g_r\hat{r}$과 접면성분 $g_\theta\hat{\theta}$의 합이므로 절댓값은 $g=\sqrt{g_r^2+g_\theta^2}$로 주어진다.

회전타원체 표면에서 등-중력 퍼텐셜을 기준타원체 퍼텐셜Spheroidal

Gravitational Potential이라고 한다. 회전타원체 위의 임의위치 (r,θ)에서 r은 다음과 같은 관계식으로 결정된다.

$$
\begin{aligned}
r &= R_{eq}\left(1+\frac{e^2}{1-e^2}\sin^2\theta\right)^{-1/2} \\
&= R_{pol}(1-e^2\cos^2\theta)^{-1/2}
\end{aligned}
$$

여기서 e^2는 극반경 R_{pol}과 적도반경 R_{eq}로 다음처럼 정의된 파리미터다.

$$
e^2 = 1-\frac{R_{pol}^2}{R_{eq}^2}
$$

1차 근사로 r은 다음과 같이 취할 수 있다.

$$
\begin{aligned}
r &= R_{eq}\left[1-f\frac{(1-f/2)}{(1-f)^2}\sin^2\theta+\ldots\right] \\
&\simeq R_{eq}(1-f\sin^2\theta) \qquad (5\text{-}24)
\end{aligned}
$$

식 (5-24)로 근사된 r을 식 (5-20)에 대입하면 회전타원체 전 표면에서 퍼텐셜 U_{eff}가 상수 값 U_0를 갖는 것을 볼 수 있다.

$$
U_0 = -\frac{GM}{R_{eq}}(1+f-J_2)+O(f^2) \qquad (5\text{-}25)
$$

식 (5-25)를 얻는 과정에서 식 (5-21)을 사용했고, f=0.003461391532, $J_2 = 1.086541782\times 10^{-3}$으로 작은 수이기 때문에 2차 항 이상은

무시했다.

식 (5-23)에서 얻은 중력가속도 $g = \sqrt{g_r^2 + g_\theta^2}$ 는 다음과 같다.

$$g = \frac{GM}{r^2}\left\{\left[1 - 3\left(\frac{R_{eq}}{r}\right)^2 J_2\left(\frac{3}{2}\sin^2\theta - \frac{1}{2}\right) + \frac{R_{eq}^3\omega^2}{GM}\left(\frac{r}{R_{eq}}\right)^3\cos^2\theta\right]^2 + \left[3\left(\frac{R_{eq}}{r}\right)^2 J_2\sin\theta\cos\theta + \frac{R_{eq}^3\omega^2}{GM}\left(\frac{r}{R_{eq}}\right)^3\sin\theta\cos\theta\right]^2\right\}^{1/2} \tag{5-26}$$

여기서 J_2와 $R_{eq}^3\omega^2/GM$은 모두 ~0.001 자리수의 숫자로 식 (5-26)에서 g_θ의 g에 대한 기여도는 g_r의 기여도에 비해 $10^{-6}\sim10^{-5}$ 밖에 안 되므로 (5-26)의 근사계산에서 g_θ 항은 무시해도 크게 상관없다.

식 (5-25)와 $f \ll 1$을 사용하면 다음과 같은 g의 1차 근사식을 얻을 수 있다.[26]

$$g \simeq g_{eq}\left(1 + f'\sin^2\theta\right) \tag{5-27}$$

$$g_{eq} = \frac{GM}{R_{eq}^2}\left(1 - 2f + \frac{9}{2}J_2\right) \tag{5-28}$$

식 (5-27)에서 $\theta = \pi/2$를 취하면 극점에서 중력가속도 g_{pol}을 얻는다. 이것을 f'에 관해 풀면

$$f' = \frac{g_{pol} - g_{eq}}{g_{eq}} \simeq \frac{5}{2}m - f \tag{5-29}$$

---

26) Franck D. Stacey and Paul M. Davis, *Physics of the Earth*, 4th Ed. (Cambridge University Press, 2008) p. 86.

지구 모양은 중력과 지구 자전효과에 의해 결정되었다. 액체 상태의 지구 표면이 '실질 중력(중력과 원심력)'과 수직인 면을 유지하면서 천천히 굳어서 회전타원체 모양의 지구가 만들어졌고, 지표면상의 모든 위치에서 실질 중력 퍼텐셜은 같은 값을 가진다고 가정할 수 있다. 다시 말해, 지표면의 방정식은 등퍼넨셜 면의 방정식과 동일하다고 가정할 수 있다.

식 (5-20)은 지표면 위에 고정된 관측자가 측정하는 실질적인 중력 퍼텐셜을 의미하고, 식 (5-24)는 지표면과 일치하는 등퍼텐셜 곡면의 방정식을 정의한다. 파라미터 f와 J_2에 관해 1차 항까지만 택하면 회전타원체 표면의 모든 점에서 퍼텐셜은 식 (5-25)로 주어진 상수 값을 갖는다.

그러나 실제 지구는 액체로 이루어진 회전타원체처럼 매끄럽지도 않고 산과 계곡 및 바다로 이루어져 있다. 바닷속 해저에도 산맥과 깊은 계곡이 있으므로 지표면의 모양도 정확한 회전타원체가 아니고 실제 표면에 따른 퍼텐셜은 들쑥날쑥할 수밖에 없다. 하지만 회전타원체 모델은 평균적으로 정확하고 등퍼텐셜 곡면은 실질적인 중력장 모델로 가는 출발점을 제공한다. 이러한 이유로 회전타원체를 기준타원체Reference Ellipsoid라 하고 기준타원체의 표면은 중력 퍼텐셜의 값이 일정한 등퍼텐셜면을 형성한다.

기준타원체는 지구의 실제 모양인 지오이드를 잘 근사하는 매끄러운 곡면으로 수학적으로는 회전타원체로 정의되며, 지오이드 모델을 만들고, 관련 계산을 수행하는 데 필요한 기준좌표계로 삼기 때문에 붙인 이름이다. 역사적으로 수많은 타원체 모델이 지구 형상을 대표해 제시되었지만 지금은 WGS 84에서 정의한 기준타원체가 가장 많이 사용되고 있다. 기준타원체의 등퍼텐셜을 유일하게 결정하려면 4개의 파라미터 값이 필요하다. WGS 84에서는 지구의 장축 반경인 적도반경 $a(=R_{eq})$, 지구의 중력 파라미터 $\mu=GM$, 지구 자전각속도 ω 및 회전타원체의 편평지수 f를 기준타원체를 정의하는 파라미터로 택했다.[27] WGS 84에서 기준타원체의 퍼텐셜을 구하기 위해 채택한 파라미터 값은 다음과 같다.[28][29]

$$\begin{cases} \mu = (3986004.418 \pm 0.008) \times 10^8 & m^3/s^2 \\ \omega = 7292115.1467 \times 10^{-11} & rad/s \\ a = 6378137.0 & m \\ f = 1/298.257223563 & \end{cases} \tag{5-30}$$

여기서 μ=GM은 중력상수 G 곱하기 지구 질량 M이 아닌 GM 자체를 하나의 파라미터로 취급하고 있음을 유의할 필요가 있다.

WGS 84에서 정의한 값을 식 (5-21), (5-27)-(5-29)에 대입하면 우리는 기준타원체 위에서 중력가속도의 1차 근사식을 위도 θ의 함수로 정할 수 있다.

$$g \simeq g_{eq}(1 + 0.005300668164 \sin^2\theta) + O(f'^2) \tag{5-31}$$

$$g_{eq} = 9.780340575 \ m/s^2 \tag{5-32}$$

식 (5-27)의 오차는 $O(f'^2) \sim 10^{-4} \ m/s^2$ 내외가 될 것으로 예측한다. 원심력 부분을 제외한 통상적인 중력 퍼텐셜Normal Gravitational Potential U_g는 회전타원체면과 타원체 외부공간에서는 라플라스 방정식Laplace's Equation

27) NIMA TR8350.2, 3rd Edition, Amendment 1, 3 Jan, 2000, p. 3-1.

28) ibid.

29) DMA TECHNICAL REPORT TR8350.2-a - (Second Printing - 1 December 1987), Chapter 6.

$$\nabla^2 U_g = 0$$

을 만족하므로 U_g는 구면조화함수Spherical Harmonics의 급수해로 표현할 수 있다. 그러나 기준타원체가 생성하는 중력 퍼텐셜 함수를 구면조화함수로 전개한 식에서 식 (5-17)처럼 고차 항을 무시하면 타원체가 생성하는 퍼텐셜과 일치하는 정확한 중력 퍼텐셜을 재현할 수 없다. 따라서 급수가 급격히 수렴한다는 전제 아래에서 적어도 고차 항 몇 개는 더 포함해야 현실적으로 응용할 수 있는 기준타원체의 초정밀 중력모델을 만들 수 있다.

회전타원체는 z-축을 중심으로 회전 대칭성을 보유하기 때문에 회전하지 않는 지구가 생성하는 중력 퍼텐셜을 띠조화함수Zonal Harmonics Expansion로 전개하면 급수는 다음과 같이 경도와 상관없는 위도만의 함수로 전개된다.[30]

$$U_g = -\frac{GM}{r}\left[1 - \sum_{n=1}^{n_{max}} \left(\frac{R_{eq}}{r}\right)^{2n} J_{2n} P_{2n}(\sin\theta)\right] \tag{5-33}$$

여기서 $P_n(x)$는 n-차 르장드르 다항식Legendre Polynomial으로 다음과 같이 정의한다.

$$P_n(x) = \frac{1}{2^n n!} \frac{d^n\left[(x^2-1)^n\right]}{dx^n}$$

중력 퍼텐셜의 조화함수 전개계수 J_{2n}은 식 (5-33)의 각항의 상

30) DMA TECHNICAL REPORT TR8350.2-a – (Second Printing – 1 December 1987), Chapter 3, p. 21.

대적 중요성을 의미하는 형태인자Form-factor로 e^2과 J_2에 따라 결정된다.[31]

$$J_{2n} = (-1)^{n+1} \frac{3e^{2n}}{(2n+1)(2n+3)} \left(1 - n + 5n \frac{J_2}{e^2}\right), \ n \geq 1 . \tag{5-34}$$

J_{2n}는 기준타원체 모델과 구형求刑 모델과의 차이를 나타내는 파라미터이며 $e^2 (= 6.69437999013 \times 10^{-3})$가 작기 때문에 식 (5-33)의 우변은 급속히 수렴한다. 실제로 처음 J_{2n} 값 몇 개를 계산해보면 차수(n)가 늘어남에 따라 J_{2n}은 급격히 감소함을 알 수 있다. 처음 J_{2n} 몇 개 값은 다음과 같다.[32][33]

$$J_2 = +1.08263 \times 10^{-3}$$

$$J_4 = -2.37091 \times 10^{-6}$$

$$J_6 = +6.08347 \times 10^{-9}$$

$$J_8 = -1.42681 \times 10^{-11}$$

이러한 고차항의 효과를 고려한 회전타원체 위에서 중력가속도 모델이 소미글리아나 공식Somigliana Formula이다.[34]

---

31) ibid., Chapter 3, p. 22. Eq. (3-56)

32) ibid., Chapter 3, pp. 21-22.

33) Wei Chen and WenBin Shen,, New estimates of the inertia tensor and rotation of the triaxial nonrigid Earth, *Journal of Geophysical Research: Solid Earth (1978-2012)* Volume 115, Issue B12, December 2010.

34) DMA TECHNICAL REPORT TR8350.2-a - (Second Printing - 1 December 1987), Chapter 4, p. 4-3.

$$
\begin{aligned}
g(\theta') &= \frac{R_{eq}\, g_{eq} \cos^2\theta' + R_{pol}\, g_{pol} \sin^2\theta'}{\sqrt{R_{eq}^2 \cos^2\theta' + R_{pol}^2 \sin^2\theta'}} \\
&= g_{eq} \frac{1 + k \sin^2\theta'}{\sqrt{1 - e^2 \sin^2\theta'}} \\
&= 9.7803267714 \frac{1 + 0.00193185138639 \sin^2\theta'}{\sqrt{1 - 0.00669437999013 \sin^2\theta'}}
\end{aligned}
\tag{5-35}
$$

여기서 k와 g_{eq}는 다음과 같이 정의한 양이고, θ'는 측지좌표계에서의 위도Geocentric Latitude를 의미한다.

$$
k = \frac{R_{pol}\, g_{pol}}{R_{eq}\, g_{eq}} - 1 = 0.00193185138639
$$

$$
g_{eq} = 9.7803267714 \text{ m/s}^2
$$

소미글리아나 공식 (5-35)는 지금 국제적으로 채택하고 있는 WGS 84의 '회전타원체 중력WGS 84 Ellipsoidal Gravity' 모델이다. g_{eq}와 g_{pol}은 적도와 극점에서 중력가속도를 의미한다. 식 (5-35)는 WGS 84의 기준타원체가 그 표면에 생성하는 중력가속도이며 WGS 84 지오이드WGS 84 Geoid를 생산하는 출발점이 된다.

4. WGS 84 지오이드

이상에서 우리는 지구의 모양은 액체 상태의 지구가 중력과 자전에 따른 원심력으로 균형을 유지하면서 고체로 굳어진 형태로 보고 지표면 위의 모든 점에서는 중력 퍼텐셜이 같다고 가정했다. 식

(5-33)으로 정의된 U_g는 $\mu(=GM)$, $a(=R_{eq})$, J_{2n}이 주어지면 결정되고, J_{2n}은 J_2와 e^2으로 표시된다. 그러나 J_2와 e^2은 다시 다음과 같이 표시할 수 있다.

$$e^2 = f(2-f)$$
$$J_2 = \frac{2}{3}\left(f - \frac{1}{2}\frac{a^3\omega^2}{\mu}\right)$$

따라서 μ, a, ω와 f 값이 정해지면 기준타원체와 식 (5-33)과 회전퍼텐셜에 따라 정의한 실질적인 퍼텐셜이 다음과 같이

$$U_{eff} = U_g - \frac{1}{2}\omega^2 r^2 \cos^2\theta$$

유일하게 결정된다. 식 (5-30)에 주어진 파라미터 값들은 WGS 84에서 '일관성' 있게 정한 파라미터 세트Consistent Set of Parameters Values로 생각해야 한다. 다시 말해, 어느 한 파라미터의 더 정확한 값이 알려졌다고 해서 식 (5-30)에서 그 파라미터 값만 더 정확한 값으로 대체해서는 안 된다는 의미다.

회전타원체의 장반경 R_{eq}과 단반경 R_{pol}은 다음과 같다.

$$\begin{cases} R_{eq} = 6378137.000\ \text{m} \\ R_{pol} = 6356752.314\ \text{m} \end{cases} \qquad (5\text{-}36)$$

적도 반경과 극 반경이 식 (5-36)으로 주어진 약간 납작한 회전타원체 표면의 모든 점은 같은 퍼텐셜 값을 갖는 등퍼텐셜면을 형성한다. 회전타원체 표면은 매끄러운 가상적인 지구모형인 동시에 회전타원체가 표면에 형성한 등퍼텐셜면이다.

현실 세계의 지구는 정확하게 회전타원체도 아니고 매끄러운 곡면도 아니다. 지표면에는 바다도 있고, 산도 있고, 공기도 있으며 달과 태양의 기조력Tidal Force과 비, 바람 등으로 해면고도는 수시로 바뀌며 국지적인 밀도가 일정하지도 않다. 이러한 차이는 기준타원체가 만드는 중력과 실제 지구가 만드는 중력 g 사이에 10^{-5}g 정도의 오차를 준다.[35] 이러한 오차는 작다고 무시할 만도 하지만, 이와 같은 중력가속도 오차는 ICBM의 CEP(Circular Error Probable)를 수십 미터 이상 늘릴 수 있다. 더구나 현대식 초정밀 가속도계는 10^{-7}g을 감지할 수 있으므로 더 정확한 지구 중력모델이 필요하다.

WGS 84는 기준좌표계로 회전타원체를 취했고, 회전타원체가 지구 외부에 생성하는 중력 퍼텐셜 U_g는 식 (5-33)으로 표현했다. 실제 지구가 아무리 균일하지 않고 표면이 불규칙하더라도 실제 중력 퍼텐셜 W_g는 지표면 밖에서는 라플라스 방정식을 만족해야 하므로 W_g는 구면조화함수의 급수로 표현할 수 있다. 실제 지구의 불규칙성에서 생기는 작은 변화는 구면조화함수로 전개된 W_g에서 고차 항들의 전개계수로 나타난다. 전개계수를 구하기 전에 실제 지구가 만드는 등퍼텐셜면인 지오이드를 먼저 정의하는 것이 중요하다.

지오이드는 바람이나 조수간만의 차를 무시하고 중력과 자전효과만을 고려할 때 평균 해수면이 취할 지구모델을 말한다. 지구 표면이 완전히 물로 덮여 있을 경우 중력과 원심력에 따라 균형이 잡힌 모양이 지오이드다. 하지만 지구는 바다만 있는 것이 아니고 대륙도 있으며 균일하지 않은 질량분포로 지오이드는 불규칙한 면을 이룬다. 또한 바다에서 시작된 등퍼텐셜면은 대륙을 통과해 다른 쪽 해면의 등퍼텐셜면으로 매끄럽게 연결된다. 대륙을 통과하는 지오이드는 대륙을 둘러싼 해수가 서로 연결되도록 터널을 파되 물은

---

35) William M. Kaula, *Theory of Satellite Geodesy: Applications of Satellite to Geodesy* (Dover Pub., 2000, N.Y.) p. 8.

흐르지 않는 그러한 터널운하들로 연결된 곡면과 해수면으로 이루어진 것이라고 생각할 수 있다. 이러한 정의는 또한 회전하는 지구에서 해수면과 대기가 평형 상태에 있을 때 중력 퍼텐셜이 일정한 곡면, 즉 등퍼텐셜면과 일치한다.

지오이드 상의 퍼텐셜 값은 기준회전타원체가 표면에 만든 등퍼텐셜면의 퍼텐셜 U_g와 같은 값을 갖도록 정의한다. 따라서 지오이드 상의 모든 점들은 등퍼텐셜면 위에 있고, 어느 두 점 사이에도 퍼텐셜 에너지 차이가 없으며 회전타원체의 등퍼텐셜과 같은 값을 갖는다. 그러나 지구의 표면은 산도 있고 계곡도 있으므로 실제 지구 퍼텐셜을 정의하는 지오이드 역시 이러한 특성이 반영되어 비록 곡면 자체는 매끄럽지만 모양은 상당히 불규칙하다. 지오이드는 〈그림 5-7〉에서 보듯이 지표면에서 측정하고 계산한 중력가속도를 대표하는 곡면이지만 실제로 지구의 지각을 나타내는 것은 아니다. 지구의 중력모델을 정의하는 데에는 두 가지 가상곡면인 회전타원체와 지오이드 외에 실제 지구의 지형 등 세 가지 곡면이 사용된다.

지오이드를 구하는 방법을 설명하기 위해 식 (5-11)로 정의한 중력 퍼텐셜을 다음과 같이 다시 써보자.

$$W_g = -G \iiint_v \frac{\rho(x', y', z')}{\sqrt{(x-x')^2 + (y-y')^2 + (z-z')^2}} dx'dy'dz' \tag{5-37}$$

질량밀도가 $\rho(\neq 0)$인 점에서 W_g는 푸아송 방정식Poisson's Equation

$$\nabla^2 W_g = -4\pi G\rho$$

을 만족한다. 따라서 $\rho = 0$이 되는 빈 공간에서는 W_g는 라플라스

방정식

$$\nabla^2 W_g = 0 \tag{5-38}$$

을 만족하므로 W_g는 구면조화함수로 전개할 수 있다. 따라서 회전하는 지구에 고정된 좌표계에서 관측하는 실질적 지구 중력 퍼텐셜 W는 W_g와 원심력 퍼텐셜 Φ의 합으로 표시되고,

$$W = W_g + \Phi, \tag{5-39}$$

$$\Phi = -\frac{1}{2}\omega^2 r^2 \cos^2\theta \ ,$$

실질적 중력 벡터Gravity Vector $\vec{g}$는 다음과 같다.36)

$$\vec{g} = -\vec{\nabla} W \tag{5-40}$$

라플라스 방정식의 해 W_g는 3차원 구면조화함수의 급수로 다음과 같이 전개할 수 있다.37)

$$W_g(r,\theta,\phi) = -\frac{GM}{r}\sum_{n=0}^{n_{max}}\sum_{m=0}^{n}\left(\frac{R}{r}\right)^n \overline{P}_{nm}(\sin\theta)\left(\overline{C}_{nm}^{W}\cos m\phi + \overline{S}_{nm}^{W}\sin m\phi\right) \tag{5-41}$$

---

36) 'Gravity'는 질량에 의한 중력과 원심력의 합을 의미하고 'Gravitational'은 질량에 의한 중력만을 의미하는 뜻으로 사용하기로 한다.

37) Franz Barthenlmes, 'Definition of Functionals of the Geopotential and Their Calculation from Spherical Harmonic Models', pp. 17-18; http://icgem.gfz-potsdam.de/ICGEM/theory/str-0902-revised.pdf

r, θ, ϕ는 지구 중심에 원점을 둔 지구 구면좌표계Geocentric Spherical Coordinates System에서 점의 위치를 표시하며 각각 원점부터 거리, 위도 및 경도를 나타낸다. $\overline{P}_{nm}(\sin\theta)$는 규격화된 르장드르 함수로 다음과 같이 정의한다.

$$\overline{P}_{nm} = \left[\frac{(n-m)!(2n+1)k}{(n+m)!}\right]^{1/2} P_{nm}(\sin\theta)$$

$$= \left[\frac{(n-m)!(2n+1)k}{(n+m)!}\right]^{1/2} \cos^m\theta \frac{d^m P_n(\sin\theta)}{d(\sin\theta)^m}$$

여기서 $P_n(\sin\theta)$는 n-차 르장드르 다항식이고, m이 0이면 k=1, m이 0이 아니면 k=2이고, $\overline{C}_{nm}^{W}$, $\overline{S}_{nm}^{W}$ 규격화된 중력계수다.[38)]

지구 중심을 원점으로 하는 좌표계에서는 $\overline{C}_{10}^{W}$, $\overline{C}_{11}^{W}$ 및 $\overline{S}_{11}^{W}$는 모두 0이 된다. 한편, $\overline{C}_{00}^{W} = 1$을 취함으로써 식 (5-41)의 첫 항은 원점에 놓인 질점이 거리 r인 지점에 생성하는 중력 퍼텐셜과 같다. 식 (5-41)은 지구 질량이 생성하는 중력 퍼텐셜을 나타내며 정확도는 전개계수 $\overline{C}_{nm}^{W}$, $\overline{S}_{nm}^{W}$이 얼마나 정밀하게 결정되었는가에 달려 있고, 공간 분해능은 전개차수 n_{max}로 결정된다. 다시 말해, 공간의 어느 점에서 실제 중력 퍼텐셜과 구면조화함수로 표시된 W_g의 차이는 전개계수의 정확도와 전개차수에 따라 달라진다. 지구 중심에 원점을 두고 지구와 함께 회전하는 좌표계에서 지구 중력 퍼텐셜은 식 (5-39)-(5-41)로 결정된다. 전개계수 $\overline{C}_{nm}^{W}$, $\overline{S}_{nm}^{W}$은 실제 관측 데이터를 이용해 결정해야 한다. 실제의 관측은 지표면을 따라 해발고도와 함께 중력가속도를 측정하거나 인공위성을 통해

38) Department of Defense World Geodetic System 1984-Its Definition and Relationships with Local Geodetic Systems, NIMATR8350.2, p. 5-3.

기준회전타원체를 기준으로 잰 고도를 측정하여 계수들을 결정한다. GPS 위성은 WGS 84 기준타원체를 표준좌표로 사용하기 때문에 GPS 위성을 사용해 측정한 고도 데이터는 기준타원체 표면을 기준으로 잰 고도가 된다. 반면, 실제 측량은 그 지역에서 지구의 모양과 크기를 가장 잘 표현할 수 있는 타원체를 기준삼아 지표면을 따라 실시한다.

〈그림 5-7〉에는 기준타원체를 나타내는 굵은 실선, 평균 해면고도를 나타내는 가는 실선, 및 실제 지표면을 나타내는 점선으로 대표되는 세 개의 곡면이 선으로 표시되어 있다. GPS 위성을 이용해 얻는 고도는 해면에서부터 잰 고도(정확하게는 지오이드에서부터 지표면까지 잰 거리) H(Normal Height)가 아닌 기준타원체 표면에서부터 잰 고도 h다. 따라서 지표면의 해면고도 H를 얻기 위해서는 기준타원체에서부터 지오이드까지 거리 N을 정해야 한다. 다시 말해, 지오이드 상에서 중력 데이터를 이용해 식 (5-41)의 계수를 정하려면 먼저 지오이드를 구해야 하고, 지오이드를 결정하는 것은 N을 정하는 것과 같다. 지오이드는 평균 해면고도와 평균 해면고도 개념을 육지로 연장한 가상곡면으로 그 위의 모든 점은 같은 중력 퍼텐셜 $W_0 = W_g + \Phi$ 를 갖는 것으로 정의한다.

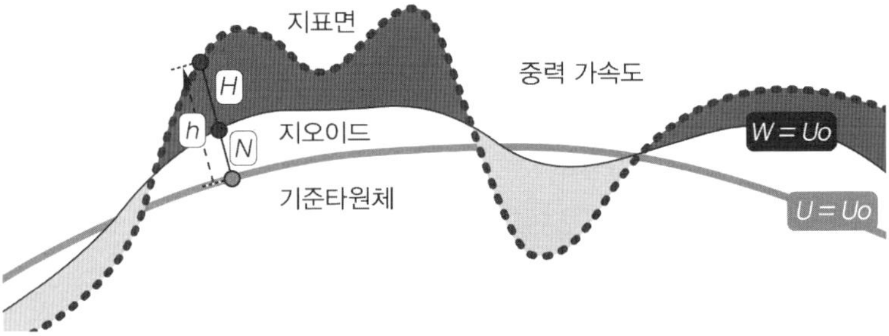

그림 5-7 실제 지구의 지형을 나타낸 토포그래피Topography 지구를 회전타원체로 보는 곡면Spheroid 및 실제 지구를 평형을 이루는 해수면으로 나타내는 곡면Geoid을 보여주고 있다.

지오이드는 등퍼텐셜면이므로 모든 점에서 퍼텐셜 값이 $W(x,y,z)=W_0$로 같지만 중력 또는 중력가속도 $-\vec{\nabla}W$는 지오이드에 수직한 방향으로 작용하며 크기가 모두 같을 필요는 없다. 여기서 W_0 값을 어떻게 택할 것인지가 문제다. 인공위성에서 사용하는 지구모델은 수학적으로 잘 정의된 매끄러운 표면을 가져야 편리하기 때문에 GPS 위성은 WGS 84 타원체를 기준으로 삼았다. 중력의 실측치에 바탕을 둔 지오이드의 중력 퍼텐셜 W_0를 WGS 84 타원체 표면에서 중력 퍼텐셜 값 U_0와 같게 놓음으로써 GPS를 이용해 측정하는 WGS 84 타원체면에서 잰 지표면의 고도 h와 지오이드에서 실측을 통해 잰 고도 H를 연계할 수가 있다. 그러나 바다와 육지로 이루어진 진 지각은 밀도와 질량분포가 균일하지 않아 지오이드 곡면 자체는 매끄럽지만 불규칙하다. 따라서 기준타원체와 지오이드 사이 거리 N은 들쑥날쑥 차이가 난다.

〈그림 5-7〉에서 계산 가능한 타원체 표면, 약간 굴곡진 지오이드 및 심하게 굴곡진 지표면 간의 관계에서 타원체에 대한 지오이드 고도의 기복 N은 다음과 같이 정의한다.

$$N = h - H$$

여기서 h는 GPS 데이터가 말하는 지면고도로 기준타원체에서 지표면까지 고도를 나타내며, H는 지오이드에서 지표면까지 잰 고도로 평균 해면고도의 연장 곡면에서부터 지표면까지 거리로 보면 된다. N은 기준타원체 표면에서 잰 평균 해면고도까지 거리를 의미한다.

N을 실제로 구하는 자세한 설명은 이 책의 범주에서 벗어난다. 여기서는 지오이드를 정하는 공식을 유도하고, 데이터가 제공될 경우 N을 구하는 법을 소개하는 것으로 논의를 한정하기로 한다. 회

전타원체의 퍼텐셜은 다음과 같이 정의한다.

$$U(x,y,z) = U_g + \Phi \tag{5-42}$$

$$W(x,y,z) = U(x,y,z) + T(x,y,z) \tag{5-43}$$

U_g는 방정식 (5-33)에 따라 원점에서 거리 r과 위도 θ만의 함수로 결정된다. $U(x,y,z)=$상수로 정의된 등퍼텐셜면이 바로 WGS 84의 기준타원체다. 실제 지구의 등퍼텐셜면인 지오이드 퍼텐셜 W는 식 (5-43)과 같이 기준타원체 퍼텐셜 U와 섭동항 $T(x,y,z)$의 합으로 표시할 수 있다. 따라서 상수 값을 지오이드처럼 W_0로 취할 경우 등퍼텐셜면 $U(x,y,z) = W_0$은 섭동 항 $T(x,y,z)$을 무시할 때 평형 상태의 해면과 일치한다.

질량중심 좌표계 대신 (h,ϕ,θ)로 표시되는 타원체 좌표계를 도입하자. h는 $h = 0$으로 정해진 회전타원체 표면에서 면에 수직 방향으로 잰 높이다.

$$U(h = 0) = U_0 = W_0 \tag{5-44}$$

θ와 ϕ는 각각 타원체의 위도와 경도를 나타낸다. 타원체좌표계에서 식 (5-43)을 다시 쓰면 다음과 같다.

$$W(h,\phi,\theta) = U(h,\theta) + T(h,\phi,\theta) \tag{5-45}$$

타원체좌표계에서 지오이드는 다음의 식으로 정의한 등퍼텐셜면이다.

$$W(h = N(\phi,\theta),\phi,\theta) = U(h = 0,\theta) = U_0 \tag{5-46}$$

지각 근처의 질량분포가 균일하지 않으므로 지오이드 고도 N은 위도와 경도의 함수로 나타난다. W에서와 마찬가지로 기준타원체 퍼텐셜 U도 인력 부분 U_g와 원심력 부분 Φ으로 나눠 쓸 수 있다. 따라서 섭동퍼텐셜 $T(x,y,z)$는

$$T(h,\phi,\theta) = W_g(h,\phi,\theta) - U_g(h,\theta) \tag{5-47}$$

로 표현되어 원심력 항이 없다. 식 (5-47)은 지표면 밖에서 $T(h,\phi,\theta)$는 조화함수라는 것을 의미한다.

〈그림 5-7〉에는 과장되게 그려져 있지만, N은 지구 반경에 비해서는 아주 작은 값을 가지며, 최대 수십 미터를 넘지 않는다. 따라서 $W(N,\phi,\theta)$를 $N = 0$ 근방에서 급수로 전개할 수 있다.

$$\begin{aligned} W(N,\phi,\theta) &= W(0,\phi,\theta) + N\frac{\partial W}{\partial N}\bigg|_{N=0} + ... \\ &= W(0,\phi,\theta) - N\,g(\theta) + ... \end{aligned} \tag{5-48}$$

위 식에서 $g(\theta)$는 소미글리아나 공식 (5-35)로 정의된 WGS 84 기준타원체 상의 중력가속도를 의미한다. 지오이드를 정의한 식 (5-46)은 식 (5-48)의 좌변은 상수 $U_0 = U(0,\theta)$와 같다. 식 (5-48)을 변형하면 다음과 같다.

$$N \approx \frac{1}{g(\theta)}[W(0,\phi,\theta) - W(N,\phi,\theta)]$$

$$= \frac{1}{g(\theta)}[W(0,\phi,\theta) - U_0]$$

$$= \frac{1}{g(\theta)} T(0,\phi,\theta) \qquad (5\text{-}49)$$

식 (5-49)는 N에 대한 1차 근사식으로 $N_1 = N$이라 놓고 $W(N,\phi,\theta)$를 N_1 근처에서 전개함으로써 다음과 같은 반복공식 Iteration Formula을 얻을 수 있다.

$$W(N,\phi,\theta) \approx W(N_1,\phi,\theta) + (N - N_1)\frac{\partial W(N,\phi,\theta)}{\partial N}\bigg|_{N=N_1}$$

$$= W(N_1,\phi,\theta) - (N - N_1)g(N_1,\theta)$$

$$= W(N_1,\phi,\theta) - (N - N_1)\left[g(\theta) + N_1\frac{\partial g}{\partial N}\bigg|_{h=0} + \dots\right]$$

$$\approx W(N_1,\phi,\theta) - (N - N_1)g(\theta) \qquad (5\text{-}50)$$

식 (5-50) 좌-우변에서 U_0을 빼고 N을 N_2라 놓으면 다음 결과를 얻는다.

$$N_2 = N_1 + \frac{1}{g(\theta)}[W(N_1,\phi,\theta) - U_0]$$

$$= N_1 + \frac{1}{g(\theta)}[U(N_1,\phi,\theta) + T(N_1,\phi,\theta) - U_0]$$

$$= N_1 + \frac{1}{g(\theta)}\left[N_1\frac{\partial U}{\partial N_1}\bigg|_{N_1=0} + T(N_1,\phi,\theta)\right]$$

$$= N_1 + \frac{1}{g(\theta)}[-N_1 g(\theta) + T(N_1,\phi,\theta)]$$

$$= N_1 + \frac{1}{g(\theta)}[T(N_1,\phi,\theta) - T(0,\phi,\theta)]$$

$$(5\text{-}51)$$

마지막 식을 얻기 위해 식 (5-49)를 이용했다. 식 (5-49)와 (5-51)에서 다음과 같은 반복계산식을 얻을 수 있다.

$$N_1 \approx \frac{T(0,\phi,\theta)}{g(\theta)}$$

$$N_2 \approx \frac{T(N_1,\phi,\theta)}{g(\theta)}$$

$$\approx N_1\left(1+\frac{1}{g(\theta)}\frac{\partial T}{\partial h}\bigg|_{h=0}\right) \tag{5-52}$$

N을 구하는 공식은 섭동퍼텐셜 $T(r,\phi,\theta)$를 알아야 풀 수 있다. 식 (5-47), (5-41)과 (5-33)을 사용하면 다음과 같은 $T(r,\phi,\theta)$에 관한 식을 얻을 수 있다.

$$T(r,\phi,\theta)=-\frac{GM}{r}\sum_{n=2}^{n_{max}}\sum_{m=0}^{n}\left(\frac{R}{r}\right)^n\overline{P}_{nm}(\sin\theta)\left[\overline{C}^T_{nm}\cos(m\phi)+\overline{S}^T_{nm}\sin(m\phi)\right], \tag{5-53}$$

$$\overline{C}^T_{nm}=\overline{C}^W_{nm}-\overline{C}^U_{nm}, \tag{5-54}$$

$$\overline{S}^T_{nm}=\overline{S}^W_{nm}. \tag{5-55}$$

식 (5-33)에서 회전타원체 퍼텐셜 U_g를 구면조화함수로 전개하면 경도 (ϕ) 의존 항은 모두 0이 되고, $\sin\theta$의 짝수 항만 나타나는 것을 알 수 있다. 식 (5-53)으로 정의한 $T(r,\phi,\theta)$는 r이 지표보다 큰 모든 영역에서 성립하고 r이 지표보다 낮은 곳에서는 $T^c(N,\phi,\theta)$를 $T(N,\phi,\theta)$의 해석적 연장Analytic Continuation으로 생각하자.

WGS 84의 지구 중력모델인 WGS 84 EGM96의 $\overline{C}^{W}_{nm}$와 $\overline{S}^{W}_{nm}$ 값은 TR8350.2를 참조하기 바란다.[39] 발표된 자료에는 $n_{max}=18$과 $m_{max}=18$에 대한 계수들뿐이다.

$\overline{C}^{T}_{n,m}$의 처음 몇 항은 다음과 같다.

$$\overline{C}^{T}_{2,0} = \quad 0.00000000$$

$$\overline{C}^{T}_{4,0} = -0.25330818 \times 10^{-6}$$

$$\overline{C}^{T}_{6,0} = -0.14896096 \times 10^{-6}$$

$$\overline{C^{T}_{8,0}} = \quad 0.42976374 \times 10^{-7}$$

$$\overline{C^{T}_{10,0}} = \quad 0.50931578 \times 10^{-7}$$

WGS 84 지오이드 모델은 지오이드 퍼텐셜을 기준타원체의 퍼텐셜과 같은 값 $W(r,\phi,\theta) = U_0$을 택함으로써 구할 수 있었다. 그러나 이후 개선 노력을 통해 WGS 84에서 기준으로 택한 회전타원체가 '최적의 타원체'가 아님이 발견되었다. WGS 84에서 사용한 적도 반경은 최신 값과 0.53 m 차이가 나는 것으로 알려졌다. WGS 84 타원체를 버리는 대신 오차를 지오이드의 0-차 기복(Zero-order Undulation) $N_0(=-0.53\text{ m})$로 다룸으로써 WGS 84 EGM96 모델을 개발하게 되었다. 결과만 기술하면 다음과 같다.

$$N(\phi,\theta) = N_0 + \frac{T(r,\phi,\theta)}{g(\theta)} - \frac{2\pi G\rho H^2(\phi,\theta)}{g(\theta)} \tag{5-56}$$

39) NIMA TR8350.2-a – (Third Edition Amendment 1, 3 January 2000), Chapter 5, pp. (5-4)-(5-9).

식 (5-56)의 오른쪽 세 번째 항은 지오이드 위쪽에 존재하는 질량분포에서 오는 변칙 퍼텐셜Potential Anomaly을 기술하는 양으로 '보구엘 편차Bouguer Anomaly'라고 한다. ρ는 지오이드 위쪽에 존재하는 지형의 평균 밀도로 2.67g/cm^3 정도로 취하는 것이 관례다.

제3장

람베르트 유도원리

1. 케플러 궤도

중력 하에서 움직이는 물체는 지배적인 중력을 발생하는 천체를 하나의 초점으로 하는 원추곡선Conic Sections을 따라 움직인다.[40] 〈그림 5-8〉에서 보는 바와 같이 원뿔 모양의 빈 통을 갖가지 기울기를 가진 평면으로 절단할 때 나타나는 곡선을 원추곡선이라고 부른다. 태양과 같이 지배적인 중력을 가진 어떤 천체의 중심을 하나의 초점으로 하는 원추곡선을 따라 움직이는 작은 천체는 원이나 타원처럼 닫힌 곡선을 따라 움직이든가 아니면 포물선이나 쌍곡선같이 열린 곡선을 따라 움직인다.[41][42]

태양계의 행성들은 태양을 초점으로 하는 타원궤도를 따라 움직이고 각 행성의 위성들은 모母 행성 주위의 타원궤도를 돈다. 앞 절

---

40) 방정식 (5-74)와 그 설명을 참조하기 바란다.

41) 정확히 말하자면 두 천체의 질량중심을 초점으로 하는 작은 천체의 궤도를 말한다. 하지만 다른 행성의 질량은 태양의 질량에 비해 무시할 만하다.

42) 물론 중심에서 근지점Periapsis까지 거리가 큰 천체의 반경보다 작은 경우 작은 천체는 큰 천체에 충돌하게 된다.

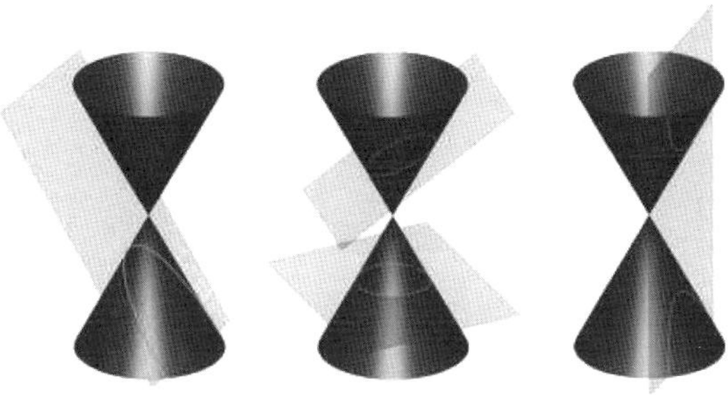

그림 5-8 원추곡선

원뿔을 각을 달리하는 평면으로 자를 때 만들어지는 여러 가지 곡선을 보여주고 있다. 왼쪽 그림과 같이 원뿔의 반각과 같은 각을 가진 평면으로 자르면 포물선이 나오고, 가운데 그림과 같이 자르면 원과 타원이 생기고, 오른쪽 그림과 같이 밑면에 수직 평면으로 자르면 쌍곡선이 된다.

에서 우리는 중력장 안에서 원궤도를 도는 문제를 뉴턴의 시각으로 살펴보았고, 이 문제의 분석을 통해 뉴턴은 모든 질량을 가진 물체 사이에는 중력이 존재하며, 두 물체 간 거리의 역제곱과 두 물체의 질량에 비례하는 것을 유추하여 중력법칙을 발견했다. 두 물체가 만든 중력장에서 원운동의 해는 아주 간단하여 식 (5-5)와 (5-6)에 따라 원운동 궤도에 대해 알고 싶은 것의 대부분을 알 수 있었다. 그러나 중력장 안에서 운동방정식의 해석해Analytic Solution를 구할 수 있는 경우는 원운동과 포물선운동뿐이고, 가장 보편적인 타원운동에 대해서도 일반적인 해석해는 구할 수가 없다.

두 질점으로 구성되고 중력 외에는 다른 힘이 작용하지 않는 일반적인 2체-문제Two-Body Problem의 특성을 알아보도록 하자.43) 질량이 m_1과 m_2인 질점이 각각 $\vec{r}_1$과 $\vec{r}_2$에 놓였을 때 이 질점의 운동

43) 질점Mass Point이란 유한한 질량은 가지되 크기가 없는 점으로 대표되는 물체를 지칭한다. 태양계 행성이나 위성의 궤도를 논할 때는 태양과 행성을 질점으로 대체하고 풀어도 대개의 경우는 아무런 문제가 없다. 뉴턴은 밀도가 일정한 반경 R인 구형 물체가 $r > R$인 영역에 만드는 중력은 모든 질량이 중심에 있을 때와 같은 것을 증명하는데 20여 년의 시간을 보냈다. 구형이 아니더라도 물체의 크기에 비해 멀리 떨어진 곳에서는 물체를 질점으로 취급해도 무난하다.

방정식은 다음과 같다.

$$m_1 \frac{d^2\vec{r_1}}{dt^2} = + \frac{Gm_1m_2}{|\vec{r_1} - \vec{r_2}|^3} (\vec{r_2} - \vec{r_1}), \quad (5\text{-}57)$$

$$m_2 \frac{d^2\vec{r_2}}{dt^2} = - \frac{Gm_1m_2}{|\vec{r_2} - \vec{r_1}|^3} (\vec{r_2} - \vec{r_1}). \quad (5\text{-}58)$$

상대좌표 $\vec{r}$과 질량중심 좌표계(Center Of Mass Coordinates: CM) $\vec{r}_{CM}$을 다음과 같이 도입함으로써 운동방정식을 두 세트의 독립적인 운동방정식으로 분리할 수 있다.

$$\frac{d^2\vec{r}}{dt^2} = - \frac{\mu}{r^2} \hat{\vec{r}}, \quad (5\text{-}59)$$

$$\vec{r} = \vec{r}_2 - \vec{r}_1,$$

$$\frac{d^2\vec{r}_{CM}}{dt^2} = 0, \quad (5\text{-}60)$$

$$\mu = G(m_1 + m_2),$$

$$\vec{r}_{CM} = \frac{m_1\vec{r}_1 + m_2\vec{r}_2}{m_1 + m_2}.$$

여기서 $\hat{r}$은 $\vec{r}$ 방향의 단위벡터 $\vec{r}/r$을 의미한다. 방정식 (5-60)은 질량중심의 운동방정식으로 쉽게 적분할 수 있다. $\vec{r}_{CM0}$과 $\vec{v}_{CM0}$를 각각 질량중심(CM)의 초기위치와 초기속도라고 가정하면 임의시간 t에서 질량중심의 위치는 다음과 같이 주어진다.

$$\vec{r}_{CM} = \vec{v}_{CM0}t + \vec{r}_{CM0}$$

방정식 (5-59)는 보기에는 간단하지만, m_2와 연계되어 항상 가속운동을 하는 m_1에 원점이 고정된 좌표계를 사용하기 때문에 $\vec{r}$은 특정 관성계에 대한 상대위치가 아니라 가속운동을 하고 있는 m_1에 대한 상대위치를 가리킨다. 항상 가속하는 좌표계를 기준으로 삼는 것보다는 일정한 속도로 움직이는 CM을 원점으로 잡는 관성계를 사용하는 것이 여러모로 편리하다.

식 (5-57)과 (5-58)에서 원점을 CM에 고정된 관성계로 옮기면 $m_1\vec{r}_1 + m_2\vec{r}_2 = 0$이므로 m_1과 m_2 사이의 상대위치는 다음과 같다.

$$\vec{r} = -\frac{m_1 + m_2}{m_2}\vec{r}_1 = \frac{m_1 + m_2}{m_1}\vec{r}_2$$

위 식과 식 (5-57), (5-58)에서 CM 좌표계에서 m_1과 m_2의 운동방정식은 다음과 같이 쓸 수 있다.

$$\frac{d^2\vec{r}}{dt^2} = -\frac{\mu}{r^3}\vec{r}, \tag{5-61}$$

$$\mu = \begin{cases} Gm_2^3/(m_1 + m_2)^2 \\ Gm_1^3/(m_1 + m_2)^2 \end{cases} \tag{5-62}$$

m_1의 운동을 기술할 때 μ는 식 (5-62)의 첫 번째 값을 사용하고, m_2의 운동을 기술할 때는 두 번째 값을 사용한다. $m_1(= m)$이 우주선의 질량이고, $m_2(= M_E \gg m)$가 지구 질량이라면 μ는 GM_E로 대체할 수 있다.

질량중심 CM의 속도가 일정하다는 의미는 선형운동량Linear Momentum $\vec{P}_{CM}$이 시간에 따라 변하지 않고 일정하게 보존된다는 의미이고, 식 (5-61)을 사용하면 각운동량Angular Momentum $\vec{l}$ 역시 보존되는 것을 볼 수 있다.

$$\vec{l} = m\vec{r} \times \dot{\vec{r}} \tag{5-63}$$

$\vec{l}$을 시간에 대해 미분하면 다음과 같다.

$$\dot{\vec{l}} = m(\dot{\vec{r}} \times \dot{\vec{r}} + \vec{r} \times \ddot{\vec{r}}) \tag{5-64}$$

식 (5-61)은 $\ddot{\vec{r}}$과 $\vec{r}$이 평행하다는 것을 보여주고 있다. 따라서 식(5-64)의 오른쪽 항들은 모두 0이 되어 식 (5-63)으로 정의된 각운동량 $\vec{l}$은 시간과 관련이 없음을 알 수 있다.

운동방정식 (5-61)은 3차원 공간에서 시간에 대한 2차 미분방정식이므로 궤도를 완전히 결정하려면 모두 6개의 적분상수를 정해야 하는데 항주학Astronautics에서는 이 상수들을 궤도요소Orbital Elements라고 한다. 적분상수 세트를 선택하는 방법은 여러 가지이지만, 초기조건 $(\vec{r}_0, \vec{v}_0)$을 잡는 것이 보통이다. 그러나 역사적으로 항주학에서는 다른 파라미터들을 궤도요소로 선택해왔다. 각운동량 $\vec{l}$, 이심률 벡터Eccentricity Vector $\vec{e}$, 총에너지Total Energy ϵ이 이러한 양이다. 이심률 벡터 $\vec{e}$는 다음과 같이 정의한 물리량으로 시간에 상관없는 상수 벡터다.

$$\vec{e} = \frac{\vec{v} \times \vec{h}}{\mu} - \frac{\vec{r}}{r} \tag{5-65}$$

여기서 $\vec{h} = \vec{r} \times \vec{v}\ (= \vec{l}/m)$은 단위질량당 각운동량이고, $\vec{v}$는 속도 $\dot{\vec{r}}$를 의미한다. 식 (5-65)로 정의한 이심률 벡터는 운동방정식 (5-61)의 적분상수로 볼 수 있다.

$$\frac{d(\vec{h} \times \dot{\vec{r}})}{dt} = \vec{h} \times \ddot{\vec{r}}$$

$$= -\frac{\mu}{r^3}(\vec{r} \times \vec{v}) \times \vec{r}$$

$$= -\mu \frac{d}{dt}\left(\frac{\vec{r}}{r}\right). \qquad (5\text{-}66)$$

$r = (\vec{r} \cdot \vec{r})^{1/2}$와 $\vec{v} = \dot{\vec{r}}$ 임을 이용하면 (5-66)의 마지막 표현을 쉽게 얻을 수 있다. 방정식 (5-66)은 완전미분이므로 다음 식을 얻을 수 있다.

$$\vec{h} \times \vec{v} = -\mu\vec{r}/r - \mu\vec{e} \qquad (5\text{-}67)$$

여기서 $\mu\vec{e}$는 적분상수이고, 특별히 $\vec{e}$는 이심률 벡터라고 한다. 마지막으로 단위질량당 총에너지 ϵ은 운동에너지와 퍼텐셜 에너지 Potential Energy의 합으로 다음과 같이 표시한다.

$$\epsilon = \frac{1}{2}v^2 - \frac{\mu}{r} \qquad (5\text{-}68)$$

운동방정식 (5-61)의 양변에 $\dot{\vec{r}}$를 스칼라 프로덕트Scalar Product함으로써 단위질량당 총에너지 ϵ이 시간에 무관한 상수라는 것을 증명할 수 있다.

2체-문제에서 불변량은 각운동량 $\vec{l}$(또는 $\vec{h}$), $\vec{e}$ 및 에너지 ϵ 등 모두 7개가 있는 것처럼 보이지만, 이 7개의 물리량은 모두 독립적인 양은 아니다.[44] $\vec{e}$를 정의한 식 (5-65)에서 $\vec{l} \cdot \vec{e} = 0$ 이 되는 것을 알 수 있다. 따라서 6개의 궤도요소들만 독립적으로 보인다. 하지만 이심률 벡터를 정의한 식 (5-65)의 양변을 제곱함으로써 에너지 ϵ, 각운동량 $h (= |\vec{h}|)$ 및 이심률 $e (= |\vec{e}|)$ 사이에는 다음과 같은 관계식이 있음을 볼 수 있다.

$$\epsilon = -\frac{1}{2}\frac{\mu^2}{h^2}(1 - e^2) \tag{5-69}$$

따라서 원래 존재할 것으로 기대했던 7개의 불변량 중 5개만이 독립적으로 정할 수 있는 양이다. 지구 중심을 초점으로 움직이는 우주선이나 인공위성이 그리는 궤도를 유일하게 결정하기 위해서는 6개의 궤도요소를 모두 결정해야 한다.

지구 적도면에서 지구 중심으로부터 춘분점Vernal Equinox을 연결하는 선과 우주선의 궤도가 북쪽으로 올라갈 때 적도면과 만나는 점(Ascending Node: AN)과 지구 중심을 잇는 선이 만드는 각 Ω를 RAAN(Right Ascension of Ascending Node)이라 하고, 위성의 각운동량 벡터와 지구 자전축이 만드는 각 Ψ를 위성궤도 경사각Inclination이라고 한다. 〈그림 5-9〉에서 보는 바와 같이 Ω, Ψ 및 Φ는 위성궤도면의 방위를 결정하고 타원의 장반경Semi-major Axis a와 이심률 e는 타원의 크기와 모양을 결정하는 요소다. 각 Φ는 궤도면 안에서 AN과 지구 중심을 연결하는 선과 근지점(또는 원지점)과 지구 중심을 연결하는 선 사이의 각을 의미하며 각을 재는 방향은 위성이 움직이는

44) 물론 무게중심이 움직이는 선형운동량 $\vec{P}_{CM}$과 운동에너지 E도 시간에 대해 불변이지만 방정식 (5-61)의 해가 만족해야 하는 불변량과는 무관하다.

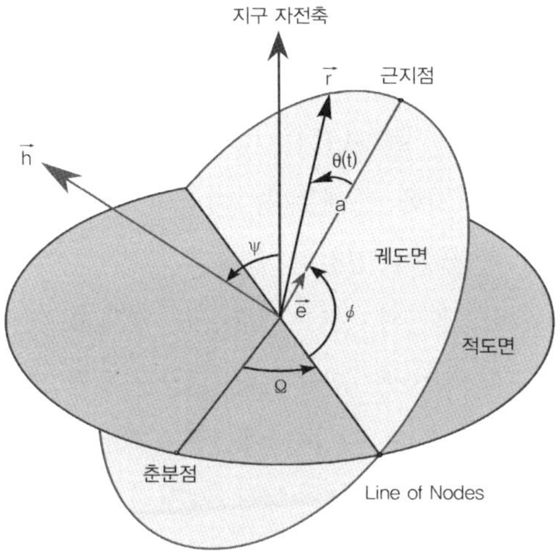

그림 5-9 지구 주위의 타원궤도를 돌고 있는 인공위성 궤도면을 결정하기 위한 궤도요소와 변수를 표시한 그림

쪽으로 잰다. 지구 중심과 근지점을 연결하는 방향은 타원의 장축 방향이며 동시에 이심률 벡터 $\vec{e}$의 방향이다. 여기서 Ω, Ψ, Φ는 오일러 각Euler Angle과 같다.45)

오일러 각은 3차원 공간에서 강체Rigid Body의 오리엔테이션Orientation을 기술하기 위하여 도입한 각이다. '데카르트' 직교좌표계Cartesian Coordinate System에서 z-축을 중심으로 Ω만큼 회전한 후에, x-축을 중심으로 Ψ만큼 회전하고, 마지막으로 다시 새로운 z-축을 중심으로 Φ만큼 회전하면 어떠한 오리엔테이션도 이 세 가지 회전으로 이룰 수 있다. 오일러 각은 미리 고정된 오리엔테이션에서 출발한다. 지구에 고정된 오리엔테이션으로 잡을 수 있는 표준좌표계의 x-축은 IERS 본초자오선으로 취하고, IERS 기준 극 방향을 z-축으로 잡으며 y-축은 오른손 법칙에 따라 x, z-축에 수직 방향으로 정한다. 이러한 표준 오리엔테이션에서 $\Omega \rightarrow \Psi \rightarrow \Phi$ 회전함으로써 궤도의

45) Herbert Goldstein, *Classical Mechanics*, 2nd Edition (Addison-Wesley Pub. Co., 1980) pp. 143-148.

어떤 오리엔테이션도 모두 구할 수 있다. 나머지 궤도요소는 장반경 a와 이심률 e를 잡는 것이 관례다.

오일러 각 Ω, Ψ, Φ은 궤도면의 오리엔테이션을 정해주고, a와 e는 궤도의 크기와 모양을 정해준다. 이상의 5개 궤도요소는 한번 정해지면 시간에 상관없이 일정한 값을 갖지만, 이렇게 공간에 고정된 궤도면 상에서 크기와 모양이 결정된 궤도를 따라 도는 위성의 위치벡터Position Vector $\vec{r}$은 원점과 근지점Periapsis을 연결한 선을 기준점으로 운동 방향으로 잰 각 $\theta(t)$에 따라 결정된다. $\theta(t)$는 시간 t의 함수이고, 회전주기 T마다 항상 제자리로 돌아온다. $\theta(t)$는 타원운동을 하는 케플러 궤도의 독립적인 궤도요소로 '근점이각(近點離角, True Anomaly)'이라는 이상한 이름으로 부른다.

2. 궤도방정식

타원의 방정식은 식 (5-67)의 각 변에 $\vec{r}$을 스칼라 프로덕트하고 $\vec{r} \cdot (\vec{h} \times \vec{v}) = \vec{h} \cdot (\vec{v} \times \vec{r})$을 이용해 임의시간 t에서 천체의 위치 벡터 $\vec{r}$의 크기 r은 다음과 같이 구할 수 있다.

$$r = \frac{h^2}{\mu} \frac{1}{1 + e \cos \theta(t)} \qquad (5\text{-}70)$$

식 (5-70)은 상호 중력에 따라 운동하는 두 질점의 질량중심을 초점Focuss으로 하는 궤도방정식이다.

$e < 1$이면 식 (5-70)의 분모가 어떠한 θ 값에서도 0이 될 수 없으므로 궤도는 유한하고, 물체는 주기운동을 하는 것을 알 수 있고, 〈그림 5-9〉에서 보는 것처럼 궤도는 $\vec{e}$ 벡터에 대해 대칭임을 알

수 있다. 반면, $e \geq 1$이면 특정 $\theta(t)$ 값에서 식 (5-70)의 분모가 0이 될 수 있으므로 궤도는 무한대로 열려 있는 포물선이나 쌍곡선이 된다. 서로 정면충돌할 때까지 다가오든지 또는 멀어지든지 하는 직선운동도 특별한 경우에 포함된다.

새로운 파라미터 p를 다음과 같이 정의하자.

$$p = \frac{h^2}{\mu} = a(1 - e^2) \tag{5-71}$$

에너지 식 (5-68)과 (5-69)에서 역사적으로 '비스-비바 방정식(Vis-Viva Equation)'으로 알려진 다음 식을 얻을 수 있다.

$$v^2 = \mu\left(\frac{2}{r} - \frac{1}{a}\right) \tag{5-72}$$

식 (5-71)에서 p와 e가 궤도상수이므로 a 역시 궤도상수가 된다. 식 (5-71)과 (5-69)에서 에너지 ϵ은 새로운 변수 a의 함수로 다시 쓸 수 있다.

$$\epsilon = -\frac{\mu}{2a} \tag{5-73}$$

여기서 a는 〈그림 5-9〉에서 타원궤도의 장반경으로 표시되었고, 궤도의 크기를 결정하는 기본적인 파라미터다.

우리가 $\vec{e}$-축을 직교좌표계의 $x-$축으로, $y-$축은 $x-$축에 수직으로 잡으면 궤도상의 임의점은 $\vec{r} = (r\cos\theta, r\sin\theta)$으로 표시되고 $y^2 = r^2 - x^2$이므로 식 (5-70)에서 얻은 $r = p - ex$을 사용하면 y^2

에 대해 다음과 같이 표현할 수 있다.

$$\begin{aligned} y^2 &= r^2 - x^2 \\ &= (p - e\,x)^2 - x^2 \end{aligned}$$

위 식은 원점이 (0, 0)인 직교좌표계에서 다음과 같은 방정식으로 다시 쓸 수 있다.

$$\begin{cases} y^2 = -2px + p^2, & e = 1 \\ \dfrac{(x + e\,a)^2}{a^2} + \dfrac{y^2}{a^2(1 - e^2)} = 1, & e \neq 1 \end{cases} \tag{5-74}$$

방정식 (5-74)의 첫 식은 포물선의 방정식이고, 꼭지점의 좌표는 $(\frac{1}{2}p, 0)$이다. 두 번째 식은 $e < 1$일 때는 중심이 $(-e\,a, 0)$인 타원의 방정식이며, $e > 1$인 경우는 중심이 $(-e\,a, 0)$인 쌍곡선의 방정식이 되며 이 경우 $a < 0$이다. 따라서 제3장의 시작 부분에서 언급했듯이 중력 만에 의해 운동하는 2체-문제의 해는 원추곡선 중의 하나로 귀착된다.

::시간방정식

지금까지 r과 θ간의 관계식인 궤도방정식 (5-70)을 구하고 궤도특성을 간단히 살펴보았지만, 시간에 따라 변화하는 질점의 위치에 대해서는 고려하지 않았다. (5-70)은 운동방정식의 반쪽 해에 불과하다. 정작 구하기 힘든 과제는 각 θ를 시간의 함수로 구하는 것이다.

θ를 시간 t의 함수로 구하는 출발점은 각운동량 보존법칙이다.
각운동량 보존법칙

$$\frac{d\theta}{dt} = \frac{h}{r^2} = \frac{\mu^2}{h^3}[1 + e\cos\theta(t)]^2$$

과 식 (5-70)에서 근지점을 지나는 시각을 $t = t_0$라고 가정하면 $\theta(t_0) = 0$이라 할 수 있고, 임의 θ 값이 되었을 때 경과된 시간은 다음과 같이 표시됨을 알 수 있다.

$$t - t_0 = \frac{h^3}{\mu^2}\int_0^{\theta} \frac{d\theta'}{(1 + e\cos\theta')^2} \tag{5-75}$$

만약 식 (5-75)를 해석적으로 적분할 수 있다면 θ를 시간 t의 해석함수로 얻을 수 있고, 케플러 궤도는 식 (5-70)으로 완전히 결정된다. 따라서 근지점을 통과한 뒤 임의의 시간에서 위성의 위치와 속도는 정확하게 예측할 수 있다. $e = 0$ 경우는 적분이 θ가 되고 원운동 속력이 일정하므로 원궤도 문제는 쉽게 풀린다. 그러나 e 값이 0 혹은 1인 경우를 제외하면 적분 자체도 몹시 복잡하지만, 해를 구했다 해도 θ를 t의 해석함수로 변환하는 것이 불가능하다.

참고로 $e = 1$인 경우, $\cos\theta = 2\cos^2(\theta/2) - 1$을 식 (5-75)에 대입함으로써 아래와 같이 적분할 수 있다.

$$\begin{aligned} t - t_0 &= \frac{h^3}{4\mu^2}\int_0^{\theta} \sec^4\frac{\theta'}{2}\, d\theta' \\ &= \frac{h^3}{2\mu^2}\int_0^{\tan(\theta/2)} (1 + x^2)\, dx \\ &= \frac{h^3}{2\mu^2}\left(\tan\frac{\theta}{2} + \frac{1}{3}\tan^3\frac{\theta}{2}\right), \quad e = 1. \end{aligned} \tag{5-76}$$

다시 말해, 포물선궤도에 대해서는 각도에 대한 적분이 가능하고, θ를 t의 함수로 푸는 것도 가능하다. 식 (5-76)은 $\tan(\theta/2)$에 관한 3차방정식이므로 t의 함수로 해석해를 구할 수 있다.

무차원의 환산시간 T (Dimensionless Time),

$$T = 3\frac{\mu^2}{h^3}(t - t_0), \tag{5-77}$$

를 도입하고, $\tan\left(\frac{\theta}{2}\right) = \zeta - \zeta^{-1}$라 놓으면 식 (5-76)은

$$\zeta^6 - 2T\zeta^3 - 1 = 0$$

으로 바뀌어 ζ^3에 대한 2차방정식이 되어 쉽게 풀 수 있다.

$$\tan\left(\frac{\theta}{2}\right) = \left(T + \sqrt{T^2 + 1}\right)^{1/3} - \left(T + \sqrt{T^2 + 1}\right)^{-1/3} \tag{5-78}$$

$$= \left(T + \sqrt{T^2 + 1}\right)^{1/3} - \left(\sqrt{T^2 + 1} - T\right)^{1/3}$$

즉, $\theta = \theta(t)$를 시간 t의 해석함수로 구할 수 있는 것은 원운동 $(e = 0)$과 포물선운동$(e = 1)$뿐이다.

3. 람베르트 문제

::람베르트 문제

태양을 도는 행성이나 혜성, 또는 행성의 위성궤도를 결정하는 방법으로 요한 람베르트Johann Heinrich Lambert가 세운 가설이 람베르트 문제Lambert Problem[46]다. 지금은 여러 가지 변형이 존재하고 광범위한 분야에 적용되고 있지만 람베르트가 처음에 제시한 가설은 다음과 같다.

> "타원궤도를 따라 두 점 P_1과 P_2를 지나는 데 걸리는 시간 t_F는 타원의 장반경 a, 힘의 중심에서 두 점까지 거리의 합 r_1+r_2 및 두 점을 연결하는 직선의 길이Chord c에 의해 완전히 결정된다."[47][48]

$$\sqrt{\mu}\, t_F = F(a, r_1 + r_2, c) \qquad (5\text{-}79)$$

여기서 c는 P_1과 P_2를 잇는 현으로 다음과 같이 정의한다.

$$c = \sqrt{r_1^2 + r_2^2 - 2r_1 r_2 \cos(\theta_2 - \theta_1)}$$

각 θ_1 및 θ_2는 벡터 $\vec{r}_1$과 $\vec{r}_2$의 근점이각True Anomaly이다.

포물선 경우 두 점 P_1과 P_2 사이의 비행시간이 식 (5-78)로 주어짐을 보았다. 타원에 대해서도 비행시간을 a, r_1+r_2, c의 함수로

---

46) Steven L. Nelson and Paul Zarchan, 'Alternative Approach to the Solution of Lambert's Problem,' *Journal of Guidance, Control, and Dynamics*, Vol. 154, No. 4, July-August, 1992, p. 1003.

47) Richard H. Battin, *An Introduction to the Mathematics and Methods of Astrodynamics, Revised Edition* (AIAA, Inc., Reston, Virginia, U.S.A., 1999) p. 276.

48) 원래 가설은 타원에 대한 것이었지만, 람베르트 가설은 모든 원추곡선에 대해 성립한다.

구할 수 있다.[49][50]

$$t_F = \sqrt{\frac{a^3}{\mu}}\,[(\alpha - \sin\alpha) - (\beta - \sin\beta)],$$

$$a(1-\cos\alpha) = s,$$
$$a(1-\cos\beta) = s - c. \qquad (5\text{-}80)$$

s는 중력의 중심인 F 점과 두 점 P_1과 P_2가 만드는 삼각형의 둘레길이의 반인 '세미-페리미터Semi-perimeter'로 정의한다.

$$s = \frac{1}{2}(r_1 + r_2 + c)$$

식 (5-80)은 조제프 루이스 라그랑주Joseph Louis Lagrange가 처음으로 유도했고, 람베르트의 가설을 증명한 식이다. 두 점과 초점의 기하학적 구조가 결정되면 타원궤도에서 두 점 사이의 이동시간은 a, $r_1 + r_2$ 및 c에 따라 완전히 결정된다. 이와 같은 결론은 타원뿐만 아니라 쌍곡선에도 적용된다. 식 (5-80)에 해당하는 쌍곡선 식은 다음과 같다.[51]

$$t_F = \sqrt{\frac{-a^3}{\mu}}\,[(\sinh\alpha - \alpha) - (\sinh\beta - \beta)], \qquad (5\text{-}81)$$

49) Richard Battin, *Astronautical guidance* (McGraw-Hill Book Co., 1964) pp. 66-75.

50) Richard Battin, "Lambert's Problem Revisited," *AIAA Journal*, Vol. 15, No 15 (1977), pp. 707-713.

51) Richard H. Battin, *An Introduction to the Mathematics and Methods of Astrodynamics*, Revised Edition (AIAA, 1999), pp. 276-279.

$$a(1-\cosh\alpha)=s,$$
$$a(1-\cosh\beta)=s-c$$

쌍곡선의 경우 a는 항상 0보다 작은 값을 갖는다. 람베르트 문제는 두 점의 좌표와 두 점 사이를 이동하는 이동시간 t_F가 주어질 때 이를 만족하는 케플러 궤도를 결정하는 방법이다.

식 (5-80)과 식 (5-81)은 궤도를 완전히 결정하지만, 장반경 a는 t_F의 음함수Implicit Function로 주어지기 때문에 원궤도와 포물선궤도 이외에는 a를 t_F와 두 점 위치의 해석함수로 구하는 것은 불가능하다. 따라서 반복계산Iterative Calculation을 통한 수치해를 구하는 수밖에 없지만, 원추곡선의 특성을 이용해 두 점 간의 이동시간 t_F가 모든 케플러 궤도에 대해 하나의 초-기하함수Hyper-geometric Function로 표시됨을 볼 수 있고,[52] 아주 빠르게 수렴하는 람베르트 알고리듬algorithm도 개발되었다.[53][54]

그러나 이러한 람베르트 문제의 해법은 효율적이고 수학적으로 우아한 방법이지만, 우리에게 익숙하고 직관적으로 이해할 수 있는 궤도변수를 사용하지 않기 때문에 이해하기가 무척 힘들다. 필자는 좀 더 친숙한 변수들만 사용하는 람베르트 문제와 해법을 소개함으로써 실제 문제에 응용할 때 계산하는 변수가 무엇인지 궁금해야하는 부담을 덜어보기로 한다.

람베르트 문제는 주어진 경계조건Boundary Value Problem을 만족하도록 케플러 궤도를 구하는 문제다. 수학적으로는 운동방정식

---

52) ibid.

53) R. H. Battin and R. M. Vaughan, "An Elegant Lambert Algorithm", *Journal of Guidance, Control, and Dynamics*, Vol. 7, No. 6 (1984), pp. 662-670.

54) Richard H. Battin, *An Introduction to the Mathematics and Methods of Astrodynamics*, Revised Edition (AIAA, 1999), pp. 295-342.

$$\frac{d^2\vec{r}}{dt^2} = -\mu\frac{\vec{r}}{r^3} \quad (5\text{-}82)$$

을 아래와 같은 경계조건을 만족하도록 운동물체의 궤적 $\vec{r}(t)$를 구하는 문제로 귀결된다.

$$\vec{r}(t_1) = \vec{r_1}$$
$$\vec{r}(t_2) = \vec{r_2} \quad (5\text{-}83)$$

여기서 μ은 GM_E이고 $t_F(= t_2 - t_1)$는 물체가 $\vec{r_1}$에서 $\vec{r_2}$로 움직이는 이동시간(또는 비행시간)이다.[55] 물체가 두 점 사이를 이동하는 시간은 물체의 속도에 따라 다르고, 속도가 다르면 이동궤도도 다르기 때문에 두 점을 지나는 케플러 궤도는 무한히 많이 존재한다. 다시 말해, 두 점을 지나는 타원(케플러 궤도)은 무한히 많지만, 이동시간 t_F가 정해지면 해당하는 타원은 유일하게 결정되고, 이것을 찾는 것이 바로 람베르트 문제다.

람베르트 문제의 해법은 중력장에서 물체의 운동을 기술하는 방정식 (5-82)의 해가 경계조건 (5-83)을 만족하도록 구하는 것이다. 이렇게 구한 케플러 궤도를 따라 움직이는 물체나 천체는 시간 $t = t_1$에 미리 정한 위치 $\vec{r}_1$을 지나고 시간 t_2에는 역시 미리 정한 위치 $\vec{r}_2$를 통과한다. 이러한 궤도는 단 하나만 존재하며, 앞으로 '람베르트 궤도Lambert Trajectory'라 하기로 한다.

중력장 내에서 동력 비행하는 로켓이 위치 $\vec{r}_1$을 지나는 순간에 엔진 작동을 멈출 경우 $\vec{r}_1$, $\vec{r}_2$를 지나가는 수많은 케플러 궤도 중

55) $G(= 6.67384 \times 10^{-11} N(m/kg)^2)$는 중력상수이고, $M_E(= 5.9736 \times 10^{24} kg)$는 지구 질량이며 m은 지구 중력장 내에서 움직이는 물체의 질량을 의미한다. 태양 주역이 지배적인 문제에서는 M_E를 태양 질량 M_S으로 교체하면 된다.

두 점 사이의 비행시간이 t_F인 단 하나의 케플러 궤도를 따라 움직이도록 유도하는 것이 '람베르트 유도Lambert Guidance'의 기본개념이다. 로켓의 조종은 로켓엔진이 작동하는 중에만 가능하므로 로켓의 유도과정은 $\vec{r}_1$을 통과하는 순간 완료되어야 한다.

$\vec{r}_1$의 고도는 매우 높아서 거의 진공이라고 가정하자. 물체의 질량중심의 운동은 물체에 작용하는 중력과 로켓엔진 작동이 멈춘 위치 $\vec{r}_1$ 및 $\vec{r}_1$에서 속도 $\vec{v}_1(t_F)$에 따라 완전히 결정된다. 비행시간 t_F는 $t_2 - t_1$로 주어지며, $\vec{v}_1(t_F)$는 $\vec{r}_1(t_1)$과 $\vec{r}_2(t_2)$를 지나는 케플러 궤도상에서 $\vec{r}_1(t_1)$을 지날 때의 속도를 의미한다.

람베르트 궤도를 구한 뒤, 초기위치 $\vec{r}_1$에서 물체의 속도 $\overrightarrow{v_1}(= \vec{v}(t_F))$를 계산하고, 물체의 속도가 $\vec{r}_1$에서 $\vec{v}_1$이 되도록 동력비행 중인 로켓의 속도를 조종Steering하여 $(\vec{r}_1, \vec{v}_1)$에 도달하게 유도하는 과정을 람베르트 유도라고 한다. 로켓의 속도가 $\vec{v}_1$에 도달하는 즉시 엔진 작동을 멈춤으로써 로켓은 미리 정한 케플러 궤도를 따라 자유낙하하며, 이후 시간 t_F 후에는 표적위치 $\vec{r}_2$를 통과한다. 이러한 속도 $\vec{v}_1$을 '람베르트 속도Lambert Velocity' $\vec{v}_L$이라고 한다. $\vec{v}_L$은 관성유도에서는 '요구속도Required Velocity' $\vec{v}_R$이라고도 하고, 이 속도에 도달하면 로켓엔진을 중지시켜야 한다.

4. 편평지구

같은 문제를 초기조건 문제로 접근할 때와 경계조건 문제로 접근할 때 어떠한 차이가 있는지 알기 위해 우선 정확한 해를 구할 수 있는 문제를 두 가지 방법으로 풀어보도록 하자. 정확한 해를 구할 수 있는 문제의 한 예로 지구는 편평하고 중력가속도 $\vec{g}$는 일정한 상수 값 $9.8m/s^2$을 가지고 항상 어디서나 물체를 일정하게 아래 방향으로 가속한다고 가정하자. 이러한 지구를 편평지구 모델Flat Earth Model이라고 하자. 편평지구 모델에서 자유낙하운동은 수직축(y-축)과 수평축(x-축)에 대해 완전히 분리되고, 궤도는 포물선을 그린다. 만약 우리가 공기역학적인 힘을 무시한다면 물체의 운동은 초기위치와 초기속도에 의해 결정된다. 한 예로, 원점에서 초기속도 $\vec{v}_0$로 발사된 포탄의 운동을 풀어보자.56)

〈그림 5-10〉에서 보는 바와 같이 지구는 무한히 넓은 평면이며 중력가속도는 일정하게 아래 방향으로 향한다. 이 경우 탄체에 미치는 힘은 수직 방향으로만 작용하기 때문에 운동방정식은 x-축과 y-축에 관한 식으로 분리하여 생각할 수 있다.

$$\frac{d^2x(t)}{dt^2} = 0 \ ,$$

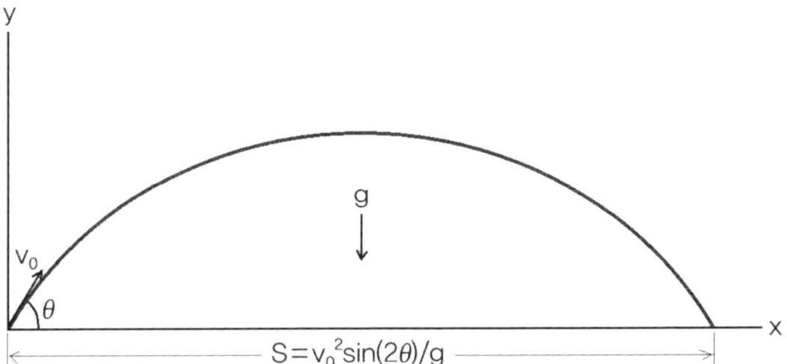

그림 5-10 편평지구에서 연소종료속도(v_0, Θ)와 사거리 S 사이의 관계

56) 포구속도는 탄이 포구를 떠나는 순간의 속력과 방향을 말하는 물리량이다. 속력은 빠르기만을 나타내는 수치이고 속도는 속력과 함께 탄이 날아가는 방향을 동시에 표시하는 물리량으로 물리학에서는 속도 벡터Vector라고 한다.

$$\frac{d^2y(t)}{dt^2} = -g \quad . \tag{5-84}$$

운동방정식 (5-84)는 쉽게 적분되며 다음과 같은 일반해를 얻을 수 있다.

$$v_x(t) = v_x(0), \qquad x(t) = v_x(0)t + x(0);$$
$$v_y(t) = -gt + v_y(0),$$
$$y(t) = -\frac{1}{2}gt^2 + v_y(0)t + y(0).$$
$$(5\text{-}85)$$

식 (5-84)은 2-차원에서 시간에 대한 2차-미분방정식이기 때문에 임의시간에서 위치해는 모두 4개의 적분상수가 포함되고, 문제에 적합한 조건으로 적분상수를 모두 정해주기 전까지는 방정식 (5-84)를 만족하는 해는 무한히 많다.

::초기조건 해

적분상수를 구하기 위해 일반적으로 주어지는 조건은 초기위치 $(x(0), y(0))$와 초기속도$(v_x(0), v_y(0))$ 값을 지정하는 것이다. 〈그림 5-10〉에서처럼 좌표계의 원점 $(0, 0)$에서 시간 $t=0$에 속도 $\vec{v_0} = (v_0 \cos\Theta, v_0 \sin\Theta)$로 발사되었다고 가정하면, 식 (5-85)를 푸는 데 필요한 적분상수들은 모두 정해졌으므로 해가 유일하게 결정된다. 〈그림 5-10〉과 식 (5-85)에서 보는 바와 같이 좌표의 원점에서 초기속도 $\vec{v_0}$로 발사된 물체의 수직 방향의 속도 성분은 중력의 영향 아래 속도가 줄어들고 시간이 $t = t_F/2$가 되면 0이 되었다가 다시 지면으로 떨어지게 된다. 시간이 $t = t_F$가 되면 물체는 다시 지면에 충돌하게 되며 이때까지 수평 방향으로 날아간 총거리인 사거리 S(= x(t_F))는 다음과 같이 결정된다.

$$S = \frac{v_0^2 \sin(2\Theta)}{g} \tag{5-86}$$

초기조건 문제에서 v_0와 Θ는 주어진 값이다. 따라서 사거리 S는 식 (5-86)에 의해 유일하게 결정된다.

중력장에서 운동방정정식의 해를 순수한 초기조건 문제로 접근할 때는 사거리 S는 선택한 v_0와 Θ에 의해 식 (5-86)으로 결정되는 결과이지, 미리 정한 S를 만족하는 v_0와 Θ를 구하는 것이 목적은 아니다.

그러나 같은 문제라도 탄도탄 관점에서 보면 v_0와 Θ는 탄도탄이 사거리 S를 가지도록 결정되어야 할 변수이지, 미리 주어진 값이 아니다. 하지만 사거리 S가 주어진다고 해서 발사속도(v_0, Θ)가 유일하게 결정되지는 않는다. $v_0^2 \sin(2\Theta)$ 값이 같으면 v_0와 Θ 값에 상관없이 같은 사거리 S를 주기 때문이다. 같은 v_0에 대해서도 같은 사거리를 주는 Θ 값이 두 개가 존재한다. S라는 조건 하나로는 두 개의 변수인 v_0와 Θ를 유일하게 결정할 수 없으므로 추가적인 조건이 더 필요하다. 가장 분명한 조건은 v_0와 Θ를 임의로 정해주는 것이다. 대포를 발사할 때 장약Propellant의 종류와 중량이 정해졌거나 아니면 몇 가지 종류 중 하나를 선택할 수 있는 것이 보통이다. 따라서 v_0는 미리 정해졌거나 선택할 수 있기 때문에 식 (5-86)을 사용하면 주어진 S를 만족하는 Θ를 구할 수 있다.

그러나 Θ 값이 결정되는 대신 $\sin(2\Theta)$ 값이 결정되므로 $0 < 2\Theta < 90^\circ$ 영역에서 $\sin(2\Theta)$ 값이 같은 Θ 값은 두 개가 존재한다. 주어진 여건에 따라 둘 중 하나를 다시 선택할 수 있다.

또 다른 방법은 사거리 S 외에 비행시간 t_F를 추가로 정해주는 것이다. 포탄이나 로켓과 같이 움직이는 물체의 위치란 시간과 위치를 동시에 말할 때만 의미가 있지, 시간을 말하지 않고 움직이는 물체의 위치를 말하는 것은 의미가 별로 없다. 시간에 상관없이 지상에 고정된 표적이라 할지라도 움직이는 탄두나 포탄의 관점에서 보면 표적이란 미래의 한 시점에 순간적으로 지나가야 할 위치에 불과하다. 움직이는 물체의 위치가 표적의 위치와 일치할 때 우리는 명중한다고 말한다. 만약 비행시간을 지정하지 않고 로켓에게 표적을 지나가라는 조건만 요구한다면 그러한 궤도는 무한히 많을 수밖에 없다. 발사점 (0,0)과 탄착점 (S,0)을 지나는 포물선은 무한히 많기 때문이다.57)

좌표의 원점에서 초기속도 $\overrightarrow{v_0}$로 발사된 물체의 수직 방향의 속도 성분은 중력의 영향 아래 속도가 줄어들고 시간이 $t = t_F/2$가 되면 0이 되었다가 다시 지면으로 떨어지게 된다. 이 조건에서 t_F는 $2v_0 \sin\Theta/g$가 되고, 사거리는 t_F 동안 속력 $v_0 \cos\Theta$로 수평 방향으로 날아간 거리 $S = t_F v_0 \cos\Theta$가 된다. 여기서 t_F는 다음과 같이 주어진다.

$$t_F = \sqrt{\frac{2S}{g}\tan\Theta}$$

위 식에서 주어진 값 S에 대해 t_F는 Θ의 단조 증가함수임을 알 수 있다. $\Theta = 0$이면 $t_F = 0$이 되고, $\Theta = 45^\circ$ 때 $t_F = \sqrt{2S/g}$를 거쳐 $\Theta = 90^\circ$ 때 $t_F = \infty$이 된다. 즉, t_F의 값이 정해지면 Θ 값이 t_F와 S의 함수로 유일하게 결정되고, 마찬가지로 v_0도 t_F와 S의

57) 편평지구가 아닌 실제 지구에 대해서는 지구 중심을 초점으로 가지고 발사점과 표적을 지나는 타원이 무수히 많다고 표현해야 한다.

함수로 유일하게 결정된다. 다시 말해 표적까지 거리 S(사거리)와 표적까지 비행시간 t_F가 주어지면 발사시점에서 초기속력 v_0와 발사각도 Θ가 유일하게 결정된다.

그러나 다음에서 보듯이 사거리 문제를 해결하기 위해 추가적인 조건인 t_F를 준다는 것은 결국 경계조건 문제를 푸는 것과 같다.

::경계조건 해

한편, 발사점과 표적의 위치와 두 점 사이의 비행시간을 경계조건으로 사용하여 운동방정식 (5-84)의 해를 구할 수 있다. 경계조건은 $t_1 = 0$에서 위치($x(0) = 0$, $y(0) = 0$)와 $t_2 = t_F$에서 위치($x(t_F) = S$, $y(t_F) = 0$)으로 주어진다. 이 경우 v_0와 Θ를 t_F와 S의 함수로 구할 수 있다. 이렇게 구한 v_0와 Θ를 각각 v_L과 Θ_L이라고 하며 다음과 같이 됨을 알 수 있다.

$$S = v_L \cos(\Theta_L) t_F,$$
$$t_F = 2 v_L \sin(\Theta_L)/g. \tag{5-87}$$

식 (5-87)을 v_0와 Θ에 대해 풂으로써 람베르트 속력 v_L과 람베르트 각도 Θ_L을 구할 수 있다. 자유낙하탄도(일반적으로 케플러 궤도) 상의 한 점 P_1을 지나는 물체가 시간 t_F 후에 자유낙하탄도 상의 또 다른 한 점 P_2를 지나가기 위해 가져야 할 P_1에서 속도를 람베르트 속도 $\vec{v}_L$이라고 한다. 식 (5-87)과 (5-88)에서 v와 Θ는 람베르트 문제의 해답이기 때문에 아래첨자 L로 표기했다.

$$v_L = \sqrt{\left(\frac{S}{t_F}\right)^2 + \left(\frac{g\, t_F}{2}\right)^2},$$

$$\Theta_L = \tan^{-1}\left[\frac{g\,t_F^2}{2S}\right]. \tag{5-88}$$

식 (5-88)은 표적을 명중하는 데 필요한 람베르트 속도 (v_L, Θ_L)은 S와 t_F의 함수로 완전히 결정된다는 것을 보여준다. 이것은 초기조건 방식에서는 v_0와 Θ가 $v_0^2 \sin(2\Theta) = gS$라는 특수한 조합으로만 결정되지, 따로따로 결정되지 않는 것과 크게 비교된다. 그러나 초기조건 방식에서도 비행시간을 도입하여 $S = v_0 \cos(\Theta) t_F$라는 관계식을 사용하여 $\tan(\Theta) = g t_F^2/(2S)$가 되는 것을 볼 수 있고, 이 경우 방정식 (5-86)은 방정식 (5-88)의 v_L과 같아짐을 알 수 있다.

편평지구 문제에서는 해석해를 구할 수 있기 때문에 초기조건 방식을 사용해도 비행시간 t_F를 도입하면 초기각도와 속력을 사거리가 S가 되도록 구할 수 있지만, 비행시간이 t_F가 되고 사거리가 S가 되는 $\vec{v_0}(v_0, \Theta)$를 구하는 과정이 바로 경계조건 문제를 푸는 것이다. 초기조건 문제에서는 초기위치와 초기속도(발사속도)를 알 때 표적위치(또는 사거리)와 탄도를 구하는 것이 목적이고, 같은 상황을 경계조건 문제로 풀 때는 초기위치와 표적위치 및 비행시간을 알 때 초기속도 $\vec{v_0}(v_0, \Theta)$를 구하는 것이 목적이다.

방정식 (5-84)와 같은 운동방정식은 시간에 대한 2차-미분방정식이기 때문에 운동이 시작하는 시점의 위치와 속도에서 시간의 미세 변화를 따라 물체의 위치와 속도를 추적해나가는 초기조건 문제로 접근하는 방법이 자연스럽고 논리적으로 보인다. 이러한 이유로 물리학 교과서에서는 운동방정식을 설명하고 수치해를 구하는 방법을 주로 초기조건 문제로 예를 들어 설명하고 있다. 그러나 행성의 궤도를 정하거나, 인공위성을 예정한 궤도로 발사하거나, 또는 탄도탄으로 주어진 표적을 명중시키는 문제와 같이 실용적인 해답이 필요한 문제는 초기조건 문제가 아니라 경계조건 문제로 제시되는 경우가 많다. 초기조건 문제와 경계조건 문제의 차이는 초기위치는 두 방법에서 공통으로 주어지지만, 초기조건 문제에서는 초기속도가 주어진 반면, 경계조건 문제에서는 주어진 표적위치와 비행시간으로부터 초기속도를 구한다는 점이 다르다. 물론 문제를 완전히 해결하고 나면 두 결과는 일치하지만, 해석해가 존재하지 않는 실제 지구 문제에서 수치해를 얻는 데에 두 방법의 난이도는 큰 차이가 있다.

5. 실제 지구에서 람베르트 속도

로켓의 페이로드는 탄두가 될 수도 있고, 인공위성이나 우주탐사체가 될 수도 있다. 탄두를 탑재한 로켓은 탄도탄(Ballistic Missile: BM)이라고 하고, 인공위성이나 우주탐사체를 탑재할 때는 우주발사체(Space Launch Vehicle: SLV)라고 한다. 로켓엔진의 목적은 탄도탄이나 우주발사체의 페이로드를 높은 속력으로 가속하는 데 있고, 유도조종장치의 목적은 로켓의 추진 방향을 조종하며 페이로드가 미션이 요구하는 속도에 도달할 때 로켓엔진을 즉시 중지시키는 데 있다. 로켓과 같이 짧은 시간만 대기 중에서 운동하는 물체에 대해서는 고도 100km 이상이 되면 공기마찰을 무시할 수 있다.[58] 따라서 탄도탄이나 우주발사체의 페이로드가 미션 속도에 도달할 즈음에는 페이로드에 작동하는 힘은 지구 중력뿐이라고 가정할 수 있다.[59]

58) 100km 고도의 원궤도를 도는 인공위성은 작지만 지속적인 공기마찰에 의해 속력이 줄어서 몇 주 안에 추락하게 되겠지만, 단 몇 분 안에 수백 킬로미터로 올라가는 로켓에서는 100~200km 고도에서 공기에 따른 마찰력은 무시해도 좋다.

59) 미션Mission은 탄도탄으로 목표를 명중하는 것, 또는 우주발사체를 정해진 우주궤도에 페이로드에 진입하는 것을 의미한다.

일반적으로 케플러 궤도는 타원궤도, 포물선궤도 및 쌍곡선궤도 중 어느 것도 가능하지만, 우리가 관심 있는 인공위성의 궤도나 탄도탄이 그리는 궤도는 모두 타원궤도Elliptical Orbit다. 인공위성 궤도나 탄도탄 궤도는 다 같이 타원이지만, 두 타원 사이에는 한 가지 큰 차이가 있다. 〈그림 5-1〉에서 보듯이 지구 중심에서 인공위성의 근지점까지 거리는 지구 반경 R_E 보다 항상 크지만, 탄도탄이 그리는 타원의 근지점까지 거리는 지구 반경보다 항상 작다. 따라서 탄도탄이 그리는 타원은 항상 지표면과 두 곳에서 만나며 이 두 점 중의 한 점은 발사지점 근방에 있고, 다른 한 점은 표적의 위치가 된다. 연소종료위치와 표적위치 및 두 점 사이의 비행시간을 정해주면 타원은 유일하게 결정되고, 이 타원을 따라 이동하는 탄두는 표적을 명중하게 된다. 일단 탄도가 결정되고 나면 연소종료위치를 지날 때 탄도탄의 속도인 람베르트 속도를 구할 수 있다. 연소종료위치와 이 점에서 람베르트 속도를 구하는 것은 탄도탄을 표적에 조준하거나 인공위성의 임무궤도Mission Orbits 또는 주차궤도Parking Orbits를 설정하는 것에 해당하고, 로켓이 연소종료위치에서 람베르트 속도를 갖도록 동력궤도를 조정하는 과정은 로켓의 조종에 해당한다.

우리가 수천 킬로미터 이상의 거리를 대상으로 삼는다면 편평한 지구와 일정한 중력가속도를 가정하고 얻은 람베르트 속도공식 (5-88)은 더 이상 실제 문제를 설명하는 데 사용할 수는 없다. 장거리 탄도탄의 궤도 계산에서는 지구의 유한한 반경 R_E 와 중력의 국지적인 변화를 정확히 반영해야 한다. 실제 지구에 대해서도 물론 로켓의 궤도는 연소종료 시점에서 속도인 초기속도 $\vec{v}_B(v_B, \theta_B)$ 와 중력에 따라 정해진다.[60]

로켓의 발사지점, 표적지점 및 궤도는 3차원 항목들이지만, 궤도

---

60) (v_B, θ_B)는 속력 v_B와 국지수평면에 대한 각도 θ_B로 표시된 연소종료속도 벡터 $\vec{v}_B$를 의미하며 람베르트 속도와 같아지도록 정한다.

가 발사점, 표적지점 및 지구 중심을 연결하는 평면 내에 존재한다고 가정함으로써 문제를 많이 간소화할 수 있고, 표적 지정이나 탄도 특성 등 여러 가지 문제를 구체적으로 분석해볼 수 있다. 실제 문제에 따르는 복잡한 문제를 피하면서 람베르트 유도 과정을 설명하기 위해 중력은 역제곱법칙을 따른다고 가정하기로 한다.

$$\vec{g} = -\frac{GM}{r^2}\hat{r}$$

여기서 $\hat{r}$은 $\vec{r}$ 방향의 단위벡터를 나타낸다. 우주발사체나 대륙간 탄도탄은 지표면에서 수직으로 발사된다. 그 후 표적 방향으로 조금만 숙여주면 탄도탄의 비행경로는 중력의 영향으로 점진적으로 국지수평면 방향으로 탄도가 휘어지게 되고, 짙은 대기층을 통과하고 나면 로켓이 측면에 받는 스트레스 부담을 덜게 되어 비교적 자유롭게 로켓을 유도할 수 있다. 짙은 대기층을 빨리 빠져나가고 중력에 의한 속도 손실Gravity Drag을 되도록 줄이기 위한 방법이다. 속도가 낮을 때 방향을 표적 방향으로 약간 틀어주면 그 후부터는 중력이 TVC 대신 피치 각을 줄여주므로 속도가 붙은 뒤에 방향을 바꾸는 것보다 소모되는 연료도 많이 절약되고, 대기 밀도가 큰 저고도에서 추력 방향을 바꿀 때 기체 측면이 받는 응력을 최소로 할 수 있다. 고도가 수십 킬로미터 이상이 되면 TVC를 사용해도 측면이 받는 압력이 크게 문제되지 않으므로 예정된 속도 $\vec{v}_B(v_B, \theta_B)$로 연소가 종료되게 탄도탄의 유도프로그램을 시행할 수 있다.[61]

〈그림 5-11〉의 표적지점 $\vec{r}_T$가 지표면에 있을 필요는 없다. 탄도탄인 경우에는 $R_T(=|\vec{r}_T|)$가 지구 반경 R_E와 거의 같지만, 우주발사

---

61) 사실 탄도탄 유도에서는 연소종료위치를 미리 정할 이유는 없다. 다만 초창기 ICBM 유도에서는 계산기 능력이 매우 제한적이었기 때문에 그러한 유도방식을 채택했을 뿐이다.

체일 경우 R_T는 제한이 없다. 연소종료 고도 $h_B(=R_B-R_E)$, 연소종료시점의 비행경로각Flight Path Angle θ_B, 탄도비행 사거리 S에 대응하는 연소종료속도 v_B를 구해보도록 하자.62) R_B는 $|\vec{r}_B|$를 나타내고 지구 중심에서 연소종료지점까지 거리를 의미한다. 식(5-70)에서 정의한 타원의 방정식은 〈그림 5-11〉에서 정의한 변수로 다시 쓰면 다음과 같다.

$$r=\frac{a(1-e^2)}{1+e\cos\Psi} \qquad (5\text{-}89)$$

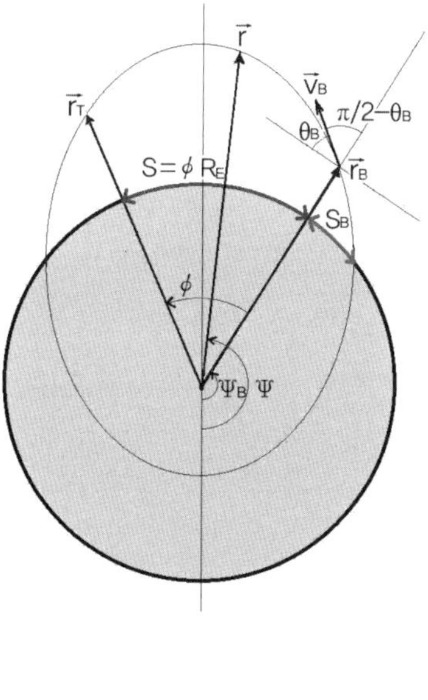

그림 5-11 탄도탄 사거리를 정의 하는데 필요한 각종 물리량의 정의
연소종료 시의 고도 h, $\phi=S/R_E$. S는 각 ϕ에 대응하는 지표면 상의 거리이고, S_B는 로켓이 발사된 후 엔진이 컷-오프 될 때 까지 표적 방향으로 움직인 지표면 상의 거리로 '동력비행 거리'라고 부른다. 탄도탄 경우 S는 '탄도비행 사거리'다.

62) 속도와 국지수평면이 이루는 각도를 비행경로각이라고 한다.

에너지 보존식 (5-63)에서 연소종료지점과 근지점에서 속력은 다음과 같이 서로 관계된다.

$$\frac{1}{2}v_B^2 - \frac{\mu}{R_B} = \frac{1}{2}v_p^2 - \frac{\mu}{R_p} \qquad (5\text{-}90)$$

R_P는 지구 중심에서 근지점까지의 거리이고 v_p는 근지점에서의 속력이다. R_a를 중심에서 원지점까지 거리라고 하면 장반경은 $a=(R_a+R_p)/2$로 정의한다. 각운동량 $\vec{h}=\vec{r}\times\vec{v}$ 보존법칙을 사용하면 근지점에서 속력 v_P를 연소종료속력 v_B의 함수로 표시할 수 있다.

$$v_p = \frac{R_B v_B \cos\theta_B}{R_p} \qquad (5\text{-}91)$$

식 (5-91)의 v_P를 식 (5-90)에 대입하고 정리하면 v_B, R_P/R_B 및 θ_B에 대한 방정식을 얻을 수 있다.

$$(C-1)\left(\frac{R_p}{R_B}\right)^2 - C\left(\frac{R_p}{R_B}\right) + \cos^2\theta_B = 0 \qquad (5\text{-}92)$$

$$C = \frac{2\mu}{R_B v_B^2} = 2\left(\frac{v_{orb}}{v_B}\right)^2 \qquad (5\text{-}93)$$

여기서 $v_{orb}(=\sqrt{\mu/R_B})$는 고도 h_B에서 원궤도 속력이다. (5-92)에서 R_P를 v_B, θ_B의 함수로 풀면 원지점과 근지점에 해당하

는 2개의 해가 존재한다.

$$R_a = R_B \frac{C + \sqrt{C^2 - 4(C-1)\cos^2\theta_B}}{2(C-1)} \quad (5\text{-}94)$$

$$R_p = R_B \frac{C - \sqrt{C^2 - 4(C-1)\cos^2\theta_B}}{2(C-1)} \quad (5\text{-}95)$$

이 값들에서 타원의 장반경 a, 이심률 e 및 $a(1-e^2)$ 값을 구할 수 있다.

$$a = \frac{1}{2}\frac{C}{C-1}R_B \quad (5\text{-}96)$$

$$e = \frac{\sqrt{C^2 - 4(C-1)\cos^2\theta_B}}{C} \quad (5\text{-}97)$$

$$a(1-e^2) = \frac{2R_B}{C}\cos^2\theta_B \quad (5\text{-}98)$$

식 (5-97)과 (5-98)을 사용하면 궤도방정식은 다음과 같다.

$$r = \frac{2R_B\cos^2\theta_B}{C + \sqrt{C^2 - 4(C-1)\cos^2\theta_B}\,\cos\Psi} \quad (5\text{-}99)$$

궤도방정식 (5-99)에는 미지의 파라미터 C가 포함되어 있고 연소종료 지점의 각도 Ψ_B도 아직 정해지지 않았다. (5-99)로 표현되는 궤도가 연소종료지점과 표적지점을 지나간다는 조건으로 이 두 개의 파라미터를 결정할 수 있다.

케플러 궤도가 연소종료위치를 지나는 조건에서 다음 관계식을 얻고,

$$\cos\Psi_B = \frac{2\cos^2\theta_B - C}{\sqrt{C^2 - 4(C-1)\cos^2\theta_B}} \quad , \tag{5-100}$$

궤도가 표적위치 $r = R_T$를 지날 조건에서 다음 식을 얻는다.

$$\frac{R_T}{R_B} = \frac{2\cos^2\theta_B}{C + \sqrt{C^2 - 4(C-1)\cos^2\theta_B}\,\cos(\Psi_B + \phi)} \tag{5-101}$$

여기서 $\vec{r}_1$과 $\vec{r}_2$ 사이 각 ϕ는 연소종료 후 지표면을 따라 표적 방향으로 잰 사거리 S에 대응한 사거리각Range Angle이다. 식 (5-100)을 사용하여 $\cos(\Psi_B + \phi)$를 전개하면 다음과 같다.

$$\cos(\Psi_B + \phi) = \frac{(2\cos^2\theta_B - C)\cos\phi - 2\sin\theta_B\cos\theta_B\sin\phi}{\sqrt{C^2 - 4(C-1)\cos^2\theta_B}} \tag{5-102}$$

식 (5-102)를 (5-101)에 대입하고 C에 관해 풀고, 식 (5-93)을 이용하면 우리가 구하려는 v_B 값을 얻을 수 있다.

$$v_B = v_B(\theta_B(t_F); \phi, R_B, R_T)$$

$$= \sqrt{\frac{\mu R_T (1-\cos\phi)}{R_B^2 \cos^2\theta_B - R_B R_T \cos\theta_B \cos(\theta_B + \phi)}}$$

(5-103)

위 식으로 정의된 v_B는 $\vec{r}_1$과 $\vec{r}_2$로 표시되는 두 점을 지나는 케플러 궤도 위의 물체가 $\vec{r}_1$ 점에서 가지는 속력이다. $\vec{r}_1$에서 속도 $\vec{v}_B$는 크기가 v_B고 방향은 $\vec{r}_1$에서 국지수평면과 θ_B를 이룬다. 다시 말해, $\vec{r}_B$에서 속도 $\vec{v}_B$를 가지면, 로켓은 $\vec{r}_T$를 지난다. 하지만 아직 v_B는 람베르트 속력이 아니다. 비행시간과 θ_B가 아직 연결되지 않아 무수히 많은 (v_B, θ_B) 쌍이 같은 탄도비행 사거리 $S = \phi R_E$ 값을 주기 때문이다.

실제 지구에 대해 얻은 사거리 관계식 (5-103)은 편평지구에서 얻은 사거리 식 (5-86)에 대응하는 식이다.

회전좌표계에서 속도는 비행경로각 θ로 다음과 같이 벡터 성분으로 쓸 수 있다.

$$\vec{v} = v \sin\theta \, \hat{r} + v \cos\theta \, \hat{\theta} \qquad (5\text{-}104)$$

식 (5-104)는 $\vec{v}$를 회전좌표계 성분으로 표시한 식이다. 여기서 $\hat{r}$, $\hat{\theta}$는 각각 $\vec{r}$ 방향과 $\vec{r}$에 수직한 국지수평면 방향의 단위벡터를 나타낸다. 한편 관성좌표계에서 속도 성분은

$$\vec{v} = (\dot{r}, r\dot{\Psi}, 0)$$

로 쓸 수 있으므로 궤도방정식과 각운동량 보존법칙을 이용하면 관성계에 대한 속도성분은 다음과 같음을 볼 수 있다.

$$\begin{cases} \dot{r} = \frac{\mu e}{h} \sin\Psi \\ r\dot{\Psi} = \frac{\mu}{h}(1 + e\cos\Psi) \end{cases}$$

따라서 임의위치에서 속도는

$$\vec{v} = v\left(\frac{e\sin\Psi}{\sqrt{1+2e\cos\Psi+e^2}}\hat{x} + \frac{1+e\cos\Psi}{\sqrt{1+2e\cos\Psi+e^2}}\hat{y}\right)$$

(5-105)

로 주어지고, 여기서 $\hat{x}$, $\hat{y}$는 관성좌표계에서 x, y 축 방향의 단위 벡터를 의미하고 속력 v는 다음과 같다.

$$v = \frac{\mu}{h}\sqrt{1+2e\cos\Psi+e^2}$$

식 (5-104)와 (5-105)에서 회전좌표계의 θ는 관성좌표계의 Ψ의 함수로 표현하면 다음과 같다.

$$\begin{cases} \sin\theta = \frac{e\sin\Psi}{\sqrt{1+2e\cos\Psi+e^2}} \\ \cos\theta = \frac{1+e\cos\Psi}{\sqrt{1+2e\cos\Psi+e^2}} \end{cases}$$

6. 이동시간 t_F

연소종료위치를 떠난 로켓이 표적위치를 통과할 조건에 따라 결정된 속력은 식 (5-103)으로 주어지는 것을 보았다. 여기서 $S=\phi R_E$라 놓으면 S는 연소종료위치 바로 밑의 지상에서 지표면을 따라 표적점까지 잰 '탄도비행 사거리'다. 로켓엔진이 작동하는 동안 표적 방향으로 이동한 지상 거리를 S_B라 하면 $S_R=S_B+S$는 탄도탄의 사거리Range와 같다. 식 (5-103)은 (5-86)과 마찬가지로 연소종료 시점의 속도 방향 θ_B, 속력 v_B 및 거리 S가 서로 연결되어 있다. 연소종료위치 $\vec{r}_B$와 표적위치 $\vec{r}_T$가 주어져도 이것만으로는 $\vec{r}_B$에서 속도의 방향과 크기가 동시에 정해지지 않는다.

비행하는 로켓의 위치는 시간과 상관없이 주어지는 기하학적인 위치인 '어디'가 아니고, '언제 어디'에 있는가를 표현해야 하기 때문에 위치는 $\vec{r}_B=\vec{r}_B(t_1)$, $\overrightarrow{r_T}=\overrightarrow{r_T}(t_2)$와 같이 시간의 함수로 표현한다. 그러나 식 (5-103)을 유도하는 과정에서는 케플러 궤도가 두 점을 지나는 조건만 고려했지, 두 점 사이를 이동하는 소요시간 $t_F(=t_2-t_1)$는 고려하지 않았다. 그 결과 R_B, R_T, ϕ로 결정되는 두 점을 지나기 위해 필요한 속력은 두 점 사이의 지표거리 ϕ만의 함수가 아닌 두 변수 θ_B, ϕ의 함수인 식 (5-103)으로 결정되고 θ_B 값에 따라 무한히 많은 궤도가 존재한다. 편평지구 문제와 마찬가지로 유일한 궤도를 얻기 위해서는 v_B를 ϕ와 t_F의 함수로 구해야 하고, 그러기 위해서는 θ_B를 ϕ와 t_F의 함수로 풀어야 한다.

각운동량 보존법칙

$$r^2\frac{d\Psi}{dt}=R_Bv_B\cos\theta_B \qquad (5\text{-}106)$$

을 사용하면 이동시간 t_F를 다음과 같이 표현할 수 있다.

$$t_F = \frac{\lambda^2 \cos^4\theta_B R_B^2}{R_B v_B \cos\theta_B} \int_{\Psi_B}^{\Psi_B + \phi} \frac{d\Psi}{[1 + A\cos\Psi]^2},$$

(5-107)

$$\lambda = \frac{2}{C} = \left(\frac{v_B}{v_{orb}}\right)^2, \qquad (5\text{-}108)$$

$$A = \sqrt{1 - \lambda(2-\lambda)\cos^2\theta_B}. \qquad (5\text{-}109)$$

파라미터 A 값의 범위는 λ 값에 따라 다음과 같다.

$$\begin{cases} A^2 < 1, & 0 < \lambda < 2 \\ A^2 = 1, & \lambda = 2 \\ A^2 > 1, & \lambda > 2 \end{cases} \qquad (5\text{-}110)$$

$0 < \lambda < 1$은 준궤도Suborbital Trajectory를 의미하고, $1 \le \lambda < 2$은 타원궤도, $\lambda = 2$는 포물선궤도, $2 < \lambda$은 쌍곡선궤도에 해당한다. 적분 테이블을 이용해 필요한 적분을 수행하고 결과를 정리하면 다음과 같은 식을 얻을 수 있다.[63]

$$\begin{aligned} I &= \int_{\Psi_B}^{\Psi_B + \phi} \frac{d\Psi}{[1 + A\cos\Psi]^2} \\ &= -\frac{1}{1 - A^2} H + \frac{2}{(1 - A^2)^{3/2}} G \end{aligned} \qquad (5\text{-}111)$$

여기서 H와 G는 다음과 같이 정의되었다.

---

63) I. S. Gradshteyn and I. M. Ryzhik, *Table of Integrals, Series, and Products* (Academic Press, Inc., U.S.A., 1980) p. 148.

$$H = -\frac{\sin(\Psi_B + \phi)}{1 + A\cos(\Psi_B + \phi)} + \frac{\sin\Psi_B}{1 + A\cos\Psi_B}$$

(5-112)

$$G = \tan^{-1}\left[\frac{1-A}{\sqrt{1-A^2}}\tan\left(\frac{\Psi_B + \phi}{2}\right)\right] - \tan^{-1}\left[\frac{1-A}{\sqrt{1-A^2}}\tan\left(\frac{\Psi_B}{2}\right)\right]$$

(5-113)

식 (5-100)을 사용해 다음과 같은 파라미터를 얻을 수 있다.

$$\begin{cases} \tan\Psi_B = -\sigma/\tau \\ \cos(\Psi_B + \phi) = -(\sigma\sin\phi + \tau\cos\phi)/A \\ 1 - A^2 = \lambda(2-\lambda)\cos^2\theta_B \\ \sigma = \lambda\sin\theta_B\cos\theta_B \\ \tau = 1 - \lambda\cos^2\theta_B \end{cases} \quad (5\text{-}114)$$

역탄젠트함수Arctangent의 성질을 이용해 H와 G를 θ_B와 ϕ의 함수로 표시할 수 있다.

$$H = -\frac{(1-\lambda)\sin\phi + \tan\theta_B(1-\cos\phi)}{1-\cos\phi + \lambda\cos\theta_B\cos(\theta_B + \phi)}$$

(5-115)

$$G = \tan^{-1}\left\{\frac{\sqrt{2/\lambda - 1}}{\cos\theta_B\cot(\phi/2) - \sin\theta_B}\right\}$$

(5-116)

식 (5-115)와 (5-116)을 (5-111)에 대입하면, 식 (5-107)로 정의된 t_F는 θ_B와 ϕ의 함수로 다음과 같이 표시할 수 있다.

$$t_F = \frac{R_B}{v_B \cos\theta_B}\left\{\frac{\lambda\cos^2\theta_B}{2-\lambda}\left[\frac{(1-\lambda)\sin\phi + \tan\theta_B(1-\cos\phi)}{1-\cos\phi + \lambda\cos\theta_B\cos(\theta_B+\phi)}\right]\right.$$
$$\left. + \frac{2\sqrt{\lambda}\cos\theta_B}{(2-\lambda)^{3/2}}\tan^{-1}\left[\frac{\sqrt{2/\lambda - 1}}{\cos\theta_B\cot(\phi/2) - \sin\Theta_B}\right]\right\},$$
$$0 < \lambda < 2 \qquad (5\text{-}117)$$

식 (5-117)과 (5-103)은 모두 θ_B와 ϕ의 함수이기 때문에 이론상으로는 (5-117)에서 $\cos\theta_B$를 v_B, t_F및 ϕ의 함수로 푼 뒤 식 (5-103)에 대입함으로써 v_B를 t_F와 ϕ의 함수로 풀 수 있고, v_B를 다시 $\cos\theta_B$ 식의 v_B를 대체함으로써 $\vec{r}_1(t_1)$에서 연소가 종료된 로켓이 시간 $t_2 = t_1 + t_F$에 $\vec{r}_2$를 지나가기 위해 필요한 속도 $\vec{v}_B$을 구할 수 있다. 그러나 식 (5-117)은 변수들이 복잡하게 얽혀 있으므로 $\cos\theta_B$를 t_F와 ϕ의 해석함수로 푸는 것은 특수한 경우가 아니면 불가능하다. (5-117)은 (5-81)에 해당하는 t_F의 표현이라 할 수 있다. 식 (5-81)의 우변은 직관적인 의미가 없는 파라미터들로 표현되었지만, (5-117)의 우변은 지표면에 따른 사거리 ϕR_E와 연소종료시점에서 국지수평면에 대한 속도의 방향 θ_B 등 일상적인 물리량으로 표현되고 있는 점이 다르다.

식 (5-101), (5-102) 및 (5-108)을 사용하면 R_B/R_T는 다음과 같이 표현됨을 알 수 있다.

$$\frac{R_B}{R_T} = \frac{1-\cos\phi}{\lambda\cos^2\theta_B} + \frac{\cos(\theta_B+\phi)}{\cos\theta_B} \qquad (5\text{-}118)$$

식 (5-118)을 이용해 t_F 표현을 식 (5-119)와 같이 좀 더 간결하게 표현하는 것이 가능하다.

$$
\begin{aligned}
t_F &= t_F(v_B(\theta_B), \theta_B; \phi, R_B, R_T) \\
&= \frac{R_B}{v_B \cos\theta_B}\left\{\frac{(1-\lambda)\sin\phi + \tan\theta_B(1-\cos\phi)}{(2-\lambda)R_B/R_T}\right. \\
&\quad \left. + \frac{2\sqrt{\lambda}\cos\theta_B}{(2-\lambda)^{3/2}}\tan^{-1}\left[\frac{\sqrt{2/\lambda - 1}}{\cos\theta_B \cot(\phi/2) - \sin\Theta_B}\right]\right\}, \\
&\quad 0 < \lambda < 2
\end{aligned}
\tag{5-119}
$$

식 (5-117)은 준궤도와 타원궤도에 한정된 t_F 공식이지만, $\lambda \geq 2$인 경우로 확장하는 것도 가능하다. $\lambda > 2$와 $\lambda = 2$인 경우에 해당하는 t_F는 다음과 같다.[64]

$$
\begin{aligned}
t_F = \frac{R_B}{v_B \cos\theta_B}&\left\{\frac{(1-\lambda)\sin\phi + \tan\theta_B(1-\cos\phi)}{(2-\lambda)R_B/R_T}\right. \\
&\left. - \frac{\cos\theta_B}{\lambda(1-2/\lambda)^{3/2}}\ln\left|\frac{\sin\theta_B - \cos\theta_B\cot(\phi/2) - (1-2\lambda)^{1/2}}{\sin\theta_B - \cos\theta_B\cot(\phi/2) + (1-2\lambda)^{1/2}}\right|\right\}, \\
&\lambda > 2,
\end{aligned}
\tag{5-120}
$$

$$
\begin{aligned}
t_F = \frac{2R_B}{3v_B}&\left[\frac{3\cos\theta_B\cot(\phi/2)}{\{\cos\theta_B\cot(\phi/2) - \sin\theta_B\}^2} + \frac{1}{\{\cos\theta_B\cot(\phi/2) - \sin\theta_B\}^3}\right], \\
&\lambda = 2.
\end{aligned}
\tag{5-121}
$$

---

64) Steven L. Nelson and Paul Zarchan, 'Alternative Approach to the Solution of Lambert's Problem,' *Journal og Guidance, Control, and Dynamics*, Vol. 15, No. 4, July-August 1992. pp. 1003-1009. 여기서 γ는 본문의 θ_B에 해당하고, θ는 본문의 ϕ에 해당한다.

7. 수치계산 방법

지금까지 우리는 표적위치를 정해진 시간 t_F 후에 통과하는 데 필요한 속력 v_B와 θ_B를 ϕ와 이동시간 t_F의 함수로 풀기 위한 수식을 유도했다. 그러나 이 수식에는 변수들이 복잡하게 얽혀 있어 해석함수로는 구할 수 없고, 되풀이법을 이용한 수치해를 구하는 것이 최선의 선택이다. 이러한 목적으로 넬슨Steven L. Nelson과 자찬Paul Zarchan이 개발한 고속 알고리듬을 소개하기로 한다.[65]

풀고자 하는 대상은 식 (5-119)-(5-121)에 해당하는 주어진 이동시간 $t_F = t_F(v_B, \theta_B; \phi, R_B, R_T)$를 θ_B에 대해 푸는 문제다. 여기서 t_F는 θ_B의 단조증가함수이므로 되풀이 근사방법을 사용하면 답에 빠르게 수렴할 것으로 기대된다. 주어진 ϕ, R_B, R_T에 대해 θ_B의 최솟값 $\theta_{B\,min}$과 최댓값 $\theta_{B\,max}$가 존재한다. $\theta_{B\,min}$은 연소종료위치 $\vec{r}_1$과 $\vec{r}_2$를 직선으로 연결하는 각으로 속력이 무한대가 될 때만 가능한 각도다. $\theta_{B\,min}$가 $-90°$인 경우는 연소종료속도가 지구 중심을 향하는 경우다. $v_B = \infty$이 될 조건은 식 (5-103)에서 우변의 분모가 0이 되는 조건이다.

$$R_B^2 \cos^2\theta_{B\,min} - R_B R_T \cos\theta_{B\,min} \cos(\theta_{B\,min} + \phi) = 0$$

위의 식을 $\theta_{B\,min}$에 대해서 풀면 θ_B의 최솟값은 다음과 같이 결정되는 것을 알 수 있다.

$$\theta_{B\,min} = \tan^{-1}\left\{\frac{\cos\phi - R_B/R_T}{\sin\phi}\right\} \tag{5-122}$$

65) ibid.

$\vec{r}_1(t_1)$에서 출발한 로켓이 $\vec{r}_2(t_2)$에 도달하기 위해서는 θ_B가 가질 수 있는 값에 한계가 있다. 주어진 사거리 각 ϕ에 대해 $\vec{r}_1(t_1)$, $\vec{r}_2(t_2)$를 직선으로 연결하는 $\theta_{B\,min}$에서는 $v_B = \infty$가 되지만, θ_B 값이 증가하면 v_B는 줄어들고 궤도는 직선에서 원추곡선으로 바뀐다. θ_B가 최소 에너지궤도(Minimum Energy Trajectory: MET) 값 θ_{MET}에 도달하면 v_B는 $v_{B=}v_{MET}$에 도달하여 최솟값을 가지게 된다. MET란 $\vec{r}_1(t_1)$, $\vec{r}_2(t_2)$를 연결하는 원추곡선 중 운동에너지가 최소가 되는 궤도를 말한다. θ_B가 계속 증가하면 v_B는 다시 증가하기 시작하여 지구 중력 탈출속도 v_{es}에 도달한다. 그러나 v_B 값이 지구 중력 탈출속도에 이르면 로켓은 지구 중력을 벗어나므로 $\vec{r}_2$를 지나갈 수 없게 되므로 $v_B = v_{es}$일 때 비행각도가 θ_B의 최댓값인 $\theta_{B\,max}$가 된다. $\vec{r}_1$에서 탈출속도는

$$v_{es} = \sqrt{\frac{2\mu}{R_B}} \tag{5-123}$$

이므로 식 (5-123)을 식 (5-103)의 v_B에 대입한 후 정리한 식을 $\cos^2\theta_B$로 나눈 후 $\tan\theta_B$에 관해 풀면 다음 식을 얻을 수 있다.

$$\tan\theta_B = \frac{\sin\phi \pm \sqrt{(2R_B/R_T)(1-\cos\phi)}}{1-\cos\phi} \tag{5-124}$$

식 (5-124)의 θ_B 값 중 작은 값은 $\lambda = 2$에 해당하는 포물선궤도다. 타원궤도에 국한하여 문제를 풀면 $\theta_{B\,max}$는 다음과 같이 취할 수가 있다.[66)]

$$\theta_{B\,max} = \tan^{-1}\left\{\frac{\sin\phi - \sqrt{(2R_B/R_T)(1-\cos\phi)}}{1-\cos\phi}\right\}$$

(5-125)

그러나 포물선과 쌍곡선을 포함한 모든 경우를 포함하면

$$\theta_{B\,max} = \tan^{-1}\left\{\frac{\sin\phi + \sqrt{(2R_B/R_T)(1-\cos\phi)}}{1-\cos\phi}\right\}$$

(5-126)

을 θ_B의 상한값 $\theta_{B\,max}$로 취해야 한다. 국지수평면에 대한 연소종료속도의 각 θ_B는 아래위로 속박되는 것을 보았다.

$$\theta_{B\,min} < \theta_B < \theta_{B\,max}$$

t_F는 θ_B의 단조증가함수로 $t_F = t_F(v_B(\theta_B), \theta_B; \phi, R_B, R_T) \ (= t_F(\theta_B))$를 만족하는 θ_B를 구하기 위해 가장 간단한 '시컨트 방법Secant Method'을 사용해도 해답에 빨리 수렴할 것으로 기대된다. 되풀이 계산의 초기 값으로 $\theta_{B\,min}$을 택해도 무난하지만, 초기 값 θ_0를 $\theta_{B\,min}$과 $\theta_{B\,max}$의 중간 값을 취하는 것이 적절한 선택이다.[67]

$$\theta_0 = \frac{1}{2}(\theta_{B\,min} + \theta_{B\,max}) \qquad (5\text{-}127)$$

---

66) 타원궤도의 λ 값은 2보다 작다. 따라서 $\lambda = 2$인 포물선의 θ_{Bmin} 값은 타원궤도에 대한 θ_{Bmax} 값이 된다.

67) Steven L. Nelson and Paul Zarchan, 'Alternative Approach to the Solution of Lambert's Problem,' *Journal of Guidance, Control, and Dynamics*, Vol. 15, No. 4, July-August 1992. p. 1007.

초기 값 θ_0가 정해지면, $t_0 = t_F(v_B(\theta_0), \theta_0; \phi, R_B, R_T)\ (= t_F(\theta_0))$와 $v_0 = v_B(\theta_B(t_0); \phi, R_B, R_T)\ (= v_B(\theta_0))$를 계산한다. 만약 $t_0 > t_F$이면 다음처럼 θ_1을

$$\theta_1 = \frac{1}{2}(\theta_{B\min} + \theta_0);\ t_1 = t_F(\theta_1),\ v_1 = v_B(\theta_1)$$

(5-128)

로 계산하고, 아니면

$$\theta_1 = \frac{1}{2}(\theta_{B\max} + \theta_0);\ t_1 = t_F(\theta_1),\ v_1 = v_B(\theta_1)$$

을 계산한다. $n > 1$에 대해서는 아래와 같은 되풀이 계산 공식을 사용한다.

$$\theta_{n+1} = \theta_n + (\theta_n - \theta_{n-1})\frac{(t_F - t_n)}{(t_n - t_{n-1})};\ t_n = t_n(\theta_n),\ v_n = v_B(\theta_n)$$

(5-129)

계산 과정에서 $\theta_{n+1} > \theta_{B\max}$가 되든가 또는 $\theta_{n+1} < \theta_{B\min}$이 되면, θ_{n+1}은 다음과 같이 변형된 식을 사용한다.

$$\theta_{n+1} = \frac{\mathrm{Max}(\theta_n, \theta_{n-1}) + \theta_{B\max}}{2}$$

또는

$$\theta_{n+1} = \frac{\mathrm{Min}(\theta_n, \theta_{n-1}) + \theta_{B\,min}}{2}$$

계산 과정에서 $t_F - t_n$이 미션에서 요구하는 오차범위 내에 있으면 연산을 마치고, 이때 v_n, θ_n 값을 우리가 원하는 람베르트 속도로 받아들인다.

$$\begin{cases} v_B = v_n \\ \theta_B = \theta_n \end{cases} \qquad (5\text{-}130)$$

지금까지 정해진 시간에 미션궤도로 진입하기 위해 필요한 연소종료속도를 구했다. 하지만 결과 식들은 고도로 서로 얽힌 음함수 Implicit Function로 수치해만 가능하다는 것을 보았고, 수치해를 구하는 방법을 설명했다. 이렇게 구한 연소종료속도는 람베르트 속도와 같고, 미션에서 요구하는 요구속도Required Velocity $\vec{v}_R (= \vec{v}_L = \vec{v}_B)$과도 같다. 로켓의 속도가 $\vec{v}_R$에 도달하는 순간 로켓엔진의 작동을 중지함으로써 로켓의 페이로드를 미션궤도로 진입시킬 수 있다. 다음 장에서는 요구속도에 도달하기 위해 로켓을 유도하는 방법을 소개하기로 한다.

$\vec{r}_1$과 $\vec{r}_2$를 지나는 유일한 케플러 궤도를 정하기 위해 비행시간 t_F를 같이 요구함으로써 람베르트 궤도가 결정됨을 보았다. t_F는 궤도를 유일하게 결정하기 위해서만 필요한 것이 아니라 같은 중력장 안에서 움직이는 행성이나 우주선을 '인터셉트Intercept'하는 미션 등에서도 꼭 필요한 파라미터다. 또 서로 다른 미사일 또는 하나의 다탄두 미사일에서 시간차를 두고 방출된 페이로드들이 동시에 또는 필요한 시간차를 두고 표적 상공에 도달하는 것이 필요한 경우도 있다. 이와 같은 경우에 유용하게 쓰이는 유도방법이 람베르트

유도방법이다. 그러나 한 가지 단점은 유도컴퓨터는 비교적 복잡한 계산을 반복적으로 수행해야 한다는 것이다. 하지만 최신 컴퓨터 능력으로는 별 문제가 없다고 생각한다.

8. 최소 에너지궤도

일반적인 람베르트 궤도 외에 실제 응용에서도 아주 중요하면서도 계산이 아주 간단한 경우가 있다. 같은 속력으로 가장 멀리 나가는 최대 사거리탄도(Maximum Range Trajectory: MRT) 또는 같은 사거리를 가진 탄도 중 운동에너지가 최소인 MET는 실제 응용에서는 매우 유용한 탄도다. 이러한 탄도는 편평한 지구를 가정한 문제에서도 (5-88)의 v_L을 최소로 하는 t_F를 구함으로써 $t_F = \sqrt{2S/g}$ 와 $S = v_L^2/g$를 얻을 수 있고, $\tan(\theta_L)$ 식에서 $\theta_L = 45^\circ$가 되는 것을 알 수 있다. 속력이 주어졌을 때 사거리가 최대가 되는 각이 45°라는 것은 잘 알려진 사실이다.

실제 지구에 대해서도 마찬가지로 $dv_B^2/d\theta_B = 0$인 조건에 의해 주어진 S에 대해 최소 에너지를 주는 각 θ_B를 구할 수 있다. 식 (5-103)으로 정의된 v_B^2가 최소가 될 조건을 구하면 다음과 같은 식을 얻는다.

$$\sin(2\theta_B) = \frac{R_T}{R_B}\sin(\pi - 2\theta_B - \phi) \qquad (5-131)$$

여기서 $\phi = S/R_E$이다. 만약 $R_B \simeq R_T$이면,

$$\begin{cases} \theta_B \simeq \dfrac{\pi - \phi}{4} \\ v_B^2 \simeq v_{esc}^2 \dfrac{\sin(\dfrac{S}{2R_E})}{1 + \sin(\dfrac{S}{2R_E})} \end{cases}$$

사거리가 매우 짧아 $\phi \ll 1$이 되는 경우는

$$\begin{cases} \theta_B = \dfrac{\pi}{4} \\ v_B^2 = g S \end{cases}$$

가 되어 편평지구를 가정하고 구한 답과 일치한다. MET를 따르면 주어진 로켓으로 가장 긴 사거리를 비행할 수 있을 뿐만 아니라 연소종료시점의 각도 오차 $\delta\theta_L$에 가장 둔감한 궤도이기 때문에 사실상 특별한 이유가 없는 한 모든 ICBM이 채택하는 궤도일 것으로 짐작한다. 유도컴퓨터 요구가 최소인 것도 MET의 가장 큰 매력 포인트 중의 하나다.

제4장

로켓의 유도조종

현대식 대형 로켓은 로켓 총질량의 90% 이상을 추진제 질량이 차지하도록 설계하기 때문에 기체가 가벼운 만큼 구조적으로는 몹시 취약할 수밖에 없고, 그 결과 대기 중의 기동에 많은 제약이 따른다. 대기 중의 급격한 기동은 기체가 견디기 힘든 횡적 응력을 받기 때문에 대기 중에서는 기체 방향과 추력 방향이 거의 일치하도록 유지하는 것이 중요하다.

1. 궤도 특성

로켓궤도는 크게 동력 비행구간, 자유낙하 구간, 그리고 마지막이 진입 또는 재돌입 구간으로 나눌 수 있다. 탄도탄은 세 구간Phase을 모두 거치지만, 우주발사체는 미션에 따라 대기권 진입단계가 있을 수도 또는 없을 수도 있다. 단순히 지구위성을 발사할 때에는 진입은 고려할 필요가 없지만, 우주로 발사된 위성이나 탐사선을 회수하거나 대기가 있는 행성에 탐사선을 착륙시키려면 '진입 단계'가 필수적이다.

동력 비행구간은 대기가 존재하기 때문에 여러 가지로 복잡하다. 대기는 로켓의 속도가 증가하면 속력의 제곱과 대기밀도에 비례한 힘을 받는다. 대기가 로켓의 운동에 미치는 영향을 계산하기 위해서는 대기밀도를 고도의 함수로 알아야 한다. 중력장에서 대기의 분포를 계산한 결과나 경험적인 데이터에서 대기밀도는 고도의 지수함수로 근사할 수 있다. 대기밀도는 지구 중력과 고도에 따른 온도변화와 기상 상태에 따라 차이가 있지만, 1차-근사로 다음과 같이 간단한 고도의 지수함수로 가정할 수 있다.

$$\rho(h) \simeq \rho_0 e^{-h/H}, \quad 9\,\text{km} < h < 120\,\text{km} \tag{5-132}$$

여기서 h는 해면고도를 말하며 H와 ρ_0는 실제 데이터를 최소자승법으로 끼워맞춘 파라미터로 각각 6.7 km와 1.752 kg/m^{3}로 ρ_0는 실제 해면고도 평균 밀도 1.225 kg/m^{3}를 나타내는 것은 아니다. 식 (5-132)은 고도가 15~16km 증가할 때마다 대기밀도가 1/10로 줄어드는 것을 보여주고 있다. 식 (5-132)가 정밀한 대기밀도를 나타내는 것은 아니지만, 대기권을 비행하는 로켓과 재돌입체의 운동을 정성적으로 분석하는 데 필요한 근사적인 해석해를 가능하게 한다.68)

이륙 직후 로켓의 속도는 급격히 증가하며 공기저항은 속력의 제곱으로 증가한다. 하지만 로켓의 고도가 높아짐에 따라 밀도는 식 (5-132)처럼 지수함수적으로 감소하므로 어떤 특정 고도에 이르면 로켓에 미치는 동압Dynamic Pressure이 최대가 된다. 동압 Q는 다음과

68) 특히 재돌입체의 운동을 정성적으로 이해하는 데 아주 유용하다.

같이 정의한다.

$$Q = \frac{1}{2}\rho v^2 \qquad (5-133)$$

이륙 순간에는 $v = 0$이라서 Q가 0이 되고 대기권 밖에 나가면 v는 높지만 $\rho \simeq 0$이므로 $Q \simeq 0$이 된다. 따라서 v가 그 사이 값을 가질 때 Q가 최댓값을 갖는 이른바 '맥스Max Q'가 항상 존재하는 것이다. 맥스 Q가 일어나는 고도는 속도 프로파일과 기체에 따라 조금씩 바뀌지만 대략 10~15km 사이에 존재한다. 한 예로 우주왕복선Space Shuttle의 맥스 Q는 ~11km고, 아폴로 미션 때 새턴-V의 맥스 Q는 13~14km 사이에 나타났다.

공기마찰에 따른 기계적 충격과 응력을 줄이고 공기저항에 따른 감속을 되도록 줄이기 위해 수직으로 대기권을 빨리 빠져나가는 것이 바람직하지만, 여기에는 두 가지 문제가 있다. 첫째, 로켓이 수직으로 상승하면 매초 중력가속도 g만큼 속도가 감속된다. 대형 로켓의 경우 공기저항에 따른 속력 감소보다 중력저항 손실이 훨씬 큰 것이 보통이다. 둘째, 로켓은 궁극적으로 표적 방향으로 방향을 바꿔야 하는데 상승하면서 로켓은 수직 방향의 높은 속력을 가지게 되므로 빠르게 비행하는 로켓의 방향을 표적 방향으로 바꾸려면 추진제가 엄청나게 소모된다. 더구나 대형 로켓은 추진제 탑재량을 늘리기 위해 비활성 구조물의 질량을 최소로 설계하기 때문에 대기 밀도가 높은 영역에서 빠른 속력으로 비행하면서 비행 방향을 바꾸기 위해 추력 방향을 기체 축과 다른 방향으로 유지할 경우 측면이 받는 공기압력이 지나치게 높아져 기체가 파괴될 수 있다. 이와 같이 서로 상충되는 조건 속에서 가장 적합한 동력 비행궤도Powered Flight Trajectory를 찾는 것이 발사궤도 선정문제다.

보통 우주발사체나 ICBM은 수직으로 발사된 후 발사대를 벗어나면서 표적 방향에 적합한 '롤 기동Roll Maneuver'을 실시하고 곧바로 수직에서 표적 방향으로 3°~5°만큼 회전해준다. 이것을 '초기 피치 기동Intial Kick'이라고 한다. 이때 속력은 아주 낮은 편이고, 이러한 속력에서 피치각도Pitch Angle를 바꾸는 데는 추진제 소모도 별로 없으며 측면에서 받는 압력도 낮기 때문에 로켓이 발사대를 벗어난 직후 초기 피치기동을 실시하는 것이 유리하다. 수직에서 3°~5°만 기울여주고 추력 방향을 기체의 축 방향으로 유지하더라도 중력은 궤도를 지상을 향해 휘게 한다. 중력은 지속적으로 궤도를 휘게 하여 고도가 10~15km에 이르는 시점에서 비행궤도는 수직으로부터 20°~30° 기울어지게 된다.[69] 이렇게 중력에 따라 비행 방향이 휘는 현상을 중력회전Gravity Turn이라고 한다. 중력회전에 따른 피치프로그램에서는 추력 방향은 항상 속도 방향(축 방향)과 같기 때문에 측면응력, 공기마찰 열 발생 및 공기저항 속력 손실을 최소로 유지할 수 있고, 추력은 오로지 로켓의 속력을 올리는 데 사용된다. 따라서 공기밀도가 높은 대기층을 지나갈 때 중력회전 효과를 이용하는 것은 기체설계 시 측면응력과 열 차단에 대한 부담을 완화시켜주는 역할을 한다.

그러나 기체가 튼튼하고 공기저항이 큰 발사체에서는 처음부터 중력회전을 이용하는 대신 대기층을 가장 짧은 경로로 비교적 느린 속력으로 빠져나간 뒤에 중력회전으로 바꾸는 것이 바람직하다. 이러한 목적으로 종종 선택되는 방법이 피치 각Pitch Angle γ의 시간변화율 $\dot{\gamma}$ 값을 일정하게 유지해주는 조종(Constant Pitch Rate: CPR) 방법이다. 피치 각 γ는

$$\gamma = \theta + \alpha \tag{5-134}$$

69) Ulrich Walter, *Astronautics* (2008 Wiley-VCH Verlag GmbH & Co. KGa, Weinheim), p. 126.

로 정의하며, θ는 국지수평면과 로켓의 속도 벡터가 만드는 각, α는 속도 벡터와 추력 벡터가 만드는 각이다. CPR은 $\dot{\gamma}(=\dot{\theta}+\dot{\alpha})$ 값이 일정한 값을 갖도록 조종해주는 방법이다. $\alpha \neq 0$인 CPR로 공기저항을 무시해도 좋을 만큼 충분히 높은 고도에 도달하면 $\alpha = 0$인 중력회전궤도로 매끄럽게 연결해줌으로써 미션궤도로 진입시킬 수 있다. 발터 울리히Walter Urlich는 이상적인 발사궤도의 $\dot{\alpha}$는 구간별로 다음과 같은 경험식으로 근사될 수 있다고 소개했다.70)

$$\dot{\alpha} = \dot{\theta} e^{-\kappa t} \tag{5-135}$$

구간별로 일정한 $\dot{\theta}$와 κ 값은 최적화 과정을 통해 정해진 경험상수다. 이렇게 유도된 로켓은 타원형 천이궤도Transfer Orbit로 연결되며 미션궤도를 만나는 점에서 짧고 강력한 한 번의 연소 '킥킹Kicking'에 따라 미션궤도로 바뀌 탈 수 있다.71)

고도가 30km 근방이면 공기밀도는 해면고도 밀도의 1/100 정도로 작아지고, 100km 상공에서는 지상 밀도의 3×10^{-7}배밖에 되지 않는다. 이 정도 고도에서는 대기로 인해 기체가 받는 구조적 제한이 사라지므로 피치기동Pitch Maneuver과 '요기동Yaw Maneuver'을 비교적 자유롭게 실시할 수 있다.

2. 미션 요구속도 $\vec{v}_R$

미션이 요구하는 시각에 표적에 도달하는 데 필요한 연소종료속도를 미션 요구속도 $\vec{v}_R(\vec{r})$이라고 한다. 주 로켓엔진과 보조로켓을

70) ibid., p. 129.

71) 킥킹은 '호만식 궤도Hohmann Transfer 변환'을 의미한다.

이용하여 추력의 방향과 세기를 조절하여 연료가 소진되기 전에 로켓의 속도 $\vec{v}(\vec{r})$이 $\vec{v}_R(\vec{r})$이 되도록 조종하고, $\vec{v}(\vec{r}) = \vec{v}_R(\vec{r})$이 되기 직전 로켓 주 엔진의 작동을 멈추고, 그 후에는 페이로드 버스나 버니어 엔진을 이용해 정밀조종을 완료한다.

유도조종장치는 현재 위치 $\vec{r}$과 현재 속도 $\vec{v}(\vec{r})$을 측정하고, 요구속도 $\vec{v}_R(\vec{r})$과 $\vec{v}(\vec{r})$의 차이 $\vec{v}_g(\vec{r})$을 계산한다. $\vec{v}_g(\vec{r})$은 현재 속도를 요구속도 $\vec{v}_R(\vec{r})$로 가속하기 위해 로켓 추력과 방향 전환을 통해 추가해야 할 속도를 의미하며 '추가소요속도Velocity To Be Gained' 라고 한다. 현재 로켓의 비행 자세Attitude는 다음 절에서 소개할 자이로를 사용하여 측정하고, 관성좌표계에 대한 로켓의 속도는 관성플랫폼Inertial Platform에 장착한 3개의 가속도계가 측정한 비-중력가속도(Non-Gravitational Acceleration)와 미리 유도컴퓨터에 입력한 중력가속도 $\vec{g}(\vec{r})$을 적분하여 현재 속도 $\vec{v}(\vec{r})$을 얻는다. $\vec{v}_g(\vec{r})$은 다음과 같이 정의된다.

$$\vec{v}_g = \vec{v}_R - \vec{v} \qquad (5\text{-}136)$$

$\vec{v}_R = \vec{v}_R(\vec{r})$은 $\vec{r}$ 점에 있는 로켓이 중력 외에 다른 힘은 받지 않고 표적으로 자유낙하하기 위해 필요한 속도이고, $\vec{v} = \vec{v}(\vec{r})$은 위치 $\vec{r}$에서 추력과 중력 및 공기역학적 힘에 따라 결정된 로켓의 실제 속도다.

지구의 모든 질량이 지구 중심에 집중된 질점 모델로 지구를 대표하면 $\vec{v}_R(\vec{r})$은 로켓이 $\vec{r}$과 표적점Target을 이동하는데 시간 t_F가 소요되는 람베르트 속도가 된다. 이 경우 궤도면 내의 요구속력은 $v_R(r, \phi, t_F)$이 되고, 일반적으로 $v_R(r, \phi, t_F)$은 식 (5-103)과 식 (5-117)의 θ_B를 ϕ와 t_F에 관해 수치계산 방법으로 구해서 얻는다.

그러나 MET를 사용하면 (5-131)과 (5-103)에서 훨씬 간단하게 계산할 수 있다.

3. 크로스프로덕트 조종

여기에서 말하는 조종이란 용어는 실제로 추력 벡터 변환 메커니즘이나 버니어 엔진의 방향을 돌리는 기계를 말하는 것이 아니라 추력 벡터를 조정해 $\vec{v}_g$를 '영(0)'이 되게 만드는 알고리듬을 말한다. 지금 설명하고자 하는 유도방법에는 미리 정해 놓은 기준궤도가 따로 없다. 현재 로켓의 위치 $\vec{r}$에서 시간 t_F 후에 정해진 표적점을 지나는데 요구되는 속도 $\vec{v}_R(\vec{r})$과 로켓의 실제 속도 $\vec{v}(\vec{r})$과의 차이가 0이 되도록 하는 비-중력가속도 $\vec{a}_T$의 방향을 바꾸는 것을 이 책에서는 '조종Steering'이라고 하기로 한다. 로켓의 실제 속도 $\vec{v}(\vec{r})$은 가속도계가 측정한 $\vec{a}_T$와 입력된 중력가속도 $\vec{g}(\vec{r})$에서 계산한 값이다. 비행 방향과 로켓의 축 방향이 일치하지 않음으로써 생기는 로켓의 측면에 미치는 응력이 거의 사라지는 높은 고도에 이르면, 추력 방향을 어느 정도 자유롭게 바꿀 수 있기 때문에 조종방법도 다양해질 수 있다.

조종의 목표는 $v_g(=|\vec{v}_g|)$를 0이 되도록 $\vec{a}_T$를 조정하는 것이다. 현대식 액체로켓에서는 추력에 따른 가속도 $a_T(=|\vec{a}_T|)$를 40% 내외에서 조절이 가능하지만, 고체로켓에서는 a_T를 임의로 바꾸는 것이 불가능하고 방향만을 임의로 바꿀 수 있을 뿐이다. 이러한 조종방법 중 가장 자연스러운 방법이 '크로스프로덕트 조종Cross-Product Steering' 법이다. 크로스프로덕트 조종의 기본 개념을 설명하기 위해 다음과 같은 방법을 소개한다.[72]

$\hat{\xi}$를 $\vec{v}_g$ 방향의 단위벡터, $\hat{\eta}$를 $\vec{a}_T$ 방향의 단위벡터라고 하면

$$\vec{v}_g = v_g \hat{\xi}\ ;\ \vec{a}_T = a_T \hat{\eta} \tag{5-137}$$

$$\frac{d\vec{v}_g}{dt} = v_g \frac{d\hat{\xi}}{dt} + \frac{dv_g}{dt}\hat{\xi} \tag{5-138}$$

로 쓸 수 있다. 현재 로켓의 속도 $\vec{v}$를 시간에 대해 미분하면 다음 식을 얻는다.

$$\frac{d\vec{v}}{dt} = \vec{a}_T + \vec{g} \tag{5-139}$$

한편, 요구속도 $\vec{v}_R(\vec{r})$의 시간에 대한 미분은 다음과 같다.

$$\begin{aligned}
\frac{d\vec{v}_R}{dt} &= \frac{\partial \vec{v}_R}{\partial t} + \frac{d\vec{r}}{dt} \cdot \overrightarrow{\nabla}_r \vec{v}_R \\
&= \frac{\partial \vec{v}_R}{\partial t} + (\vec{v}_R - \vec{v}_g) \cdot \overrightarrow{\nabla}_r \vec{v}_R \\
&= \left\{ \frac{\partial \vec{v}_R}{\partial t} + \vec{v}_R \cdot \overrightarrow{\nabla}_r \vec{v}_R \right\} - \vec{v}_g \cdot \overrightarrow{\nabla}_r \vec{v}_R \\
&= \vec{g}(\vec{r}) - \vec{v}_g \cdot \overrightarrow{\nabla}_r \vec{v}_R
\end{aligned} \tag{5-140}$$

마지막 식을 얻는 과정에서 $\vec{v}_R$은 우리가 이미 알고 있는 시간 t와 위치 $\vec{r}$의 함수로 가정했고, 람베르트 궤도를 따라 시간에 대해 미

72) Charles W. Sarture, 'Rocket Vehicle Guidance' in *Inertial Guidance* (Edited by George R. Piman, JR., John Wiley & Sons, Inc., 1962), pp. 266-268.

분하면 아래의 식을 만족한다는 사실을 이용했다.

$$\frac{\partial \vec{v}_R}{\partial t} + \vec{v}_R \cdot \vec{\nabla}_r \vec{v}_R = \vec{g}(\vec{r}) \tag{5-141}$$

식 (5-136)을 시간에 대해 미분하고, 식 (5-137)-(5-139)를 사용하면 다음과 같은 $\vec{v}_g$에 관한 방정식을 구할 수 있다.

$$v_g \frac{d\hat{\xi}}{dt} + \frac{dv_g}{dt}\hat{\xi} + a_T \hat{\eta} + \vec{p} = 0 \tag{5-142}$$

여기서 벡터 $\vec{p}$는 다음과 같이 정의된 양으로,

$$\vec{p} = \frac{d\vec{v}_R}{dt} - \vec{g} = -\vec{v}_g \cdot \vec{\nabla}_r \vec{v}_R \tag{5-143}$$

를 얻는다. 식 (5-142)와 $\hat{\xi}$의 스칼라 적Scalar Product을 취하고 $\hat{\xi} \cdot d\hat{\xi}/dt = 0$을 이용하면, dv_g/dt에 대한 방정식의 의미가 좀 더 분명해진다.

$$\frac{dv_g}{dt} + a_T \hat{\xi} \cdot \hat{\eta} + \vec{p} \cdot \hat{\xi} = 0 \tag{5-144}$$

여기서 $\vec{a}_T$의 방향을 $\vec{v}_g$의 방향과 일치하도록 조정하면 식 (5-144)는 다음과 같이 쓸 수 있다.

$$\frac{dv_g}{dt} + a_T + \vec{p} \cdot \hat{\xi} = 0 \tag{5-145}$$

(5-145) 식에서 시간에 따라 dv_g/dt의 값이 항상 음수가 될 조건을 만족하면 v_g는 매끄럽게 0으로 접근한다. $dv_g/dt < 0$이 될 조건은

$$a_T > |\vec{p} \cdot \hat{\xi}| \tag{5-146}$$

이며 이러한 조건은 v_g가 단조롭게 0으로 접근하기 위한 필요충분 조건이다.

::피치와 요오우 변화율을 조종하는 방법

주 엔진으로 사용되는 화학로켓은 식 (5-146)이 요구하는 조건을 항상 만족할 만큼 추력이 충분히 크다. $\vec{v}_g$의 크기 v_g가 0이 된다는 것은 $\vec{v}_g$의 모든 성분이 동시에 0으로 접근한다는 것을 의미한다.

더구나 식 (5-137)에서

$$\hat{\xi} = \vec{v}_g / v_g \tag{5-147}$$

로 쓸 수 있고, 시간에 대한 미분은 $d/dt = d\psi/dt \cdot d/d\psi = \omega \cdot d/d\psi$를 이용해 구할 수 있다.

$$\frac{d\hat{\xi}}{dt} = \omega \hat{\zeta}, \tag{5-148}$$

$$\hat{\zeta} = \frac{d\hat{\xi}}{d\psi}. \tag{5-149}$$

여기서 $\hat{\xi}$와 $\hat{\zeta}$는 서로 수직한 단위벡터이고, $\vec{\omega}$는 ζ-축을 중심으로 회전하는 각속도다. 따라서 다음과 같은 식을 얻을 수 있다.

$$\vec{v}_g \times \frac{d\vec{v}_g}{dt} = v_g^2 \omega\ \hat{\xi} \times \hat{\zeta} = v_g^2\ \vec{\omega}$$

이상의 식을 이용해서 $\vec{a}_T$를 $\vec{v}_g$와 같은 방향으로 조종할 때 로켓의 시간에 따른 회전율 $\vec{\omega}$는 다음과 같이 정의한다.

$$\vec{\omega} = \omega\,\hat{n} = \frac{\vec{v}_g \times \dfrac{d\vec{v}_g}{dt}}{v_g^2} \tag{5-150}$$

여기서 단위벡터 $\hat{n}$은 $\hat{n} = \hat{\xi} \times \hat{\zeta}$으로 정의했고, $\vec{a}_T$와 $\vec{v}_g$에 수직한 방향이다.

식 (5-150)의 우변은 $v_g = 0$에서도 유한한 값을 가지지만 수치계산을 통해 우변을 계산하므로 $v_g \simeq 0$ 근방에서 ω가 매우 예민해질 수가 있고, 그에 따른 오차가 클 수 있다. 따라서 실제 응용에서는 $\vec{\omega}$를 식 (5-150)으로 정의하는 대신 로켓의 회전율 $\vec{\omega}$를 다음과 같이 컨트롤 파라미터 K를 도입하여 인위적으로 ω를 제어할 필요가 있다.

$$\vec{\omega} = K\,\vec{v}_g \times \frac{d\vec{v}_g}{dt} \tag{5-151}$$

$$= K \begin{vmatrix} \hat{i} & \hat{j} & \hat{k} \\ v_{gx} & v_{gy} & v_{gz} \\ \dfrac{dv_{gx}}{dt} & \dfrac{dv_{gy}}{dt} & \dfrac{dv_{gz}}{dt} \end{vmatrix} \tag{5-152}$$

여기서 파라미터 K는 상수로 택할 수도 있고 v_g의 함수로 택할 수도 있다.

식 (5-152)에서 $\vec{j}$-축은 '피치Pitch' 축이고, $\vec{k}$-축은 '요오우Yaw' 축이다. 따라서 요구되는 피치 변화율Pitch Rate ω_P와 요오우 변화율Yaw Rate ω_Y는 각각 다음과 같이 주어짐을 알 수 있다.

$$\omega_P = K\left(v_{gz}\frac{dv_{gx}}{dt} - v_{gx}\frac{dv_{gz}}{dt}\right),$$
$$\omega_Y = K\left(v_{gx}\frac{dv_{gy}}{dt} - v_{gy}\frac{dv_{gx}}{dt}\right). \quad (5-153)$$

::추력 방향을 조종하는 방법

식 (5-153)은 피치 변화율과 요오우 변화율을 조종해 v_g를 0이 되도록 조종하는 방법이지만, 추력 $\vec{T}$ 또는 가속도계의 출력 $\vec{a}_T$의 각도를 직접 명령하는 방법도 있다. 크로스프로덕트 조종의 핵심은 $\vec{v}_g \times d\vec{v}_g/dt = 0$이 되도록 $\vec{a}_T$의 방향을 조절하는 것이다. 여기서 $\vec{a}_T$는 중력을 제외한 다른 모든 힘에 따른 가속도로 가속도계의 출력으로 주어진다.

식 (5-139)와 (5-140)을 이용하여 $d\vec{v}_g/dt$를 다음과 같이 쓸 수 있다.

$$\frac{d\vec{v}_g}{dt} = \vec{p} - \vec{a}_T \quad (5-154)$$

중력가속도 $\vec{g}$와 그 점에서 람베르트 속도 $\vec{v}_R$을 알면 $\vec{p}$는 식 (5-143)에 의해 정해진다. $\vec{a}_T$는 가속도계에서 측정한 가속도이므로 방정식 우변은 모두 알고 있는 양이다. 식 (5-154)의 양변에 $\hat{\xi}$를 벡터프로덕트(또는 크로스프로덕트)하면 좌변은 $\vec{v}_g \times d\vec{v}_g/dt = 0$

이 되기 때문에 다음과 같은 식을 얻는다.

$$\vec{a}_T \times \hat{\xi} = -\vec{p} \times \hat{\xi} \tag{5-155}$$

위 식에 다시 $\hat{\xi}$로 벡터프로덕트를 취하면 (5-155) 식은 다음과 같이 쓸 수 있다.

$$\vec{a}_T = -\vec{p} + (\vec{a}_T \cdot \hat{\xi} + \vec{p} \cdot \hat{\xi})\hat{\xi} \tag{5-156}$$

식 (5-156)의 좌변에 $\vec{a}_T$를 우변에는 $-\vec{p} + (\vec{a}_T \cdot \hat{\xi} + \vec{p} \cdot \hat{\xi})\hat{\xi}$를 스칼라프로덕트 함으로써 다음 식을 얻을 수 있다.[73)][74)]

$$\begin{aligned} q &= \vec{a}_T \cdot \hat{\xi} \\ &= \left[a_T^2 - p^2 + (\vec{p} \cdot \hat{\xi})^2\right]^{1/2} \end{aligned}$$

a_T는 관성감지기의 출력에서 얻을 수 있고, 추력 방향은 식 (5-156)에 의해 다음과 같이 결정된다.

$$\vec{a}_T = -\vec{p} + (q + \vec{p} \cdot \hat{\xi})\hat{\xi} \tag{5-157}$$

물론 a_T가 충분히 크지 않으면 q가 허수가 되거나 조건 (5-146)이 만족되지 못하므로 크로스프로덕트 조종방법을 사용할 수 없다. 하지만 화학추진제를 사용하는 로켓의 a_T는 항상 이러한 조건들을

---

73) Richard H. Battin, *Astronautical Guidance* (McGraw-Hill Book Co., 1964), pp. 123-124.

74) Richard H. Battin, *An Introduction to the Mathematics and Methods* (AIAA, Inc., 1999), pp. 552-553.

만족한다. 따라서 $\vec{a}_T$ (또는 추력 방향)를 식 (5-156)과 같이 조절해주는 방법을 사용하든지, 아니면 (5-153)이 지시하는 대로 피치 변화율과 요오우 변화율을 조절하든지 선택하여 사용할 수 있다. 어느 방법을 사용하든지 상관없이 v_g는 0으로 가게 된다. 선택은 미션 목표를 달성하는 데 적합한 유도조종장치를 실제로 만들기 편리한 방법으로 사용하면 된다.

제 5 장

관성감지기

로켓방정식은 다음과 같이 쓸 수 있다.

$$\frac{d^2\vec{r}}{dt^2} = \vec{a}_T + \vec{g}\,(\vec{r}) \qquad (5\text{-}158)$$

식 (5-158)의 좌변은 관성좌표계에서 측정한 로켓의 가속도를 의미하고, 우변의 $\vec{g}(\vec{r})$은 가속도계가 놓인 위치에서 중력가속도, $\vec{a}_T$는 중력 이외의 요인에 따른 가속도다. 탑재장비로는 $\vec{g}(\vec{r})$을 측정할 수 없으므로 미션에 적합한 중력모델을 유도컴퓨터에 입력해 사용해야 한다. 중력가속도의 근사적인 값은 식 (5-22) 또는 (5-23)을 사용할 수 있지만, 정밀한 값을 원할 때는 WGS 84의 지오이드 모델로 계산한 값을 사용해야 한다. 반면 $\vec{a}_T$는 로켓에 장착된 받침대가 가속도계에 전달한 단위질량당 힘으로 로켓엔진의 추력, 공기저항 및 방향 전환을 할 때 로켓에 작용하는 힘 등을 포함하며 이러한 비-중력가속도 $\vec{a}_T$는 가속도계의 출력으로 나타난다.

로켓의 속도는 식 (5-158)을 시간에 대해 한 번 적분하여 구할 수 있고, 다시 한 번 적분하면 위치를 구할 수 있다. 그러나 식 (5-158)을 적분하려면 모든 계산에서 기준이 되는 관성좌표계를 설정해야 한다. 지구 중심에 원점을 둔 회전하지 않는 직교좌표계 (x, y, z)을 기준 관성좌표계로 택하면 지구 중력장이 지배적인 영역 내의 운동을 기술하는 데 편리하다. 보통 선형가속도계는 직교좌표계의 각 축-방향으로 설치하지만, 러시아에서는 가끔 추력 방향이 주로 가리키는 방향으로 세 개의 가속도계를 기울여 설치함으로써 로켓 운동 방향의 가속도 측정에 들어오는 오차를 줄이는 방법을 택하고 있다.[75] 계산이 간편하고 직관적으로 쉽게 받아들일 수 있게 가속도계를 축-방향으로 설치한다고 가정하면, 가속도계 출력 a_{Tx}, a_{Ty}, a_{Tz}의 적분은 간단하다. 그러나 중력장 $\vec{g}(\vec{r})$은 2장에서 소개한 방법으로 정한 모델을 적당한 선에서 근사식을 만들어 사용하지만, 위치 $\vec{r}$에 따라 관성좌표계 축에 대한 방향과 크기가 변한다.

만약 로켓을 모든 질량이 질량중심에 모여 있는 질점으로 생각한다면 로켓의 운동은 식 (5-158)로 완전하게 기술된다. 그러나 로켓은 유한한 크기의 강체이기 때문에 질량중심의 이동 외에 로켓의 피치Pitch, 요오우Yaw 및 롤Roll 같은 비행자세도 정확히 알아야 한다. 따라서 관성유도에서 필요한 측정을 담당하는 관성감지기는 3개의 선형가속도계 및 3개의 '자이로스코프(이하 자이로)'로 구성되고 이 구성품들을 설치하는 '플랫폼Platform'이 필요하다. 플랫폼은 자이로의 특성을 이용하여 기준 관성좌표계에 대한 플랫폼의 오리엔테이션이 변하지 않도록 하는 것이 가능하고, 이러한 플랫폼을 관성플랫폼 또는 안정화 플랫폼이라고 한다.[76]

---

75) Donald MacKenzie, *Inventing Accuracy* (The MIT Press, 1990), p. 325.

76) 물론 가속도계와 자이로를 물리적인 관성플랫폼에 설치하는 대신 로켓에 고정시킨 뒤에 관성감지기들이 측정한 데이터를 컴퓨터가 가상의 관성플랫폼의 값으로 전환하

관성유도장치는 로켓이 관성운동에서 벗어나는 것을 감지하는 가속도계, 로켓의 회전을 감지하는 자이로, 가속도계와 자이로를 탑재하는 플랫폼으로 구성되고, 관성유도에서 기준좌표계로 사용되는 관성플랫폼 및 감지기들의 출력 데이터를 적분하여 로켓의 속도, 위치 및 비행자세를 계산하는 작고 가볍고 계산 능력이 탁월한 유도컴퓨터로 구성된다. 지구의 자전효과와 람베르트 유도 때문에 정밀한 시계도 필요하다.

관성유도장치의 핵심은 관성계에 대한 회전을 감지하는 자이로와 관성계에 대한 선형가속도를 감지하는 가속도계와 같은 관성감지기다.77) 관성계에 대한 회전각속도를 측정하는 감지기는 크게 세 가지로 나눌 수 있다. 첫째는 빠르게 회전하는 로터Rotor가 각운동량을 보존하려는 특성을 이용하는 방법으로 제일 오래되고 가장 보편적으로 사용해온 기계적인 자이로다. 둘째는 '사그낙 효과Sagnac Effect'를 이용한 방법으로 '링 레이저 자이로Ring Laser Gyroscope'와 '광섬유 자이로Fiber Optic Gyro'로 다시 나뉜다. 셋째는 회전하는 좌표계에서 움직이는 물체에 작용하는 힘인 '코리올리 효과Coriolis Force'를 이용하는 것이다. 코리올리 효과를 이용하는 방법에 대해서는 관련 서적을 참고하기 바란다.

가속도계의 원리는 기계식 자이로의 세차운동, 외부 스트레스에 따른 압전효과, 또는 전자기적 힘을 이용하는 것이다. 자이로의 세차운동을 이용하는 가속도계를 PIGA(Pendulous Integrating Gyro Accelerometer)라고 하며 가장 정밀한 가속도계이지만, 또한 제작이 가장 힘들고 비싼 가속도계이기도 하다. PIGA에서 자이로는 민감한 축(입력축)과 로터 회전축에 수직인 방향으로 비대칭적으로 장착되고 입력축Input-Axis 방

여 속도와 위치 및 비행자세를 계산하는 '스트랩다운Strapdown Configuration' 방식이 최근 들어 즐겨 사용되고 있지만, 관성유도의 요체를 소개하기 위해서 통상적인 관성플랫폼을 예로 잡아 설명하겠다.

77) 로켓이 지상에 고정된 경우처럼 가속도계와 가속도계의 받침대 사이에 힘을 교환하는 경우가 아니면 가속도계는 중력가속도를 측정할 수 없다.

향의 외부입력(힘)을 받으면 세차운동을 한다. 또 다른 진자형 가속도계 PIPA(Pulsed Integrating Pendulous Accelerometer)는 자이로 대신 질점 Mass Point을 입력축에 수직으로 비대칭적으로 장착하고, 가속될 때 질점이 균형점에서 이탈하는 것을 막는 힘을 가해준다. 이때 가해진 힘에서 가속도를 측정할 수 있다.

1. 기계식 자이로

빠른 속도로 회전하는 기계식 자이로Mechanical Gyro의 '로터Rotor'는 외부에서 토크가 작용하지 않는 한 관성좌표계에 대한 회전축 방향을 바꾸지 않는다. 이것은 각운동량 보존법칙의 결과다. 〈그림 5-12〉에는 짐발이 2개인 자이로가 그려져 있다. 움직이는 물체에 고정된 자이로 프레임이 임의로 회전을 하더라도 로터의 방향이 바뀌지 않도록 내부 짐발과 외부 짐발이 로터를 받쳐주고 있다.

자이로는 사용 목적에 따라 크게 두 종류로 나눌 수 있다. 첫째

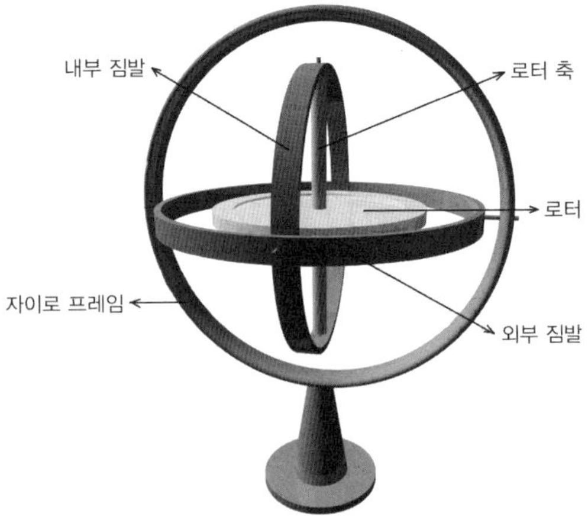

그림 5-12 2개 짐발로 구성된 자이로

가 '레이트 자이로Rate Gyroscope'고, 둘째가 '적분 자이로Integrating Gyroscope'다. 레이트 자이로는 입력축을 중심으로 회전하는 각속도를 데이터로 출력하는 데 반해, 적분 자이로는 입력축을 중심으로 회전한 각도를 출력한다. 이제부터 이 자이로들의 특성을 살펴보기로 한다.

::레이트 자이로

자이로라면 방향을 가리키는 데 사용된다고 생각하지만, 이는 외부에서 자이로에 작용하는 토크가 없을 때에만 해당된다. 실제로 자이로가 관성유도에서 중요한 이유는 외부에서 자이로에 작용하는 토크의 영향으로 자이로 프레임이 회전하는 각도나 각속도를 측정할 수 있다는 데 있다. 특별히 자이로 프레임이 특정 방향으로만 회전하는 각속도를 측정하도록 만든 자이로를 레이트 자이로Rate Gyroscope라고 한다.

〈그림 5-13〉은 기계식 레이트 자이로의 개략도를 보여준다. 자이로의 로터는 $\hat{\xi}$ 축을 중심으로 ω_r의 각속도로 회전하고, 회전축에 대한 관성모멘트를 I_r이라고 하면, 로터의 각운동량 $\vec{L}_r$과 입력축을 중심으로 회전하는 각속도 $d\vec{\psi}/dt\,(=\dot{\vec{\psi}})$는 다음과 같이 표현된다.

$$\vec{L}_r = I_r \omega_r \hat{\xi} \tag{5-159}$$

$$\overrightarrow{\frac{d\psi}{dt}} = \dot{\psi}\hat{\zeta} = \dot{\vec{\psi}} \tag{5-160}$$

여기서 $\hat{\xi}$, $\hat{\eta}$, $\hat{\zeta}$는 로켓이 움직이는 대로 따라 움직이는 좌표계Body Fixed Coordinate System에서 로터의 회전축과 자이로의 출력축 및 입력축 방향의 단위벡터를 의미한다. 〈그림 5-13〉과 같은 자이로가

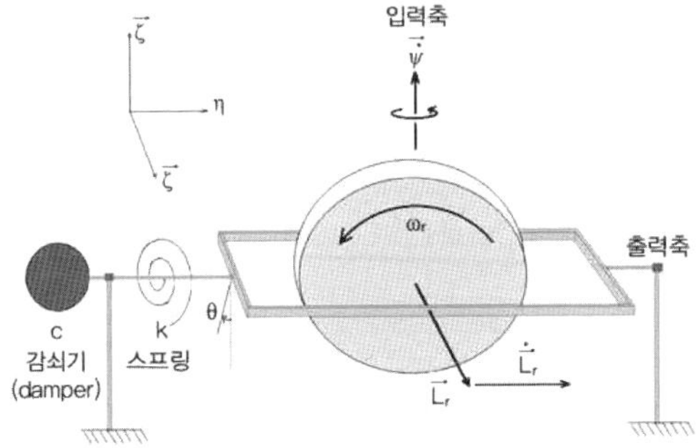

그림 5-13 레이트 자이로 개략도. 로터는 회전축을 중심으로 $\vec{\omega}_r$의 각속도로 회전하고 각운동량 $\vec{L}_r$을 가진다.

고정된 로켓이나 항공기가 자이로의 입력축을 중심으로 $\dot{\psi}$의 각속도로 회전한다고 가정하면 짐발이 로켓과 함께 회전하면서 생긴 짐발의 토크에 따라 로터의 각운동량이 변화하고, 변화율 $d\vec{L}_r/dt$는 다음과 같다.

$$\frac{d\vec{L}_r}{dt} = \frac{d\vec{\psi}}{dt} \times \vec{L}_r = I_r \omega_r \dot{\psi} \cos\theta \, \vec{\eta} \tag{5-161}$$

짐발의 회전각 θ가 작은 범위에 국한된다면, 로터의 각운동량 변화율은 다음과 같이 근사적으로 표시할 수 있다.

$$\frac{d\vec{L}_r}{dt} \simeq I_r \omega_r \dot{\psi} \vec{\eta} \tag{5-162}$$

짐발은 로터에 토크를 가해주지만, 로터는 그 반작용으로 짐발에 크기는 같고 방향은 반대인 토크

$$\vec{\Gamma} = -I_r \omega_r \dot{\psi} \vec{\eta}$$

를 발생시킨다. 따라서 짐발의 운동은 '반작용 토크' $\vec{\Gamma}$와 θ가 계속 커지는 것을 막는 스프링의 복원력 및 매끄럽게 평형점Equilibrium Solution을 찾아가도록 하는 감쇠기Damper에 의해 결정된다. 스프링 상수를 k라 하고 감쇠상수Damping Coefficient를 C라고 하자. 짐발은 출력축을 중심으로 하는 회전운동밖에 할 수가 없으므로 짐발의 운동 방정식은 다음과 같이 쓸 수 있다.

$$I_{rg} \frac{d^2\theta}{dt^2} = -C \frac{d\theta}{dt} - k\theta - I_r \omega_r \dot{\psi} \qquad (5-163)$$

여기서 I_{rg}은 출력축을 중심으로 하는 로터와 짐발의 총 관성모멘트다.

I_{rg}, I_r, C, k 및 ω_r은 미리 정해진 상수들이므로 식 (5-163)은 강제감쇠조화운동Forced Damped Harmonic Oscillator의 방정식을 나타낸다. I_{rg}, C, k는 모두 양의 상수이므로 다음과 같은 평형점을 특수해로 가지는 것을 알 수 있다.

$$\theta_e = -\frac{I_r \omega_r}{k} \dot{\psi} \qquad (5-164)$$

또는

$$\dot{\psi} = -\frac{k}{I_r \omega_r} \theta_e \qquad (5-165)$$

평형해는 $\dot{\psi}$가 바뀌고 나서 θ의 과도적인 변화가 지나고 나면, 짐발은 외부에서 작용하는 힘 $-I_r\omega_r\dot{\psi}$와 스프링의 복원력 $-k\theta$가 균형을 이루는 $\theta=\theta_e$ 점에서 멈추게 된다. 따라서 레이트 자이로의 평형점 θ_e를 측정함으로써 로켓이 입력축을 중심으로 회전하는 각속도 $\dot{\psi}$를 측정할 수 있다. 제동상수 C 값이 크고 작음에 따라 평형점에 이르는 과정이 매우 다르다. C 값이 아주 작으면 짐발은 평형 점을 지나쳤다 되돌아오는 과정을 반복하며 평형점으로 접근하지만, C 값이 매우 크면 아주 느리게 평형점으로 접근한다. 최단시간 내에 평형점에 도달하는 것이 가장 바람직하므로 C 값을 임계감쇠 값을 갖도록 하는 것이 중요하다.78)

θ 값이 작지 않으면 (5-161) 식은 (5-162) 식으로 근사할 수 없다. $I_r\omega_r\dot{\psi}/k$ 값이 아주 큰 경우에는 θ 값은 (5-164)로 정의된 θ_e로 접근하는 대신 $\theta_s=\pm 90^\circ$로 접근하며 이러한 현상을 일컬어 짐발이 포화되었다고 한다.

::적분 자이로

레이트 자이로가 짐발의 회전 각속도를 재는 자이로라면 적분 자이로는 짐발이 회전한 각도를 측정한다. 하지만 〈그림 5-13〉과 〈그림 5-14〉를 비교해보면 사실 적분 자이로는 레이트 자이로에서 각도 제한용 스프링을 제거한 것과 같다.

짐발의 운동방정식 (5-163)에서 $k=0$이므로, 방정식은 다음과 같이 간단해진다.

$$I_{rg}\frac{d^2\theta}{dt^2}=-C\frac{d\theta}{dt}-I_r\omega_r\frac{d\psi}{dt} \qquad (5\text{-}166)$$

---

78) $C^2=4kI_{rg}$이 임계감쇠가 일어날 조건이다.

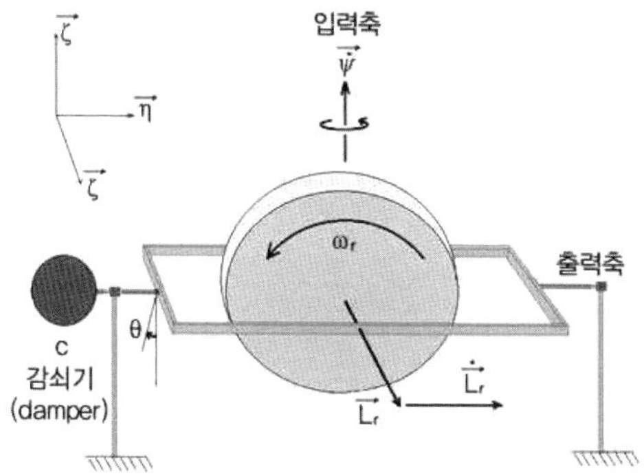

그림 5-14 적분 자이로의 개략도

이 경우 식 (5-166)은 시간에 대해 간단히 적분된다.

$$I_{rg}\frac{d\theta}{dt} = -C\theta - I_r\omega_r(\psi - \psi_0) \tag{5-167}$$

감쇠상수가 충분히 크다면 식 (5-167)의 일반해는 급격히 0으로 수렴하므로 짐발의 기울어진 각 θ는 다음과 같은 평형점을 특수해로 가진다.

$$\theta_e = -\frac{I_r\omega_r}{C}(\psi - \psi_0) \tag{5-168}$$

하지만 θ 값이 커지면 정확한 방정식은 (5-167)이 아니라

$$I_{rg}\frac{d^2\theta}{dt^2} = -C\frac{d\theta}{dt} - I_r\omega_r\frac{d\psi}{dt}\cos\theta$$

이 되기 때문에 레이트 자이로 경우와 마찬가지로 θ는 $\theta_s = \pm 90^\circ$

로 포화됨을 알 수 있다. θ 값을 충분히 작은 값으로 유지할 수 있는 경우에는 θ 값을 측정함으로써 관성좌표계에서 로켓이 회전한 각 $\psi - \psi_0$를 측정할 수 있다. 이와 같은 까닭으로 이러한 자이로를 적분 자이로라고 부르게 되었다.

2. 레이저 자이로

지금까지는 짐발에 장착된 회전하는 자이로가 외부에서 토크를 가하지 않는 한 관성좌표계에 대해 방향을 바꾸지 않는다는 원리를 이용하여 자이로가 장착된 로켓의 회전을 측정하는 기계식 자이로에 대해 소개했다. 지금부터는 각운동량 보존법칙을 이용하는 대신 사그낙 효과를 이용하는 레이저 자이로Laser Gyroscope에 대해 소개하고자 한다. 사그낙 효과는 회전하는 닫힌 경로를 서로 반대 방향으로 진행하는 같은 주파수의 두 빛이 간섭하는 효과를 지칭한다. 레이저를 사용해 생기는 사그낙 효과를 이용하면 빛의 경로인 '링 레이저Ring Laser' 경로나 '광섬유Optical Fiber'가 회전하는 속도나 각도를 정밀하게 측정하는 것이 가능하다.

::광섬유 자이로

반경이 R인 회전하지 않는 원형의 광 통로 안에 서로 반대 방향으로 빛을 보내면 두 빛은 동시에 출발점으로 되돌아온다. 관성계에서 빛의 속도가 일정하기 때문이다. 그러나 광 통로가 시계 방향으로 회전하고 있다면 회전 방향으로 출발한 빛은 반反시계 방향으로 출발한 빛보다 더 먼 거리를 진행해야 제자리로 돌아올 수 있다. 이러한 시간 차이로 두 빛은 서로 간섭하여 위상차이Phase Shift가 난다. 이러한 원리로 만든 레이저 자이로가 광섬유 자이로(Fiber Optic

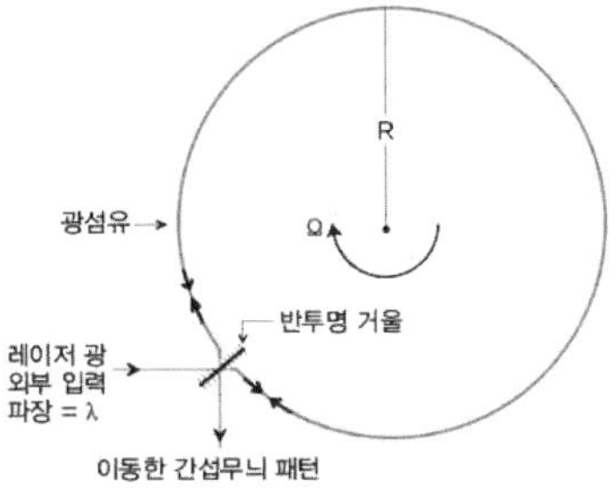

그림 5-15 광섬유 자이로 개념도

Gyroscope: FOG)다.

〈그림 5-15〉의 왼쪽 하단에서 입사한 파장 λ인 레이저 빔은 반투명 거울을 통해 둘로 갈라져서 하나는 시계 방향으로, 다른 하나는 반시계 방향으로 광섬유를 따라 돈다. 광섬유로 만든 광 통로는 시계 방향으로 각속도 Ω로 회전한다. 서로 반대 방향으로 한 바퀴를 돈 빔은 반투명 거울을 빠져나와 광 검출기 위에 간섭무늬 패턴을 만든다. $\Omega \neq 0$ 때 간섭무늬 패턴은 $\Omega = 0$일 때 위치에서 벗어나서 생긴다.

시계 방향으로 도는 레이저 빔이 한 바퀴를 도는 데 소요되는 시간을 t_+라 하고 반대 방향으로 진행하는 빔이 한 바퀴 회전하는데 소요되는 시간을 t_-라고 하면 t_+와 t_-는 각각 다음과 같다.

$$\begin{cases} t_+ = \dfrac{2\pi R + v\,t_+}{c} \\ t_- = \dfrac{2\pi R - v\,t_-}{c} \end{cases} \tag{5-169}$$

식 (5-169)를 t_+와 t_-에 관해 풀면 다음과 같은 결과를 얻는다.

$$
\begin{cases} t_+ = \dfrac{2\pi R}{c - v} \\ t_- = \dfrac{2\pi R}{c + v} \end{cases} \tag{5-170}
$$

여기서 $v = R\Omega$는 반경 R인 원형 광 통로가 회전하는 선속도를 의미하고 Ω는 광 통로가 회전하는 각속도다. 우리가 관심 있는 물리량은 시간차 $\Delta t = t_+ - t_-$다. A를 광섬유로 둘러싸인 면적 πR^2라 하면 Δt는 다음과 같이 된다.

$$
\begin{aligned} \Delta t &= \frac{4A\Omega}{c^2 - v^2} \\ &\simeq \frac{4A\Omega}{c^2} \end{aligned} \tag{5-171}
$$

보통 $v = R\Omega$는 자이로가 장착된 로켓이나 항공기가 회전하여 생기는 속력으로 빛속도 c에 비해 무시할 만큼 작다. $A = \pi R^2$은 광 통로로 둘러싸인 면적이고 광 통로가 원이 아니고 삼각형 또는 사각형이라도 상관없다. 이와 같이 회전하는 광 통로를 서로 반대 방향으로 도는 같은 파장을 가진 빛이 제자리로 돌아오는데 걸리는 시간이 차이가 나는 현상을 사그낙 효과라 한다.

위상변화 $\Delta\phi$는 다음과 같이 주어진다.

$$
\begin{aligned} \Delta\phi &= \frac{2\pi c}{\lambda}\Delta t \\ &\simeq \frac{2\pi}{\lambda}\frac{4A\Omega}{c} \end{aligned} \tag{5-172}
$$

간섭계를 통해서 위상변화를 측정함으로써 회전각속도 Ω를 측정할 수 있다. 광 통로로 사용하는 광섬유를 단 하나의 고리Loop로 만드는 것보다는 여러 개의 고리로 만드는 것이 시간차를 늘려 위상 변화를 크게 벌릴 수 있다.

::링 레이저 자이로

링 레이저 자이로(Ring Laser Gyroscope: RLG)는 〈그림 5-16〉처럼 등변 삼각형 또는 정사각형 형태의 석영 튜브 속에 반사율이 매우 뛰어난 거울을 코너마다 설치한 후 헬륨-네온Helium-Neon 혼합가스를 넣고 고전압을 건 뒤 광 통로 길이 L을 조정하면 레이저 발진기Laser Cavity가 된다. 이러한 발진기에서 생성된 레이저는 양쪽으로 진행한다. 레이저 파장을 λ라고 하면 레이저 발진기의 길이 L은 반파장 $\lambda/2$의 정수배가 되어야 한다.

$$N\lambda = 2L \qquad (5\text{-}173)$$

N은 정수를 나타낸다. 그러나 레이저 발진기가 회전하고 있으면

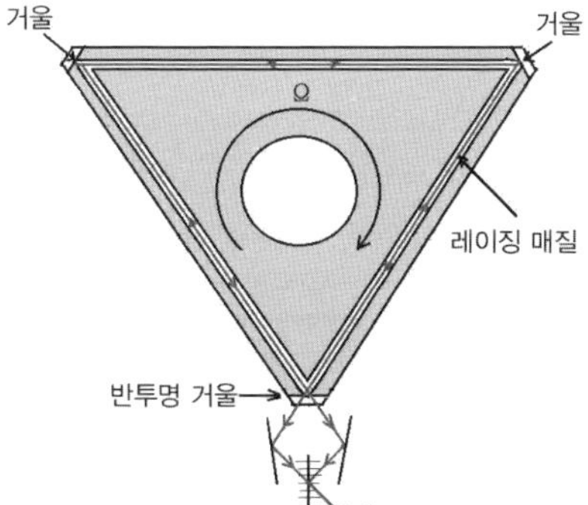

그림 5-16 링 레이저 자이로의 개념도

양쪽으로 도는 빛이 발진기를 한 바퀴 도는 데 걸리는 시간이 식 (5-171)로 주어지므로 실제로 발진기의 길이가 $\Delta L = c\Delta t$만큼 늘어난 것과 같다. 양쪽으로 출발한 광이 새로운 길이에서 공진하여 레이저를 발생하려면 다음과 같은 관계를 만족해야 한다.79)

$$\frac{\Delta L}{L} = \frac{\Delta f}{f} \tag{5-174}$$

따라서 발진기의 입력축에 대한 회전각속도 Ω로 맥놀이 진동수 Δf를 표시하면 다음과 같다.

$$\Delta f = \gamma \Omega \tag{5-175}$$

$$\gamma = \frac{4A}{\lambda L}$$

여기서 γ는 '축적인자Scale Factor'라는 레이저 발진기 상수다.

식 (5-175)에서 시간 t초 동안 측정한 프린지Fringe를 n이라 하면, 이 시간 동안 로켓에 장착된 발진기가 입력축을 중심으로 회전한 각도 $\Delta\Theta$는 다음과 같이 주어진다.

$$\begin{aligned} \Theta(t) - \Theta(0) &= \int_0^t \Omega dt \\ &= \frac{\lambda L}{4A}\int_0^t \Delta f dt \\ &= \frac{\lambda L}{4A} n \end{aligned} \tag{5-176}$$

---

79) $\Delta f = \frac{Nc}{2L} - \frac{Nc}{2(L+\Delta L)} = f\frac{\Delta L}{L}$

RLG는 근본적으로 적분 자이로라고 할 수 있다.

3. 가속도계

관성항법장치나 관성유도에서 가장 중요한 감지기 중 하나가 선형가속도계(Linear Accelerometer: 이하 가속도계)다. 가속도계는 관성좌표계의 각 축 방향에 대한 중력 외의 다른 힘에 따른 단위질량당 힘을 측정하는 감지기다. 유도컴퓨터는 가속도를 한 번 적분함으로써 가속도계를 탑재한 로켓과 항공기 및 선박의 속도를 얻고, 한 번 더 적분함으로써 현재 위치를 계산할 수 있다. 물론 가속도계의 출력 $\vec{a}_T$는 로켓의 가속도가 아니라 가속도계의 장착대가 가속도계에 전달한 단위질량당 힘Specific Force이라는 것은 5부의 제1장 '관성유도의 물리학'에서 이미 자세히 설명했다. 가속도계의 출력에 그 위치에서 중력가속도 $\vec{g}(\vec{r})$을 더해야 로켓의 관성계에 대한 순간가속도 $\vec{a}$를 얻을 수 있다.

제3장에서는 두 물체의 질량중심 사이의 거리의 역제곱에 비례하는 '역 제곱법칙'에서부터 WGS 84의 기준타원체의 중력모델 및 좀 더 정밀한 WGS 84 지오이드 모델까지 지구 주변의 중력장 모델에 대해 비교적 상세하게 소개했다. 순수하게 관성유도만 사용하는 현대식 ICBM의 최대 사거리에서 원형공산오차(Circular Error Probable: CEP)가 200m 미만이라는 사실은 연소종료속도의 오차가 4cm/s를 넘지 않아야 된다는 의미다.[80] 따라서 초정밀 유도를 위해서는 5×10^{-6}g 미만의 가속도를 감지할 수 있어야 하고, 자이로 표류도 시간당 $\sim10^{-3}$도 내외라는 의미다. CEP가 100m 미만인 경우에는 CEP의 오차 내역 가운데 항법 오차는 작은 부분에 속하며 선택한

80) CEP의 50% 이상은 관성감지기 이외의 다른 요인에 의한 오차로 추정된다.

궤도, 바람, 양력효과, 재돌입체의 균일한 융제 여부가 더 큰 오차 요인으로 판단된다.[81] 물론 초정밀 유도 문제에서는 사용한 지구 모델과 중력장 모델의 정확도가 더 큰 오차 요인으로 떠오른다.

::진자형 자이로 적분가속도계

가속도계에는 진자형 가속도계와 비-진자형 가속도계가 있다. 진자형가속도계 중에서도 '진자형 자이로 적분가속도계' PIGA(Pendulous Integrated Gyro Accelerometer)는 현재까지 사용되고 있는 모든 가속도계 가운데 가장 정밀한 것으로 인정받고 있다. '피스키퍼(Peacekeeper: LGM 118A)'의 '현대식 관성기준구(Advanced Inertial Reference Sphere: AIRS)'는 기계식 짐발 대신 탄화-플로린 액체 위에 떠 있는 베릴리움으로 제작한 구 형태의 관성플랫폼 안에 '가스 베어링 자이로Gas Bearing Gyroscope'와 PIGA 가속도계의 변형인 SFIR(Specific Force Integrating Receivers) 가속도계가 장착되어 있다. AIRS의 PIGA에 사용된 자이로의 드리프트는 1.5×10^{-5} °/hr이고 AIRS에 따른 오차는 피스키퍼 오차의 1%(~90cm) 미만밖에 되지 않는다.

PIGA의 역사는 폰 브라운 팀이 만든 V2까지 거슬러 올라간다. V2의 연소종료속도를 계산하기 위한 방법으로 '크라이젤게라테 사Kreiselgeraete Company'의 프리츠 뮐러Fritz Müller는 진자처럼 작용하도록 설치한 자이로를 이용하여 가속도를 측정하는 방법을 고안했다.

PIGA는 자이로 로터의 질량중심이 짐발 축에서 벗어나도록 비대칭적으로 장착하고, 짐발은 관성플랫폼 위의 서보모터Servo Motor로 작동하는 회전판Turn Table 위에 장착한다. 적분 자이로는 〈그림 5-17〉에서 보듯이 짐발은 입력축(그림에서 수직) 방향으로 힘을 받으면 짐발축을 중심으로 회전(θ)운동만 가능하고 그 결과 짐발축에

81) Lisbeth Gronlund and David C. Wright, 'Depressed Trajectory SLBMs: A Technical Evaluation and Arms Control Possibilities', *Science & Global Security*, 1992, Vol. 3, pp. 101-159.

토크를 작용한다. PIGA의 자이로 로터는 질량중심이 항상 가속도 방향에 수직인 평면 위에 오도록 작동하게 설계했다. 자이로 로터가 수평면을 유지하려면 토크모터로 턴테이블을 회전시켜 짐발에 카운터-토크를 만들어줌으로써 로터를 항상 가속도 방향에 수직인 평면 위에 있도록 할 수 있다.

PIGA에 수직 방향의 힘이 작용하면 짐발의 회전축에 대해 비대칭적으로 장착된 자이로 때문에 자이로는 짐발축을 중심으로 회전시키려는 힘이 작용한다. 이 힘은 로터의 각운동량과 작용해 수직 방향을 중심으로 회전시키는 토크를 짐발에 작용한다.

s-축 자이로 시스템의 운동방정식은 (5-166)에 비대칭성과 s-축 선형가속도 a_s로 인한 토크 $P a_s$를 고려한 다음 방정식으로 주어진다.

$$I_{rg}\ddot{\theta}_s + C\dot{\theta}_s = Pa_s - I_r \omega_r \dot{\psi}_s \qquad (5\text{-}177)$$

여기서 s는 관성좌표계의 x, y, z 축 중 하나를 대표하고, 〈그림 5-17〉에서는 수직-축을 의미한다. C는 감쇠상수고, $\dot{\psi}_s(t)$는 턴테이블의 각속도, P는 짐발의 회전축에서 자이로의 질량중심까지 거리, ω_r은 로터의 각속도, I_{rg}와 I_r은 각각 자이로와 로터의 관성모멘트를 나타낸다.

〈그림 5-17〉에서 진자질량은 로터의 질량중심이 짐발 회전축에서 거리 P만큼 벗어나도록 로터에 덧붙인 질량을 뜻하지만 로터를 짐발 회전축에서 벗어나도록 장착한다는 의미로 보아도 된다. $Pa_s(t)$는 $P\{a_s(t)\cos\theta(t) + a_{s\perp}\sin\theta(t)\}$에서 $\theta(t) \ll 1$일 때의 근사식이다. $a_{s\perp}$는 a_s와 로터의 회전 방향에 모두 수직 방향의 선형가속도다. $-I_r\omega_r\dot{\psi}(t)$는 자이로와 플랫폼과의 작용으로 생긴 토크다. 플랫폼의 토크모터는 짐발을 수평($\theta \sim 0$)으로 유지하기 위해 필요하다.

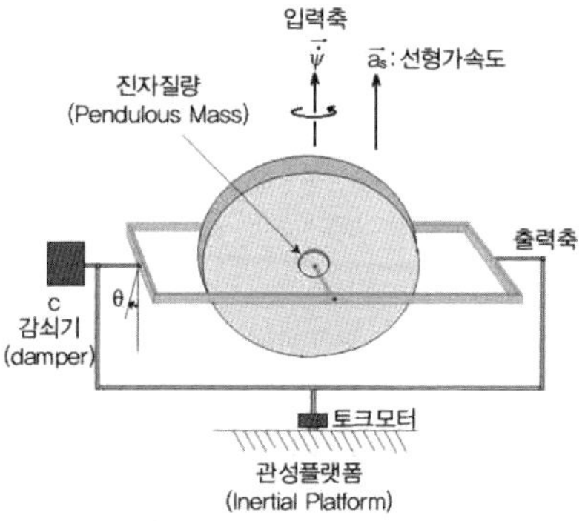

그림 5-17 PIGA의 원리를 보여주는 개념도.
a_s는 벡터 $\vec{a}_T$의 관성좌표계의 S-축 성분을 뜻한다.

만약 $\theta = 0$을 유지할 수 있다면, 짐발 시스템의 운동방정식은 정확하게 다음과 같이 쓸 수 있다.

$$\frac{dv_s}{dt} = \frac{I_r \omega_r}{P} \frac{d\psi(t)}{dt} \tag{5-178}$$

하지만 현실적으로는 $\theta \sim 0$일 것이므로 식 (5-178)은 근사식으로 봐야 한다. 위 방정식을 적분하면 속도는 다음과 같다.

$$v_s(t) - v_s(t_0) = \frac{I_r \omega_r}{P} \{\psi(t) - \psi(t_0)\} \tag{5-179}$$

이상에서 본 것과 같이 PIGA가 설치된 방향으로 느끼는 단위질량당 힘을 측정하는 원리는 아주 간단하다. 그러나 실제로 이러한 가속도계를 설계 제작하는 것은 매우 복잡하고, 시간이 많이 걸리는 작업으로 알려져 있다. 실제로 시간당 자이로 표류가 1.5×10^{-5}°/hr인 자이로를 사용해 제작한 피스키퍼의 SFIR의 가속도 측정 오차는 10^{-7}g 이지만,[82] PIGA 하나의 가격은 1980년대 말에 300,000달러였으며, 제작 기간은 6개월이나 되었다.[83]

82) Chrles Stark Draper, 'Control, Navigation, and Guidance' in *Control Systems Magazine*, December 1981, pp. 4-17.

83) Donald MacKenzie, *Inventing Accuracy* (The MIT Press, Cambridge, MASS, 1993) p. 236.

제 6 장

관성플랫폼

1. 관성플랫폼의 기본 개념

비행기나 배처럼 지표면 근처를 움직이는 운송수단에서는 지평선이나 수평면과 같은 기준면을 비행자세를 잡는 데 사용할 수 있지만, 우주공간을 비행할 때는 비행자세를 잡아주는 기준으로 삼을 만한 지형지물이 없다. 얼핏 생각하기에는 〈그림 5-12〉의 자이로가 기준 방향을 정해줄 것으로 보이지만, 자이로를 이러한 목적으로 사용하기에는 현실적으로 해결하기 힘든 문제들이 있다. 로터의 회전속도가 월등히 빠르므로 짐발과 로터를 포함한 전체 자이로 시스템 각운동량의 대부분을 로터가 차지하는 것은 사실이지만, 보존되는 각운동량은 전체 시스템의 각운동량이지, 로터만의 각운동량이 아니다.

로켓을 발사하기 전에 정지한 상태에서 자이로 로터를 회전해야 하고, 로터가 회전을 시작하는 과정에서 내부와 외부 짐발의 각운동량을 0으로 유지하는 것이 필요하다. 로터가 최종 속도로 돌 때까지 짐발이 움직이지 못하게 고정시키는 것은 쉽지만, 고정을 푸는 과정에서 짐발에 각운동량을 남겨놓지 않는 것이 쉽지 않다. 무작위로 부여한 각운동량 때문에 짐발은 관성계에 대해 예측할 수 없는 방향으로 표류하기 시작하므로 3축-짐발 자이로 그 자체만으로는 관성항법에 사용하기가 적합하지 않다.

관성유도에서는 관성계에 대해 일정한 자세를 유지하는 관성플랫폼을 비-중력가속도와 로켓의 회전을 측정하는 기준좌표계로 사용한다.[84] 또 다른 방법으로는 로켓의 몸체에 고정된 '스트랩다운 시스템Strap-down System'을 사용하고, 컴퓨터로 감지기의 출력데이터를 '가상 관성계Virtual Inertial System'에 대한 데이터로 전환해 처리하는 방법이 있다. 레이저 자이로의 발전과 더불어 스트랩다운 시스템의 사용이 날로 급증하는 추세에 있지만, 이 책에서는 관성플랫폼의 과거뿐만 아니라 현재도 중요한 역할을 맡고 있는 현실을 감안하여 관성플랫폼만을 자세히 소개하기로 한다.

관성플랫폼은 일반적으로 직교좌표계 (x, y, z)의 각 축을 입력 방향이 되도록 장착한 3개의 가속도계와 역시 입력축이 각 축 방향이 되도록 장착한 3개의 레이트 자이로로 구성되며, 플랫폼 자체는 짐발을 이용해 로켓의 회전운동에서 완전히 고립되도록 로켓에 장착한다. 플랫폼 짐발의 '리졸버Resolver'는 플랫폼의 자세변동을 감지하여 플랫폼의 '서보모터Servo Motor'에 신호를 보내 플랫폼을 변동 전의 자세로 복귀한다. 플랫폼이 일정한 자세를 유지하게 하려면 자유도가 하나인 레이트 자이로 3개를 사용하거나 자유도가 두 개인 자이로 2개를 사용해야 한다. 여기에서는 3개의 레이트 자이로를 사용해 관성플랫폼을 구현하는 방법을 소개한다.

〈그림 5-18〉은 관성플랫폼에서 사용하는 여러 가지 자이로 배치 방법 중 하나이다.[85] 그림에서 보듯이 한 방향으로만 운동이 가능

84) 안정화 플랫폼Stable Platform이라고도 한다.

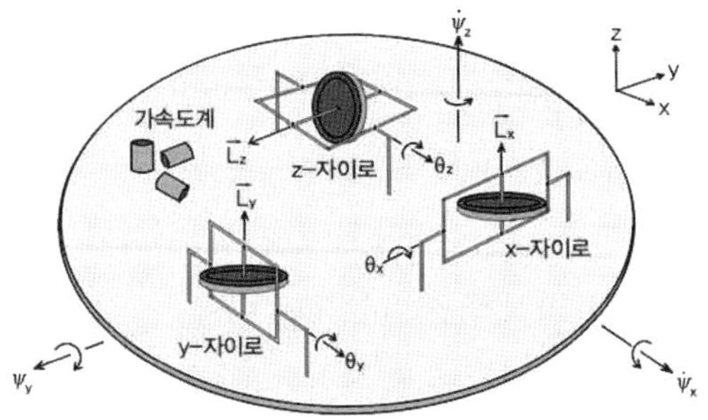

그림 5-18 관성플랫폼의 개념도.
수식 유도에 필요한 물리량들이 정의되었다.

한 자이로 세 개를 각각 x, y, z 축을 입력축이 되도록 배치했다. 이러한 플랫폼은 다시 2개의 짐발 위에 장착되고, 플랫폼의 외부 짐발은 로켓에 장착된다. 각 짐발에는 컨트롤 토크모터와 짐발의 회전각도를 재는 리졸버가 장착되어 있다.

만약 플랫폼이 완벽하게 균형 잡혀 있고, 플랫폼을 받쳐주는 짐발의 베어링에 마찰이 전혀 없다면 로켓이 어떻게 움직이더라도 플랫폼에는 어떠한 토크도 작용하지 않는다. 이 경우 플랫폼은 로켓의 운동에서 완벽하게 격리되고 관성계에 대한 오리엔테이션도 바뀌지 않겠지만, 현실세계에서는 완벽한 균형을 가진 플랫폼도 없고, 베어링의 마찰도 피할 수가 없다. 따라서 로켓의 움직임에 따른 토크가 플랫폼에 전달되고 플랫폼은 자이로 짐발에 토크를 가해 자이로에 세차운동을 유도한다. 따라서 x, y, z 축 자이로의 출력은 0이 될 수 없다. 각 자이로가 출력축을 중심으로 회전한 각도를 알면 플랫폼의 짐발에 장착된 토크모터는 '대응 토크Counter Torque'를 일으켜 플랫폼의 오리엔테이션을 원상태로 되돌릴 수 있다. 플랫폼의 자세는 관성계에 대해 일정하게 유지되지만, 자이로는 플랫폼에 대해 일정한 각만큼 회전한다. 자이로가 회전한 각도는 로켓의 운동

85) William E. Wiesel, *Space Dynamics* 2nd Ed. (Irwin McGraw-Hill, 1997) pp. 176-181.

이 플랫폼에 작용한 토크에 비례하고, 토크모터의 '컨트롤 루프 게인 상수Control-loop Gain Constant'에 반비례한다. 이러한 플랫폼을 관성 플랫폼 또는 안정플랫폼이라 하고, 탑재한 가속도계는 관성계에 대한 비-중력가속도를 측정하고, 관성계에 대한 로켓의 회전을 측정하는 발판이다.

x-자이로의 짐발은 오직 y-축을 중심으로 한 회전운동만 할 수 있다. 플랫폼이 x-축을 중심으로 각속도 $\dot{\psi}_x$ 로 회전하게 되면 x-자이로의 짐발은 로터 회전축에 수직인 토크를 작용하고, 그 결과 짐발은 y-축을 중심으로 각속도 $\dot{\theta}_x$ 로 회전한다. x-축은 x-자이로의 입력축이고 y-축은 출력축이다. y-자이로의 입력축은 y-축이고 출력축은 x-축이 된다. 마찬가지로, z-자이로의 입력축은 z-축이고 출력축은 x-축이다. 이러한 자이로 배치를 이용해 플랫폼의 회전에 따른 레이트 자이로의 각운동량 변화율을 계산함으로써 자이로 짐발축의 운동방정식을 구할 수 있다.

2. 3차원 관성플랫폼의 운동방정식

플랫폼에 장착한 3개의 자이로는 모두 동일한 자이로를 사용하고, 자이로의 각운동량은 L, 짐발과 로터의 관성모멘트는 I_G라고 하자. 여기서 $\vec{L}_x, \vec{L}_y, \vec{L}_z$는 각각 x-축, y-축 및 z-축을 입력축으로 하는 자이로의 각운동량 벡터고, 〈그림 5-18〉에서 정의된 x-축, y-축 및 z-축 자이로의 각운동량 벡터는 다음과 같이

$$\begin{cases} \vec{L}_x = \quad L\vec{k} \\ \vec{L}_y = \quad L\vec{k} \\ \vec{L}_z = -L\vec{j} \end{cases} \tag{5-180}$$

로 표시할 수 있고, 〈그림 5-18〉에 나타난 각 자이로의 x-축, y-축 및 z-축 자이로의 각속도 $\vec{\Omega}_x$, $\vec{\Omega}_y$, $\vec{\Omega}_z$는 다음과 같이 표현된다. 관성좌표계에 대한 플랫폼의 오리엔테이션은 ψ_x, ψ_y, ψ_z에 따라 표시된다. 각 자이로의 각속도 $\vec{\Omega}_s$는 다음과 같이 표현할 수 있다.

$$\begin{cases} \vec{\Omega}_x = \dot{\theta}_x \vec{j} + \dot{\psi}_x \vec{i} + \omega_x \vec{k} \\ \vec{\Omega}_y = -\dot{\theta}_y \vec{i} + \dot{\psi}_y \vec{j} + \omega_y \vec{k} \\ \vec{\Omega}_z = -\dot{\theta}_z \vec{i} + \dot{\psi}_z \vec{k} - \omega_z \vec{j} \end{cases} \quad (5\text{-}181)$$

여기서 ω_s는 s-축 자이로 로터의 회전각속도다. 각 자이로의 각운동량 변화율은

$$\frac{d\vec{L}_s}{dt} = \vec{\Omega}_s \times \vec{L}_s = \vec{\Gamma}_s \quad (5\text{-}182)$$

로 결정되며 s는 x, y, z 중의 하나를 의미한다. 식 (5-182)를 각 자이로에 대해 풀어서 다시 쓰면 각 자이로에 작용하는 토크 $\vec{\Gamma}_s$는 다음과 같다.

$$\begin{cases} \vec{\Gamma}_x = L\dot{\theta}_x \vec{i} - L\dot{\psi}_x \vec{j} \\ \vec{\Gamma}_y = L\dot{\theta}_y \vec{j} + L\dot{\psi}_y \vec{i} \\ \vec{\Gamma}_z = L\dot{\theta}_z \vec{k} + L\dot{\psi}_z \vec{i} \end{cases} \quad (5\text{-}183)$$

여기서 '•'는 시간에 대한 미분을 의미한다. (5-183)의 우변의 첫 번째 항들은 자이로스코프 짐발축을 중심으로 회전시키는 토크 항이다. 두 번째 항들은 플랫폼이 짐발에 미치는 토크로 짐발이 회전할 수 없는 방향으로 작용하고 짐발은 플랫폼에 반대부호의 대응 토

크를 행사한다. ψ_x, ψ_y, ψ_z는 관성좌표계에 대한 플랫폼의 오리엔테이션 각을 나타내지만, $\theta_x, \theta_y, \theta_z$는 각각 x-축 자이로와 y-축 자이로 및 z-축 자이로 짐발의 플랫폼에 대한 오리엔테이션 각이다.

짐발의 각운동량은 각각 $I_G \dot{\theta}_x \vec{j}$, $-I_G \dot{\theta}_y \vec{i}$, $-I_G \dot{\theta}_z \vec{i}$이므로, 3개 짐발의 운동방정식은 다음과 같이 쓸 수 있다.

$$\begin{cases} I_G \ddot{\theta}_x = L\dot{\psi}_x - f_G \dot{\theta}_x \\ I_G \ddot{\theta}_y = L\dot{\psi}_y - f_G \dot{\theta}_y \\ I_G \ddot{\theta}_z = L\dot{\psi}_z - f_G \dot{\theta}_z \end{cases} \tag{5-184}$$

I_G는 짐발의 관성모멘트이고, $f_G \vec{\dot{\theta}}$는 자이로 짐발에 미치는 마찰로 인한 토크다. 방정식 (5-184)는 자이로 짐발의 운동방정식이다. 그러나 플랫폼의 자세를 일정하게 유지하는 방법을 찾으려면 짐발의 방정식 외에 플랫폼의 운동방정식과 그 해를 구해야 한다.

플랫폼은 세 방향으로 자유로이 회전할 수 있도록 3개의 자유도를 가진 짐발 시스템의 중앙에 배치되고 로켓의 운동으로 플랫폼에 작용하는 토크를 상쇄해주는 컨트롤 토크 메커니즘도 있어야 한다. 플랫폼의 주축Principal Axes에 대한 관성모멘트를 I_P라고 하자. 플랫폼에는 여러 요인에서 발생하는 토크가 작용한다. 플랫폼에 작용하는 토크는 로켓의 운동으로 생긴 토크 $\vec{\Gamma}_R$, 마찰로 생긴 토크 $\vec{\Gamma}_f (= -f_P \vec{\dot{\psi}})$, 자이로가 플랫폼에 작용하는 반작용 토크 $-L\vec{\dot{\theta}}$ 및 컨트롤 모터에 따른 토크 $\vec{\Gamma}_M$이 작용한다. 따라서 플랫폼의 운동방정식은 다음과 같이 쓸 수 있다.

$$\begin{cases} I_P \ddot{\psi}_x = \Gamma_{Rx} + \Gamma_{Mx} - f_P \dot{\psi}_x - L\dot{\theta}_x \\ I_P \ddot{\psi}_y = \Gamma_{Ry} + \Gamma_{My} - f_P \dot{\psi}_y - L\dot{\theta}_y \\ I_P \ddot{\psi}_z = \Gamma_{Rz} + \Gamma_{Mz} - f_P \dot{\psi}_z - L\dot{\theta}_z \end{cases} \tag{5-185}$$

식 (5-184)와 (5-185)는 짐발과 플랫폼의 운동방정식이지만, 자이로 짐발의 리졸버가 읽어내는 각도는 관성좌표계에 대한 각도 θ_s가 아니라 플랫폼에 대한 각도 γ_s다. x-자이로가 플랫폼에 대해 θ_x 만큼 회전할 동안 플랫폼도 관성계에 대해 ψ_y만큼 회전하기 때문에 x-자이로가 관성계에 대해 회전한 각은 θ_x가 아니라 γ_x가 된다. 〈그림 5-18〉에서

$$\begin{cases} \gamma_x = \theta_x - \psi_y \\ \gamma_y = \theta_y + \psi_x \\ \gamma_z = \theta_z + \psi_x \end{cases} \tag{5-186}$$

가 되는 것을 알 수 있다. 자이로가 γ_s를 출력하면 플랫폼을 원위치하는 컨트롤 모터 토크 Γ_{Ms}로 피드백된다.

방정식 (5-184)-(5-186)은 자이로와 플랫폼의 운동을 기술하는 6차원 선형 연립방정식으로 외부 힘에 토크가 작용하는 상황에서도 관성계에 대한 플랫폼의 자세가 바뀌지 않는 다음과 같은 해가 존재하도록 $\vec{\Gamma}_M$을 정해야 한다.

$$\begin{cases} \psi_x = \psi_{x0} \\ \psi_y = \psi_{y0} \\ \psi_z = \psi_{z0} \end{cases} \tag{5-187}$$

여기서 ψ_{s0}는 플랫폼의 원래 오리엔테이션을 의미한다. 컨트롤 토크 Γ_{Ms}는 플랫폼을 받쳐주는 짐발에 장착한 토크모터가 플랫폼

의 s-축에 회전을 유도하는 토크다. i_s를 s-자이로의 컨트롤 모터에 흐르는 직류전류라고 하자. 직류모터의 토크는 흐르는 전류세기 i_s에 비례하므로 Γ_{Ms}는 다음과 같이 쓸 수 있다.

$$\Gamma_{Ms} = C\, i_s$$

여기서 전류세기 i_s를 자이로의 짐발과 플랫폼 사이의 각 γ_s에 비례하게 잡으면 $i_s = K\gamma_s$가 되므로 컨트롤 모터가 플랫폼에 미치는 토크는 다음과 같다.

$$\Gamma_{Ms} = KC\gamma_s \tag{5-188}$$

K와 C는 (5-187)과 같은 평형점 해가 존재할 조건에서 구해야 한다. γ_s는 식 (5-186)에 따라 θ_s와 ψ_s로 연결된다. 자이로와 플랫폼의 자세를 나타내는 각을 6차원 '벡터' Φ로 다음과 같이 표시할 수 있다.

$$\Phi = (\Theta, \Psi)^T \tag{5-189}$$

$$\begin{cases} \Theta = (\theta_x, \theta_y, \theta_z) \\ \Psi = (\psi_x, \psi_y, \psi_z) \end{cases}$$

자이로와 플랫폼의 운동방정식 (5-184)와 (5-185)는 다음과 같이 '매트릭스Matrix' 방정식으로 표현할 수 있다.86) 어깨 글씨 T는, 행벡터는 열벡터로 또는 열벡터는 행벡터로 바꾸는 작업인 '트랜스포즈Transpose'를 의미한다.

86) ibid.

$$A\ddot{\Phi} + D\dot{\Phi} + GB\Phi = \Lambda_R \tag{5-190}$$

$$\Lambda_R = (\vec{0}, \vec{\Gamma}_{\mathrm{R}})^{\mathrm{T}} \tag{5-191}$$

$$A = \begin{pmatrix} \overleftrightarrow{\mathrm{I}}_{\mathrm{G}} & \overleftrightarrow{0} \\ \overleftrightarrow{0} & \overleftrightarrow{\mathrm{I}}_{\mathrm{P}} \end{pmatrix} \tag{5-192}$$

$$D = \begin{pmatrix} \overleftrightarrow{\mathrm{f}}_{\mathrm{G}} & -\overleftrightarrow{\mathrm{L}} \\ \overleftrightarrow{\mathrm{L}} & \overleftrightarrow{\mathrm{f}}_{\mathrm{P}} \end{pmatrix} \tag{5-193}$$

$$G = \begin{pmatrix} \overleftrightarrow{0} \\ \overleftrightarrow{\mathrm{G}}_{\mathrm{M}} \end{pmatrix} \tag{5-194}$$

여기서 '게인 매트릭스Gain Matrix' G는 6×3 매트릭스이고, 3×3 단위 매트릭스를

$$\mathrm{E} = \begin{pmatrix} 1 & 0 & 0 \\ 0 & 1 & 0 \\ 0 & 0 & 1 \end{pmatrix}$$

로 표시하면, '다이애드Dyad'는 다음과 같은 3×3 매트릭스를 나타낸다.

$$\overleftrightarrow{\mathrm{I}}_{\mathrm{G}} = \mathrm{I}_{\mathrm{G}}\mathrm{E}$$

$$\overleftrightarrow{\mathrm{I}}_{\mathrm{P}} = \mathrm{I}_{\mathrm{P}}\mathrm{E}$$

$$\overleftrightarrow{\mathrm{L}} = \mathrm{L}\,\mathrm{E}$$

$$\overleftrightarrow{\mathrm{f}}_{\mathrm{G}} = \mathrm{I}_{\mathrm{G}}\,\mathrm{E}$$

$$\overleftrightarrow{f}_P = I_P E$$

마지막으로 매트릭스 B는 자이로의 플랫폼에 대한 각도를 관성계에 대한 각도로 전환할 때 생기는 3×6 매트릭스로 다음과 같이 표현된다.

$$B = \begin{pmatrix} 1 & 0 & 0 & 0 & -1 & 0 \\ 0 & 1 & 0 & 1 & 0 & 0 \\ 0 & 0 & 1 & 1 & 0 & 0 \end{pmatrix} \qquad (5\text{-}195)$$

3. 자이로와 플랫폼 운동방정식의 해

::단일 축 플랫폼의 안정화 조건

자이로와 플랫폼의 운동방정식 (5-190)의 해를 구하는 방법과 해의 의미를 이해하기 위해 우선 단일 축을 가진 관성플랫폼의 운동방정식을 풀어보도록 하자. 축이 하나인 플랫폼인 경우 식 (5-190)은 다음과 같이 쓸 수 있다.

$$\begin{pmatrix} I_G & 0 \\ 0 & I_P \end{pmatrix}\begin{pmatrix} \ddot{\theta} \\ \ddot{\psi} \end{pmatrix} + \begin{pmatrix} f_G & -L \\ L & f_P \end{pmatrix}\begin{pmatrix} \dot{\theta} \\ \dot{\psi} \end{pmatrix} + \begin{pmatrix} 0 \\ G_M \end{pmatrix} = \begin{pmatrix} 0 \\ \Gamma_R \end{pmatrix} \qquad (5\text{-}196)$$

여기서 컨트롤 토크는 전류 i에 비례하고, 전류는 자이로 출력인 θ에 비례하도록 잡는다.

$$\begin{aligned} G_M &= Ci \\ &= CK\theta \end{aligned} \qquad (5\text{-}197)$$

외부에서 플레이트에 토크가 작용하지 않는 경우 $\Gamma_R = 0$이므로 G_M 역시 0으로 취할 수 있고, 이 경우 방정식 (5-196)은 동차방정식이 된다. 동차방정식의 해를 다음과 같은 함수로 가정하고 유한한 일반해가 존재할 조건을 구할 수 있다.

$$\Phi = \Phi_0 e^{\lambda t} = \begin{pmatrix} \theta_0 e^{\lambda t} \\ \psi_0 e^{\lambda t} \end{pmatrix} \tag{5-198}$$

일반해의 고유치 방정식은

$$\lambda F(\lambda) = 0,$$
$$F(\lambda) = \lambda^3 I_G I_P + \lambda^2 (f_G I_P + f_P I_G) + \lambda (f_P f_G + L^2) + LCK \tag{5-199}$$

4개의 고유 값Eigen Value 중의 하나는 $\lambda = 0$이고, 나머지 3개의 고유 값은 (5-198)이 안정된 해가 되도록 CK 값을 조정해야 한다. 식 (5-199)에서 f_G와 f_P가 모두 양의 값을 가지므로 데카르트의 부호법칙Descartes' Rule of Sign을 적용하면 $CK > 0$인 경우 3개의 음수 해를 가질 수 있다. 따라서 이 경우 동차방정식의 해는 0으로 수렴한다. $CK < 0$인 경우는 1개의 양의 해와 2개의 음의 해를 가지므로 해가 발산하게 되어 우리가 원하는 해는 $CK > 0$이 될 때 얻을 수 있다. CK 값이 음수냐 양수냐 하는 문제는 전극의 연결 방향의 문제다.

다음으로 조사해야 할 방정식 (5-196)의 해는 외부에서 토크 Γ_R이 0이 아닌 경우다. Γ_R이 상수인 경우 특수해는 평형점을 의미하고 그 값은 다음과 같으며,

$$\theta_e = \frac{\Gamma_R}{CK} \; ; \; CK > 0 \tag{5-200}$$

$$\psi = \psi_0 \tag{5-201}$$

ψ_0는 플랫폼이 원래 가지고 있던 값이다. 다시 말해, 일정한 외부 토크가 플랫폼에 작용할 때 자이로는 관성계에 대해 원래 값 θ_0에서 θ_e만큼 회전하지만, 플랫폼은 토크모터에 의해 원상태를 유지한다. 따라서 플랫폼은 관성계에 대해 일정한 자세를 유지할 수 있고, 가속도계를 장착하는 관성좌표계 역할을 할 수 있다. 이러한 이유로 자이로와 피드백 모터로 이루어진 안정화된 플랫폼을 특별히 '관성플랫폼'이라고 한다. 이때 흐르는 전류의 세기는 $i_e = K\theta_e$이고, 컨트롤 모터의 토크는 $G_M = C i_e$이다. 플랫폼 받침대의 회전에 따른 토크 Γ_R이 서서히 바뀌면 식 (5-200)으로 주어진 θ_e의 함수 꼴은 그대로 유지되지만 θ_e는 시간에 따라 서서히 바뀌게 된다. Γ_R이 계단함수처럼 바뀌는 경우에는 평형 값을 중심으로 진동하면서 평형 값으로 접근한다.

::3축 플랫폼의 안정화 조건

단지 한 축을 중심으로 한 방향의 회전만 허용된 플랫폼의 경우 자이로 축은 원래의 방향에서 외부 토크와 토크모터에 흐르는 전류를 조절함으로써 관성계에 대한 플랫폼의 자세를 고정할 수 있음을 알았다. 이러한 이해를 바탕으로 자유도가 3인 플랫폼의 운동방정식 역시 플랫폼이 관성계에 대해 안정된 자세를 유지하도록 하는 해가 존재한다는 것을 볼 수 있다. 외부의 토크가 없을 때 자이로와 플랫폼은 다음의 동차방정식을 만족한다.

$$A\ddot{\Phi} + D\dot{\Phi} + GB\Phi = 0 \tag{5-202}$$

동차방정식의 해를

$$\Phi = \Phi_0 e^{\lambda t} \tag{5-203}$$

라 놓고 이러한 해가 존재할 조건을 구하면 λ가 만족해야 할 방정식을 얻을 수 있다.

$$F(\lambda) = \lambda^3 \left(\lambda^9 a_9 + \lambda^8 a_8 + \lambda^7 a_7 + \lambda^6 a_6 + \lambda^5 a_5 + \lambda^4 a_4 + \lambda^3 + \lambda^2 a_2 + \lambda a_1 + a_0\right) \tag{5-204}$$

$$F(\lambda) = 0 \tag{5-205}$$

식 (5-204)로 정의된 다항식 $F(\lambda)$의 계수는 다음과 같은 양들이다.

$$a_9 = I_G^3 I_P^3$$

$$a_8 = 3I_G^3 I_P^2 f_P + 3I_G^2 I_P^3 f_G$$

$$a_7 = 3I_G^3 I_P f_P^2 + 9I_G^2 I_P f_G f_P + 3I_G I_P^3 f_G^2$$

$$a_6 = I_G^3 f_P^3 + 9I_G^2 I_P f_G f_P^2 + 9I_G I_P^2 f_G^2 f_P + f_G^3 f_P^3$$

$$a_5 = 3I_G^2 f_G f_P^3 + 9I_G I_P f_G^2 f_P^2 + 3I_P^2 f_G^3 f_P$$

$$a_4 = 3I_G f_G^2 f_P^3 + 3I_P f_G^3 f_P^2$$

$$a_3 = L^6 + f_G^3 f_P^3$$

$$a_2 = L^5 (G_{Mx} + G_{My} + G_{Mz})$$

$$a_1 = L^4 (G_{Mx} G_{My} + G_{My} G_{Mz} + G_{Mz} G_{Mx})$$

$$a_0 = L^3 G_{Mx} G_{My} G_{Mz} \tag{5-206}$$

여기서 다이애드 $\overleftrightarrow{G}_M$은 다음과 같은 매트릭스 G_M으로 표현했다.

$$G_M = \begin{pmatrix} G_{Mx} & 0 & 0 \\ 0 & G_{My} & 0 \\ 0 & 0 & G_{Mz} \end{pmatrix} \tag{5-207}$$

식 (5-205)의 모든 해가 음수라면, $e^{\lambda t}$는 0으로 수렴하기 때문에 자이로와 플랫폼 시스템은 유한한 해를 가진다.

$F(\lambda) = 0$은 삼중근 $\lambda = 0$를 가진다. 따라서 방정식 (5-202)는 0이 아닌 상수 해를 가질 수 있다. '데카르트의 부호법칙'을 적용하면, $\lambda < 0$인 (5-205)의 해가 최대 몇 개인지 알 수 있다. 만약 모든 G_{Mx}, G_{My}, G_{Mz}가 0보다 큰 값을 가지면 9개의 음수 해 $\lambda_i < 0$ $(i = 1,2,3,...,9)$가 존재한다. G_{Mx}, G_{My}, G_{Mz}가 모두 0보다 작은 경우에는 6개의 음수 해와 3개의 양수 해를 가진다. G_{Mx}, G_{My}, G_{Mz}는 $G_{Ms} = Ci_s$과 같이 토크모터에 흐르는 전류에 비례하고, 전류 i_s는 플랫폼에 대한 자이로의 회전각 γ_s에 비례하도록 취하면 자유도가 셋인 플랫폼을 안정시키는 데 필요한 토크는 다음과 같이 쓸 수 있다.

$$\begin{cases} G_{Mx} = CK_x \gamma_x \\ G_{My} = CK_y \gamma_y \\ G_{Mz} = CK_z \gamma_z \end{cases} \tag{5-208}$$

로 놓고 모든 CK_s는 0보다 크다고 가정하면, θ_s와 ψ_s는 다음과 같은 상수를 특수해로 가진다.

$$\psi_x = \psi_{x0},\ \psi_y = \psi_{y0},\ \psi_z = \psi_{z0} \tag{5-209}$$

$$\begin{pmatrix} \theta_x \\ \theta_y \\ \theta_z \end{pmatrix} = G_M^{-1} \begin{pmatrix} \Gamma_{Rx} \\ \Gamma_{Ry} \\ \Gamma_{Rz} \end{pmatrix} \tag{5-210}$$

식 (5-210)의 Γ_{Rs}는 일정한 외부 토크이고, θ_s는 외부 토크에 따라 레이트 자이로가 회전한 각도며, 외부 토크로 인해 변위된 플랫폼을 다시 원위치시키는 데 필요한 토크를 발생시킨다. CK_s 값이 양의 수가 되도록 전선을 연결하면 식 (5-209)에서 보는 것처럼 플랫폼은 관성계에 대해 항상 일정한 오리엔테이션 (ψ_{x0}, ψ_{y0}, ψ_{z0})을 유지하는 데 필요한 카운터 토크를 얻을 수 있다.

관성플랫폼의 각 축의 방향이 가속도계의 입력축이 되도록 세 개의 가속도계를 장착하면, 가속도계의 출력으로부터 로켓에 작용하는 중력을 제외한 모든 힘에 의한 가속도

$$\vec{a}_T = a_x \hat{i} + a_y \hat{j} + a_z \hat{k}$$

를 구할 수 있고, θ_x, θ_y, θ_z에서 로켓의 자세를 알 수 있다. 이 두 가지 데이터와 별로도 미리 저장된 중력 데이터는 관성유도와 관성 항법을 가능하게 한다.

4. 플로팅 - 스피어 플랫폼

이상의 형식적인 접근에서 로켓의 회전운동과 상관없이 플랫폼의 오리엔테이션을 관성계에 대해 항상 일정하게 유지할 수 있음을 보

사진 5-1 피스키퍼의 AIRS의 베릴륨으로 제작한 관성구 사진

았다. 플랫폼은 어느 방향으로나 자유롭게 회전할 수 있어야 하고 로켓의 회전운동으로 인한 토크를 상쇄시키는 '카운터 토크'를 가할 수 있어야 한다. 플랫폼을 지탱하는 기계식 짐발 시스템은 문제를 더욱 복잡하게 만든다. 기계식 플랫폼과 플랫폼의 짐발 구조로 볼 때 각 짐발 모터 축은 해당하는 레이트 자이로 축과 일직선으로 맞출 수가 없다. 플랫폼을 원위치하기 위해 필요한 토크는 플랫폼에 가하는 총 토크가 항상 0이 되도록 토크모터 사이에 배분되어야 한다. 플랫폼의 짐발은 변수 여섯 개를 추가하므로 이에 대한 운동방정식 6개를 추가로 풀어야 한다. 실제 문제에서 자이로 짐발과 플랫폼 및 플랫폼 짐발의 운동방정식의 해를 구하는 것은 이 책의 범위를 훨씬 벗어나는 복잡한 문제다. 기계식 플랫폼의 짐발 축이 겹치게 되면 '짐발 록Gimbal Lock' 현상이 나타나 특정 방향의 토크에 반응할 수 없는 경우가 생긴다. 물론 세 번째 짐발을 추가하여 문제를 해결할 수는 있지만, 더 많은 변수들을 끌어들여 원래 복잡한 문제를 더욱 복잡한 문제로 만든다.[87]

---

87) William E. Wiesel, *Space Dynamics* 2nd Ed. (Irwin McGraw-Hill, 1997) pp. 176-181.

이러한 기계식 짐발의 문제를 해결하기 위해 도입된 개념이 구형球形의 '유체 베어링Fluid Bearing' 플랫폼이다. 짐발이 없는 구형球形 플랫폼의 대표적인 경우가 미국의 ICBM 피스키퍼Peacekeeper의 관성구 AIRS(Advanced Inertial Reference Sphere)다. 이 시스템은 내부가 빈 구球 안에 또 다른 속이 빈 구球를 겹쳐 넣은 형태다. 구와 구 사이에 유체가 들어 있어 내부 구의 외면과 외부 구의 내면 사이의 윤활유 역할을 하며 안쪽 구Inner Sphere의 내부에는 3개의 자이로와 3개의 가속도계가 〈그림 5-18〉에서처럼 배치된 플랫폼이 설치되어 있다. 유체의 밀도가 안쪽 구의 평균 밀도와 정확히 같아지면 부력이 0이 되어 비록 시스템이 강하게 가속되더라도 안쪽 구는 바깥 구의 내면과 접촉하지 않고 유체에 떠 있는 상태가 된다. AIRS는 밀도가 높은 탄화불소(Flurorocarbon: 밀도~ 2 g/cm^3)를 유체로 사용하고, 〈사진 5-1〉에서 보는 것처럼 밀도가 오히려 탄화불소보다 낮으면서도 단단한 베릴륨(Beryllium: 밀도= 1.85 g/cm^3)으로 제작한 '쉘Shell'을 내부 구체의 케이스로 사용하고 있다.

밀도와 점도 등을 일정하게 유지하기 위해 액체의 온도를 항상 일정하게 유지해야 한다. 구형의 플랫폼은 짐발을 대체한 액체 속에 떠 있기 때문에 '플로팅-스피어Floating-Sphere'라고 하며 어느 방향으로든 자유롭게 회전할 수 있으므로 짐발 록킹은 걱정하지 않아도 된다. 기계적 짐발을 사용할 때 생기는 추가 방정식도 없다. 기계식 짐발을 사용한 플랫폼에서는 불가능했던 정밀도를 기대할 수 있게 되었다.

그러나 자연은 "거저 주는 법이 없다." 한 가지를 얻으면 대신 내놓아야 하는 것이 자연의 섭리인 것 같다. 플로팅-스피어가 기계식 짐발을 대체함으로써 플랫폼은 개념적으로나 정확도에서 크게 발전했지만, 플로팅-스피어가 실제로 구현되기까지 수많은 어려움을 겪어야 했다. 먼저 자이로 회전을 어떻게 측정하는가 하는 문제가 있고, 자이로나 가속도계의 출력 데이터를 어떻게 외부로 전달하느냐 하는 문제가 나타났다. 내부 구와 외부 구 사이에 전깃줄을 연결할 수가 없기 때문에 모든 데이터 송수신은 텔레머트리Telemetry로 해야 하고 플랫폼 오리엔테이션은 복잡한 코일 배치로 측정해야 했다. 그 외에도 플랫폼의 위치를 되돌리는 컨트롤 모터의 토크가 없는 상황에서 내부 구를 회전시키는 방법은 또 다른 난제였다.

이 문제 역시 아주 작은 액체제트를 이용해 필요한 토크를 제공함으로써 해결했다. MIT의 '인스트루멘테이션 랩Instrumentation Laboratory'[88]은 1950년대 말부터 1975년까지 거의 25년 동안 연구와 개선을 거쳐 '베릴륨 베이비Beryllium Baby'라는 애칭으로 불리는 AIRS를 개발하는 데 성공했고, 1975년 생산을 위한 준비에서 '노스롭Northlop'으로 개발사업이 이관되었다.[89] AIRS는 1988년에 피스키퍼 ICBM에 탑재되었고, 초소형 야지 이동식 ICBM(XMGM-134A: SICBM)에도 탑재하기로 계획되었으나 SICBM 계획이 무산됨에 따라 더 이상 생산되지 않았다. 생산이 너무 노동집약적이고 단가가 너무 비싸기 때문에 미국도 대량으로 적용하기에는 비용이 만만치 않은 것으로 알려졌다. 무엇보다 미·소 간의 냉전의 종식이 AIRS 또는 그보다 더 정밀한 관성유도장치의 개발을 멈추게 요인으로 본다.

---

88) 나중에 Charles Draper Laboratory로 이름이 바뀌었다.

89) Donald MacKenzie, *Inventing Accuracy* (The MIT Press, Cambridge, MASS, 1993) pp. 165-239.

단위 환산표

	단위	SI 단위
시간	second(s) d(solar day: 태양일) d(sidereal day:항성일)	s 86400 s 86164.1 s
질량(mass)	metric ton(t)	1000 kg
밀도(density)	gm/cm^3	$1000\ kg/m^3$
힘(force)	N kg(force: 중) metric ton(force: 중)	$kg \cdot m/s^2$ 9.80665 N 9806.65 N
압력(pressure)	Pascal(Pa) 기압(atm) bar kbar Mbar	N/m^2 101325.01 Pa 100 Ps 100 MPa 10^5 MPa
에너지(energy)	Joule(J) calorie(cal) Cal(kcal) electron volt(ev) erg	m · N 4.184 J 4184 J $1.6021773 \times 10^{-19}$ J 10^{-7} J
파워(power)	watt(W) horsepower(mechanical) horsepower(boiler) horsepower(metric)	J/s 745.69987158227022 W 9812.5 W 735.49875 W
온도(Temperature)	절대온도Kelvin(K) ℃	0K=−273.15℃ 〔K〕=〔℃〕+273.15

[ㄴ]

〔ㄷ〕

〔ㄹ〕

〔ㅊ〕

〔ㅋ〕

〔ㅌ〕

〔ㅍ〕

[ㅎ]

〔기타〕